21 世纪高职高专化学化工类规划教材

HUAGONG SHITU YU HUITU
化工识图与绘图

主编　王晓莉

U0189932

中国海洋大学出版社

·青岛·

图书在版编目(CIP)数据

化工识图与绘图/王晓莉主编. —青岛：中国海
洋大学出版社,2010.10（2019.1 重印）
21 世纪高职高专规划教材
ISBN 978-7-81125-281-1

Ⅰ.①化… Ⅱ.①王… Ⅲ.①化工设备－识图－高等
学校:技术学校－教材 ②化工机械－机械制图－高等学校：
技术学校－教材 Ⅳ.①TQ050.2

中国版本图书馆 CIP 数据核字(2010)第 193580 号

出版发行	中国海洋大学出版社		
社　　址	青岛市香港东路 23 号	邮政编码	266071
网　　址	http://www.ouc-press.com		
电子信箱	xianlimeng@gmail.com		
订购电话	0532－82032573(传真)		
责任编辑	孟显丽	电　　话	0532－85902533
印　　制	日照报业印刷有限公司		
版　　次	2010 年 10 月第 1 版		
印　　次	2019 年 1 月第 3 次印刷		
成品尺寸	185 mm×260 mm		
印　　张	21.25		
字　　数	517 千字		
定　　价	40.00 元		

前　言

　　《化工识图与绘图》是在国家师范院校建设期间课程开发建设的院本配套教材。依据应用化工专业人才培养方案要求,本教材充分体现行动导向、项目引导、任务驱动的课程设计思想,突出理论和实践一体化的教学理念。

　　本教材是在"机械制图""化工制图"和"计算机绘图"三门课程多年教学实践的基础上,依据高职示范校建设目标要求和应用化工专业人才培养目标编写而成的,适合于高等职业院校化工类相关专业使用。

　　本教材以培养学生的绘图和识图为目的,强调对学生应用能力的培养,突出高职高专教育的特色。本教材有机整合了《化工制图》与《计算机辅助设计》两门课程的内容,由手工绘图、计算机绘图和识图三部分组成,突出实践在课程中的主体地位,采用工作任务来引领理论,使理论从属于实践。具体体现了以下设计理念:

　　1. 突出化工类高职教育特色,以识图为主,删减与化工类人才能力培养关系不大的机械制图和画法几何知识,重点围绕化工图样内容进行制图理论和技能的介绍与训练。

　　2. 教材以化工职业岗位对制图能力的要求为依据,选择绘制与识读典型化工设备图和工艺流程图两大综合项目;教材内容围绕两大项目进行理论与实践的重新组合,以配套图样作为绘图和识图的载体,强调职业技能的重要性。任务驱动,将理论与实践融为一体,与教、学、做一体化教学活动过程相配套。

　　3. 为适应信息化科学技术的发展和现代化企业对人才的需求,本教材将化工制图与计算机绘图内容有机融合,并以 AutoCAD2007 版本为平台,以典型化工图样为载体,较系统地介绍了 CAD 二维绘图知识;将 CAD 基本操作融入在大量图例的实训中,突出了本教材的实用形和先进性。

　　4. 为拓宽学生就业范围,便于学生考取职业资格证书,增加了一些 CAD绘图员考试的相关内容,以使学生通过正常的制图课程的学习满足职业技能考试的需要。

　　5. 根据实际教学需要和方便学生学习,在每个项目任务布置后,增加了"问题引导"内容,明确任务完成所需的知识点,便于教师和学生的教学配合。

本书由耿佃国主任担任责任主审,参加审稿的老师有李宗木、王世荣、洪淑翠等。各位老师对教材文本进行了认真细致的审查,提出了许多宝贵意见和修改建议,在此表示衷心感谢。

由于水平有限,书中难免有错漏之处,欢迎广大读者尤其是任课教师提出宝贵意见和建议,并及时反馈给我们(Email:zyxywxl@126.com)。

编者

2010 年 8 月

目　次

第一部分　化工识图与绘图的必备知识

第二部分　基于工作过程的项目化学习任务

第三部分　化工识图与绘图相关附表

第一部分
化工识图与绘图的
必备知识

项目一　了解工程图样与绘图准备

导　入

1　了解本课程

《化工识图与绘图》是研究化工图样的绘制和识读规律的一门学科。学习本课程的主要任务是培养绘图和识图两方面的能力。绘图有三个层次的内容:抄画样图、比照实物绘制平面图、设计绘图。对于高职学生来说,主要完成前两个层次的内容即可。绘图手段有传统的尺规绘图、徒手绘图和现代的计算机绘图。识图则是通过阅读图样,了解物体形状结构、尺寸和一些技术问题,组织和管理生产。因此,本课程的学习要围绕图样这个载体进行。

1.1　《化工识图与绘图》的主要内容

图样的绘制与识读分为四大部分:

(1)制图的基本知识和技能——介绍制图的基本知识,包括制图的国家标准、绘图工具使用、基本几何作图方法、徒手绘图方法、CAD 基础知识及用 CAD 绘制平面图形。

(2)投影作图基础——介绍图样的投影原理和方法,培养用投影图表达物体的绘图能力,以及根据投影想象空间物体内外形状的读图能力。

(3)机械制图——介绍机械零件图和装配图的识读、绘制规则和方法。

(4)化工制图——介绍化工设备图和化工工艺图的识读、绘制规则和方法,培养绘制和识读化工图样的基本能力。

1.2　学习本课程的注意事项

本课程是一门空间概念强、实践性强、标准化强的课程,主要内容应通过读图和绘图的实践来掌握。学习基本投影理论和作图方法,要注重对基本要领的理解,要将投影作图和空间分析结合起来。在作图过程中,通过图与物间的转化规律,多看,多画,反复练习,逐步培养和提高空间想象能力,不断提高绘图和识图的能力。在绘图和识图的实践中,要注意熟悉国家标准及其他有关规定,树立标准化思想,一切按照国家标准进行。

随着计算机技术的发展和普及,计算机绘图将逐步代替手工绘图。学习本课程,除了掌握尺规绘图和徒手绘图的基本技能外,还必须掌握 CAD 绘图软件的操作,加强计算机绘图技能的训练。但是必须指出,只有掌握了手工绘图这一基本技能,在进行计算机绘图时才能得心应手。

总之,要学好本门课程,必须做到"练""勤""严""细",即:

练——动手练绘图的技能和技巧,动脑练分析能力和空间想象能力;

勤——认真预习,专心听讲,及时复习,按时完成作业,不会就学,不懂就问;

严——严格按国家标准的有关规定和老师提出的要求,不断提高学习质量;

细——每次作业或练习都要认真、细致、精益求精、一丝不苟。

2 认识工程图样

2.1 图样的定义

自从劳动开创了人类文明史以来,语言与文字就成为人们表达和交流思想最基本的工具。但是在工程上表达技术思想时,仅仅用语言和文字是很难表达清楚的,采用工程图样则能让人一目了然。图样是表达设计意图和交流技术思想的重要工具,它被誉为"工程界的语言"。在现代化工生产中,无论是机器和设备的制造、安装、使用,还是工艺流程的设计、施工、操作、控制,都离不开图样。

人们把能够准确地表达机器及其零部件的结构、形状、尺寸及技术要求的图以及组织、管理生产的图叫做图样。在机械、化工、建筑、航天等工程领域都需用图样来表达设计意图,组织和进行生产。化工行业生产一线的操作、管理技术人员,必须具备相关的图样知识,能够熟练阅读和绘制工作中的相关图纸,能够现场测绘和用计算机绘制。

2.2 图样的种类与作用

图样因所属工程种类的不同而有所区别,如机械图样、建筑图样、化工图样、电子图样等。一般地,化工行业经常接触到下列工程图样。

2.2.1 化工机器图

采用机械制图的标注和规范,属于机械制图的范畴。

2.2.1.1 零件图

图 1-1 是一张管板零件图,图 1-2 是管板实物图。零件图是一种表达零件结构、大小和技术要求的图样,用于指导零件的加工制造和检验,是生产中的重要技术文件之一。

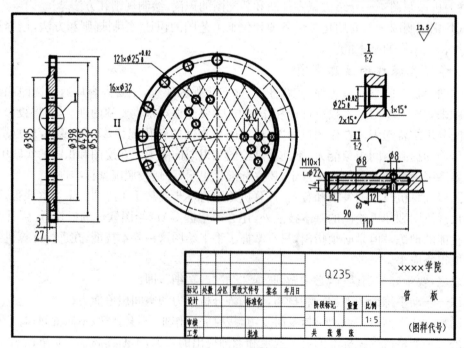

图 1-1 管板零件图

2.2.1.2　装配图

图 1-3 是齿轮油泵实物立体图,图 1-4 是齿轮油泵装配图。装配图是一种表达机器或设备装配体各组成部分的连接、装配关系的图样,表达的是由若干零件装配而成的装配体的装配关系、工作原理及基本结构形状,用于指导装配体的装配、检验、安装及使用和维修。装配图与零件图一样,都是生产中的重要技术文件。

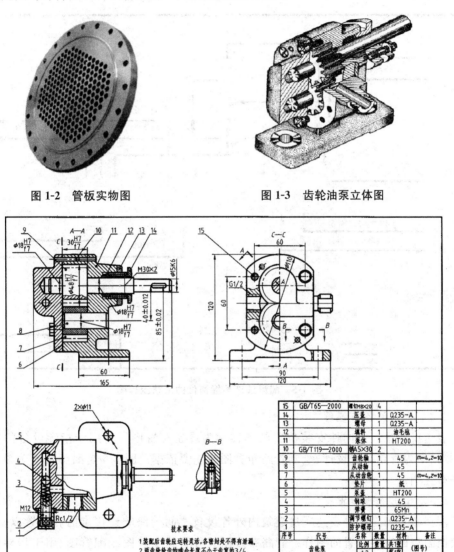

图 1-2　管板实物图　　　　　　　图 1-3　齿轮油泵立体图

15	GB/T65—2000	螺钉M8×20	4		
14		压盖	1	Q235-A	
13		螺母	1	Q235-A	
12		填料	1	油毛毡	
11		泵体	1	HT200	
10	GB/T119—2000	销A5×30	2		
9		齿轮轴	1	45	m=4,Z=10
8		从动齿轮	1	45	
7		从动齿轮	1	45	m=4,Z=10
6		垫片	1	纸	
5		泵盖	1	HT200	
4		钢球	1	45	
3		弹簧	1	65Mn	
2		调节螺钉	1	Q235-A	
1		防护螺母	1	Q235-A	
序号	代号	名称	数量	材料	备注
齿轮泵			比例 1:2	重量	共1张 第1张	(图号)
制图		(日期)				
校核		(日期)			(学校、班级)

技术要求
1. 装配后齿轮应运转灵活,各密封处不得有渗漏。
2. 两齿轮轮齿的啮合长度不小于齿宽的3/4。

图 1-4　齿轮油泵装配图

2.2.2　化工工艺图

化工工艺图是一种表达生产过程中物料的流动次序和生产操作顺序的图样,属于化工工艺制图范畴。它是化工工艺人员进行工艺设计的主要内容,也是化工厂进行工艺安装和指导生产的重要技术文件。化工工艺图主要包括工艺流程图、设备布置图和管路布置图。

2.2.2.1 化工工艺流程图

化工工艺流程图是一种表达化工生产过程的示意性图样，它主要表示化工生产中由原料转变为成品或半成品的来龙去脉及采用的设备。图1-5是某化工厂醋酐残液蒸馏岗位的工艺流程图。

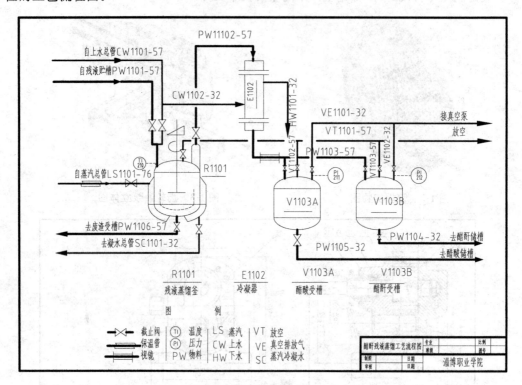

图1-5　醋酐残液蒸馏岗位的工艺流程图

2.2.2.2 化工设备布置图

表达设备在厂房内外安装位置的图样称为设备布置图。它用于指导设备的安装施工，并且作为管路布置设计、绘制管路布置图的重要依据。图1-6是醋酐残液蒸馏岗位的设备布置图。

2.2.2.3 化工管路布置图

管路布置图是一种表达厂房建筑内外各设备之间管路的连接走向和位置以及阀门、仪表控制点的安装位置的图样。管路布置图又称管路安装图或配管图，用于指导管路的安装施工。图1-7是醋酐残液蒸馏岗位的管路布置图。

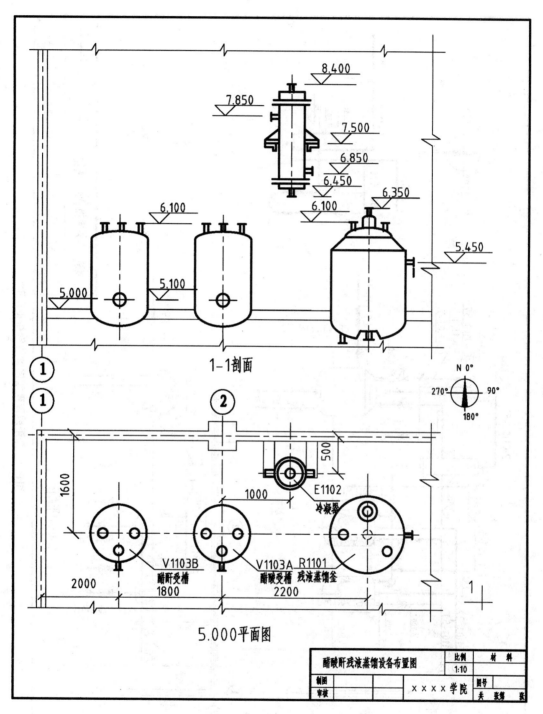

图 1-6 醋酐残液蒸馏岗位的设备布置图

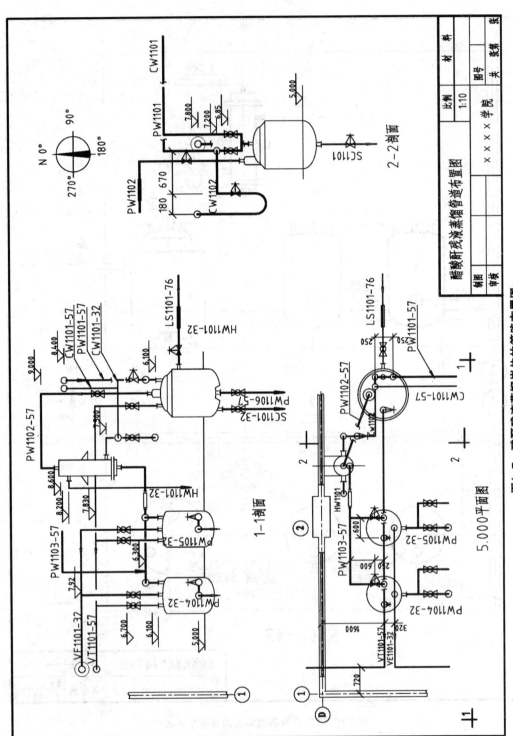

图1-7 醋酐残液蒸馏岗位的管路布置图

2.2.3　化工设备图

化工设备图专业特征明显,采用相对独立的化工制图规范,属于化工工艺制图范畴。

图 1-8 是列管换热器实物图,图 1-9 是列管换热器装配图。化工设备图是化工设备的装配图,用于表达化工设备的工作原理、主要结构以及零部件之间的装配关系等。

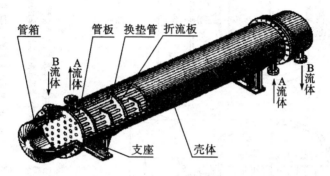

图 1-8　列管换热器实物图

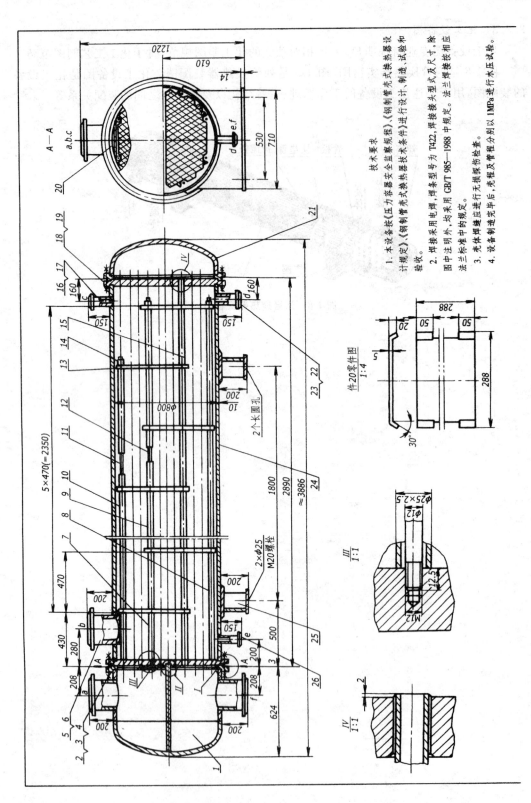

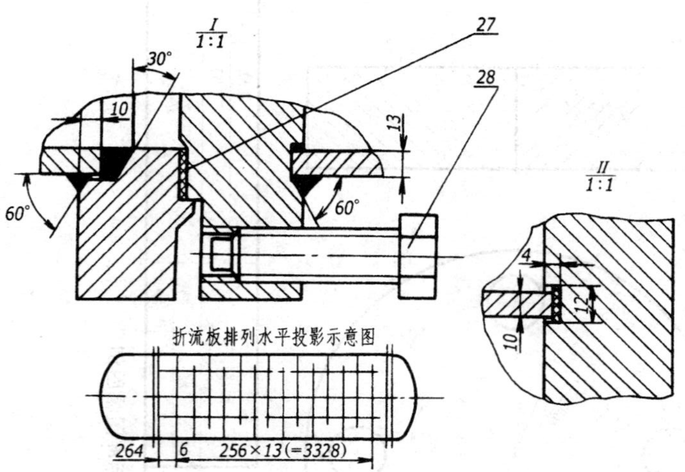

技术特性表

名称	管程	壳程
设计压力/MPa	0.6	0.6
工作压力/MPa	0.45	0.5
设计温度℃	100	100
操作温度℃	40	67
物料名称	循环水	甲醇
程数	II	I
腐蚀裕度/mm	1.5	2
焊缝系数 ψ	0.85	0.85
容器类别	I	I
换热面积/m²	107.5	

管口表

符号	公称尺寸	连接尺寸、标准	连接面形式	用途或名称
a	200	PN1 DN200JB/T 81	平面	冷却水出口
b	200	PN1 DN200JB/T 81	凹面	甲醇蒸入口
c	20	PN1 DN20JB/T 81	凹面	放气口
d	70	PN1 DN70JB/T 81	凸面	甲醇物料出口
e	20	PN1 DN20JB/T 81	凸面	排净口
f	200	PN1 DN200JB/T 81	平面	冷却水入口

I/I 1:1

II/II 1:1

折流板排列水平投影示意图

序号	代号	名称	数量	材料	备注
28	S20-056-3	顶丝 M20	8	Q235-A	
27	JB/T 4704	垫片 800-0.6	1	耐油橡胶石棉板	l=155
26	JB/T 81	法兰 20-10	2	Q235-A	l=3000
25	JB/T 4712	鞍座 BI 800-F·S	2	Q235-A·F	
24		筒体 φ800	l=2908	16MnR	l=10
23	JB/T 81	法兰 70-10		Q235-A	l=2800
22		接管 φ76×4	l=157	10	l=2320
21	JB/T 4737	椭圆封头 DN800×10		Q235-A	l=930
20	S20-056-1	防冲板		Q235-A	
19	JB/T 4704	垫片 800-0.6		耐油橡胶石棉板	l=460
18	S20-056-2	后管板		16MnR	l=856
17	JB/T 81	法兰 20-10		Q235-A	l=386
16		接管 φ25×3	2	10	l=155
15		换热管 φ25×2.5	472	10	l=3000
14	GB/T 41	螺母 M20	16		l=10
13	S20-056-3	折流板	14	Q235-A	l=2800
12	S20-056-3	拉杆 φ12	6	10	l=2320
11	S20-056-3	拉杆 φ12	2	10	l=930
10		定距管 φ25×2.5	8	10	l=460
9		定距管 φ25×2.5	20	10	l=856
8		定距管 φ25×2.5	2	10	l=386
7		定距管 φ25×2.5	6	10	l=217
6	JB/T 81	法兰 200-10	1	Q235-A	
5		接管 φ219×6	1		l=217
4	S20-056-2	前管板	1	16MnR	
3	GB/T 41	螺母 M20	48		
2	GB/T 5780	螺栓 M20×40	48		
1	S20-056-2	管箱	1		
序号	图号或标准号	名称	数量	材料	

（设计单位）

固定板式换热器

φ800×3000

比例 1:10

设备总质量:3540kg

制图		设计		描图		审核		S20-056-1

共3张 第1张

图1-9 列管换热器装配图

任务 1   手工绘图的准备

能 力 目 标

1. 能书写规范的字体,绘制标准图线。
2. 能按照国标格式绘制标准图幅。

知 识 目 标

1. 熟悉图样的基本内容及国标规定。
2. 做好手工绘图的准备工作:工具准备和线型、字体等练习。

任 务 布 置

按照给定的尺寸手工绘制标准图幅,图例如下。

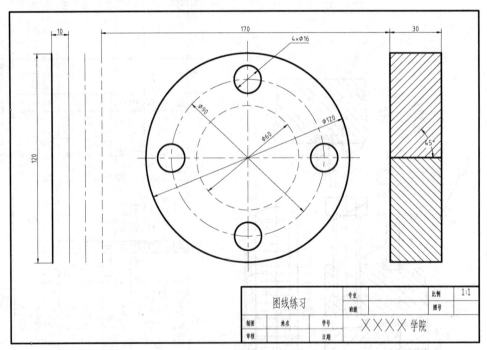

图 1-10   标准图幅图例

问题引导

1. 需要使用什么绘图工具?
2. 需要多大幅面的图纸? 格式如何?
3. 各种线段的线宽多粗? 不连续线段长度和间隔各为多少?
4. 绘图的顺序是什么?
5. 写什么字体? 字高多少?

知识准备

　　为了技术交流的方便,要使图样这种"语言"统一标准。国家标准(以下简称"国标")的代号为"GB"。它统一规定了生产和设计部门需要共同遵守的画图规则。化工图样的基本要素图幅、比例、线型、字体、尺寸等同样有明确的国标规定,每个工程技术人员在绘制工程图样时必须严格遵守这些规定。

1　绘图工具及仪器的准备与使用

　　手工绘图时,图面质量的保证与绘图效率的提高,取决于绘图工具和仪器的正确使用与维护。常用的手工绘图仪器及工具有图板、丁字尺、三角板、比例尺、圆规、分规、曲线板、铅笔等。绘制图样时要准备以下几种常用的绘图工具。

1.1　铅笔

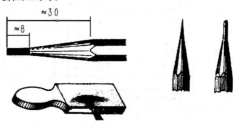

图 1-11　绘图铅笔的削磨

　　绘图时采用绘图铅笔(图 1-11)。铅笔端部的标号如 B、HB、2H 等,用以表明铅芯的软硬。H 前数字的数值越大,铅芯越硬;B 前数字的数值越大,铅芯越软。常用的绘图铅笔,其硬度一般为 2B～H。通常,打底稿即绘细线时选用 HB～H,写字时选用 HB,铅芯削成圆锥形;加深即描粗线时选用 B～2B,铅芯削成扁铲形;加深圆弧时,圆规用铅芯一般比铅笔软一号。

　　削铅笔时应从无标记的一端开始,以便保留标记,识别铅笔硬度。铅芯露出的长度一般以 6～10 mm 为宜。

1.2　图板

　　图板是绘图时用来固定图纸的矩形木板。画图前首先将图纸用胶带纸固定其上。图板侧面为引导丁字尺移动的导边。使用时必须维护板面平坦、导边平直,不使其受潮、受热,避免磕碰(图 1-12)。

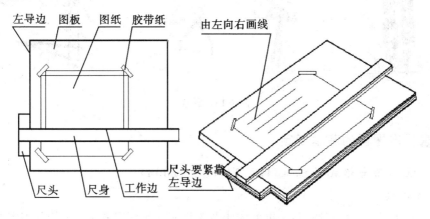

图 1-12　图板和丁字尺的使用

1.3　丁字尺

丁字尺由尺身与尺头相互固定在一起,呈"丁"字形。它主要用于画水平线和做三角板移动的导边。使用时,尺头必须紧靠图板的左侧边。画水平线时铅笔沿尺身的工作边自左向右移动,同时铅笔与前进方向成75°左右的斜角,如图1-12所示。

1.4　三角板

一副三角板包括两块分别具有45°及30°、60°角的直角三角形透明板。三角板经常与丁字尺配合使用,以绘制垂直线、与水平线成15°倍角的倾斜线,以及它们的平行线,如图1-13所示。

两块三角板配合使用时,也可绘制其他角度的垂直和平行线。

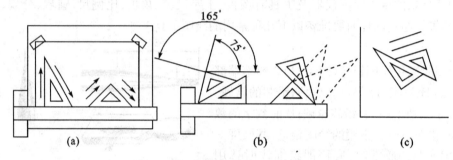

图1-13　丁字尺和三角尺配合使用

1.5　圆规

圆规是画圆或圆弧的仪器。其中,一脚装插针,另一脚有肘形关节,端部插孔内可装接铅笔或鸭嘴笔插脚;若圆规代替分规使用时,还可换装钢针插脚。

使用时,圆规的两腿并拢后,其针尖应略长于铅芯或鸭嘴笔尖端,应使插针、笔尖与纸面大致垂直,如图1-14所示。画大圆弧时,可加上延伸杆。画图时,圆规两腿所在的平面应稍向旋转方向倾斜,并用力均匀、转动平稳。

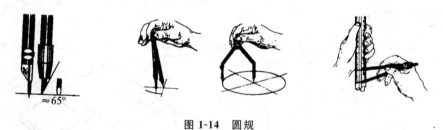

图1-14　圆规

2　国家标准图样的基本规定

2.1　图纸幅面与格式的标准(GB/T14689—2008)

2.1.1　图纸幅面

为了便于统一管理和使用,图纸的大小及规格应优先使用表1-1中的基本图幅。

表 1-1　　　　　　　　　　　　　　　　图纸幅面尺寸

幅面代号	A0	A1	A2	A3	A4
B×L	841×1 189	594×841	420×594	297×420	210×297
c	10			5	
a	25				
e	20		10		

注：文中未标单位的数值均以 mm 为默认单位。

必要时，也可以按规定加长幅面。加长幅面的尺寸由基本幅面的短边成整数倍增加后得出，如图 1-15 所示。

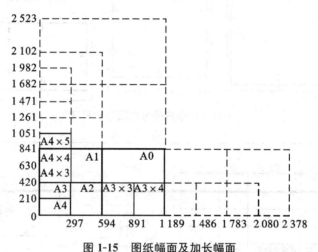

图 1-15　图纸幅面及加长幅面

例如，A3×4 的幅面是 1 189×420，A3 的幅面为 420×297。再如，A1×3 的幅面是 1 782×841，A1 幅面为 841×594。

2.1.2　图框格式及方向符号

图纸可以横放，也可以竖放。画图之前先用粗实线画出边框线，尺寸在表 1.1 中可以查到。格式分为留有装订边和不留装订边两种，分别如图 1-16 所示。

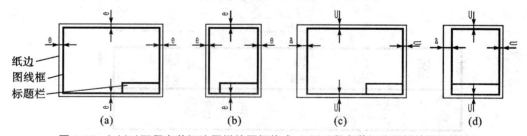

图 1-16　(a)(b)不留有装订边图样的图框格式，(c)(d)留有装订边图样的图框格式

为了使图样在复制与缩微摄影时定位方便，各号图纸均应在图纸各边长的中点处分别画出对中符号，图 1-17 所示。对中符号用粗实线绘制，长度从纸边界伸入图框内 5 mm。同时，为明确绘图与看图时图纸的方向，应在图纸的下边对中符号处画一个方向符号。

2.1.3 标题栏

图纸上必须有标题栏。一般情况下,标题栏应画在图纸的右下角,紧贴下边框线和右边框线,如图 1-16 所示。如有需要,也允许标题栏如图 1-17 所示,但此时必须加方向符号以表明绘图、看图方向。标题栏中主要内容如图 1-18(a)所示,国家标准对标题栏内容并没有硬性规定,企业可以根据情况填加其他需要的内容。非正式图纸作业一般可采用简化标题栏,如图 1-18(b)。

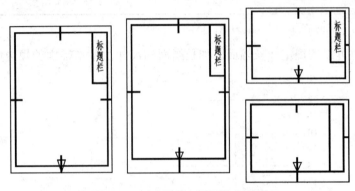

图 1-17　对中符号与看图方向符号

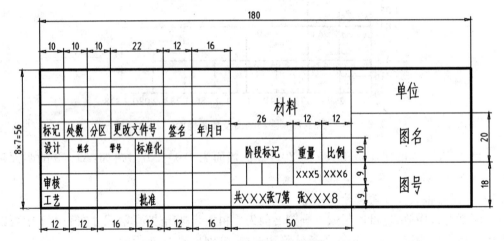

(a)GB/T10609.1—1089规定的标题栏

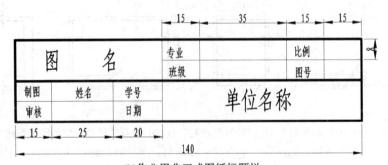

(b)作业用非正式图纸标题栏

图 1-18　标题栏格式及尺寸

2.2　比例（GB/T14690—93）

比例是图中图形与其实物相应要素的线性尺寸之比。

作图时，应尽可能地按机件的实际大小画出，以方便看图。如果机件太大或太小，可采用缩小或放大的比例画图。国家标准中推荐供优先选用及允许采用的比例，如表 1-2 所示。

表 1-2　　　　　　　　　　　　　　　　比例系列

种类	优先选用的比例			允许选用的比例					
原值比例	1:1								
放大比例	2:1	5:1		2.5:1		4:1			
	$1 \times 10^n:1$	$2 \times 10^n:1$	$5 \times 10^n:1$	$2.5 \times 10^n:1$		$4 \times 10^n:1$			
缩小比例	1:2	1:5	1:10	1:1.5	1:2.5	1:3		1:4	1:6
	$1:1 \times 10^n$	$1:2 \times 10^n$	$1:5 \times 10^n$	$1:1.5 \times 10^n$	$1:2.5 \times 10^n$	$1:3 \times 10^n$	$1:4 \times 10^n$		$1:6 \times 10^n$

注：n 为正整数。

同一机件不同视图应采用相同的比例，比例应标注在标题栏中。化工绘图的比例通常采用 1:5，1:10，1:15 等几种，但考虑到化工设备的特殊性，也可采用 1:6，1:30 等比例。个别视图采用与标题栏不同的比例时，应在视图名称的下方或右侧标注比例。例如：

$$\frac{I}{2:1} \qquad \frac{A\ 向}{1:100} \qquad \frac{B\text{-}B}{2.5:1}$$

不论图形放大或缩小，在图样中所注的尺寸，其数值必须按机件的实际大小标注，与比例无关，如图 1-19。

2.3　字体（GB/T14691—93）

2.3.1　基本要求

①图样中的汉字、字母和数字，应尽量做到"字体工整、笔画清楚、间隔均匀、排列整齐"。

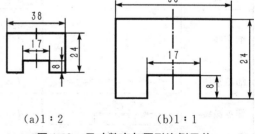

(a)1:2　　　　　　　　　(b)1:1

图 1-19　尺寸数字与图形比例无关

②字体的高度即为字号，有八种基本号数，其公称尺寸系列为 1.8 mm，2.5 mm，3.5 mm，5 mm，7 mm，10 mm，14 mm，20 mm。如写更大的字体，字体高度按照 $\sqrt{2}$ 比率递增。

③图样中的汉字应写成长仿宋体，汉字字宽为其字高的 $1/\sqrt{2}$ 倍，采用国家正式公布执行的简化字，汉字的高度不应小于 3.5 mm。书写要领是"横平竖直、注意起落、结构匀称、填满方格"。

④字母和数字分为 A 形和 B 型两种，A 型字体的笔画宽度为字高的 1/14；B 型字体的笔划宽度为字高的 1/10。在同一张图纸上只允许用一种型号的字体。

⑤字母和数字可写成斜体或直体，斜体字字头向右倾斜，与水平线约成 75°角；当与

汉字混写时，一般用直体。

2.3.2 字体示例

(1)长仿宋体汉字：

学好制图，培养和发展空间想象力

长仿宋字的书写要领：横平竖直 注意起落 结构匀称 填满方格

徒手绘图、尺规绘图和计算机绘图是工程技术人员必须具备的绘图技能

(2)字母和数字：

斜体：*ABCDEFGHIJKLMNabcdefghijklmn1234567890*

直体：ABCDEFGHIJKLMNabcdefghijklmn1234567890

2.4　图线(GB/T17450—1998)

2.4.1　图线形式

绘制图样时不同的线型起不同的作用，表达不同的内容。表 1-3 给出了化工图样常用的几种线型示例及其一般应用。

表 1-3　　　　　常用的工程图线名称及主要用途

名称	图线	线宽	主要用途
粗实线	———	d	可见的轮廓线和过渡线
中粗线	———	$d/2$	化工工艺流程图中辅助物料流程线
细实线	———	$d/3$	尺寸线及尺寸界线，剖面线，重合剖面的轮廓线，螺纹的牙底线及齿轮的齿根线，引出线，分界线及范围线等
细波浪线	 ∿∿∿	$d/3$	断裂处的边界线，视图和剖视图的分界线
细点画线	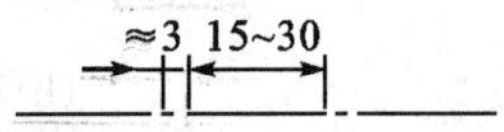 ≈3 15~30	$d/3$	轴线，对称中心线，轨迹线，节圆及节线
细双点画线	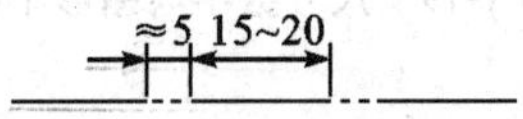 ≈5 15~20	$d/3$	相邻辅助零件的轮廓线，极限位置的轮廓线，假想投影轮廓线，中断线等
细虚线	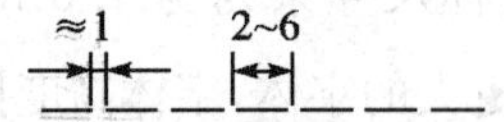 ≈1 2~6	$d/3$	不可见轮廓线及过渡线
双折线	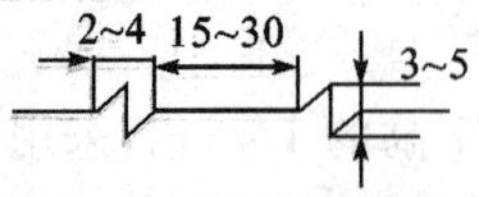 2~4 15~30 3~5	$d/3$	断裂处的边界线(多用于建筑图)

2.4.2　图线宽度 d

国家标准规定了九种图线的宽度。绘制工程图样时所有线型宽度 d 应在下面系列中选择：0.13，0.18，0.25，0.35，0.5，0.7，1，1.4，2，单位为 mm。一般粗线宽度 d 依据图样大小和复杂程度在 0.5~2 mm 之间选择，中粗线宽度为 $d/2$，细实线为 $(1/3~1/4)d$。

在制图作业中推荐使用 $d=0.7$ mm 的图线组别。

2.4.3 图线的画法和注意事项

(1)同一张图样中,同类图线的宽度应基本一致。虚线、点画线和双点画线的线段长短和间隔应各自大致相等。两条平行线(包括剖面线)之间的距离不得小于 0.7 mm。

(2)各类图线相交时,必须是线段相交。

(3)绘制圆的对称中心线时,圆心应为线段的交点,首尾两端应是线段而不是短画或点,且应超出图形轮廓线 2~5 mm,如图 1-20 所示。

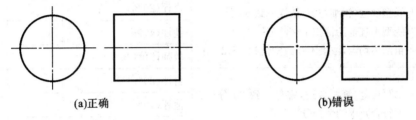

(a)正确　　　　　　　　　　　　(b)错误

图 1-20　点画线的画法

(4)在较小图形上绘制点画线或双点画线有困难时,可用细实线画出。

(5)当虚线、点画线或双点画线是粗实线的延长线时,连接处应空开。

(6)当各种线条重合时,应按粗实线、虚线、点画线的优先顺序画出。

图线的画法举例如图 1-21 所示。

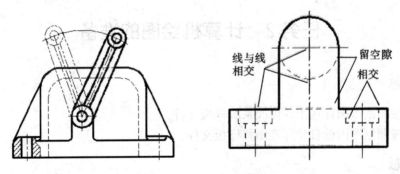

图 1-21　图线的画法举例

任务的设计与实施

(1)按照图幅尺寸裁剪标准矩形图纸。

根据样图中比例和图形总体尺寸,初步确定图幅大小为 A4;不留有装订边的 A4 横放标准图幅,基本尺寸为 297×210,图框尺寸为 10。

(2)按照图框格式用细实线画出图幅边界表示图幅大小,用粗实线画出图框线。在图框右下角按照标准格式绘出标题栏边框;标题栏中字体根据行间距选择 7 号字和 5 号字。

(3)按照样图尺寸以及标准线型规定,先用细线画出图形的底稿。绘图顺序为先内后外,先圆弧后直线。

(4)检查描粗。

任务的检查与考核

项目	评分标准	考核形式	分值	合计
图纸裁剪	尺寸合适,矩形规范,纸边平直光滑 10 分(若不符合要求酌情扣分)	自评(20%)		
		他评(40%)		
		教师评价(40%)		
图线	线型规范,粗细均匀,浓淡一致 60 分 线型不规范酌情扣 1~30 分 粗细不均匀,浓淡不一致酌情扣 1~20 分	自评(20%)		
		他评(40%)		
		教师评价(40%)		
字体	书写规范,笔画合适,字号一致 20 分(若不符合要求酌情扣分)	自评(20%)		
		他评(40%)		
		教师评价(40%)		
图面质量	干净平整 10 分(若不符合要求酌情扣分)	自评(20%)		
		他评(40%)		
		教师评价(40%)		

任务 2　计算机绘图的准备

能力目标

1.能按照制图国标选用并修改系统样板文件。

2.能按照制图国标自建标准图幅样板文件。

知识目标

1.认识 AutoCAD 工作界面。

2.熟悉 AutoCAD 的文件管理和命令执行方式。

3.了解系统样板文件的选用程序。

4.掌握图层与单位设置。

5.掌握文字样式设置与文字标注。

任务布置 1

调用系统样板文件建立 A3 图纸样板文件,图例如图 1-22。

绘图时每张图纸都必须遵守国家标准,如字体、标注样式、标题栏等。当用计算机绘图时,可以按照国标规定首先建立样板文件(标准图幅),从而节省每次绘图时都要建立标准的重复工作。在 AutoCAD 系统安装目录的"Template"文件夹中,提供了六大类样板文件,在样板文件中已经保存了各种标准设置,所以建立标准绘图环境的有效办法就是使用样板文件。化工图样可使用"GB标准"系列样板文件,但某些内容需作修改。有些样板文件不符合我国标准,建议先不要使用。当然,用户也可以按照需要自己建立样板文件。

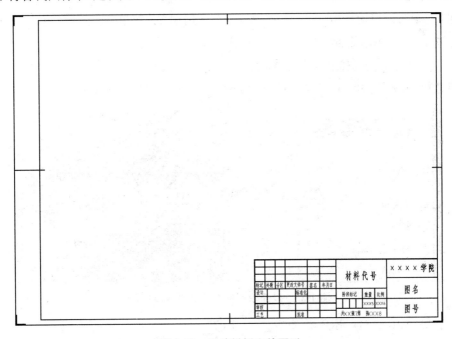

图 1-22　系统样板文件图形

问题引导

1. CAD 软件的基本操作是什么(包括启动系统、文件操作等)?

2. 如何选择系统样板文件?

3. 如何修改为图例所示的标准图幅?

知识准备

AutoCAD 软件的基本操作、工作界面的了解、CAD 文件的管理方法等。

1　认识计算机绘图软件——AutoCAD

计算机辅助设计(Computer Aided Design,简称 CAD),是一种以计算机作为主要技术手段来生成和处理各种数字信息和图形信息,以进行产品设计的方法。

AutoCAD 是美国 Autodesk 公司于 1982 年首次推出的通用计算机辅助设计软件包。从 AutoCAD V1.0 一直到我们将要学习的 AutoCAD2007、2008 版本,经历了十几次的升级,功能日臻完善。AutoCAD 在工程界应用非常普遍。它具有直观的用户界面、下拉式菜单,易于使用的对话框和工具栏,简单易学且绘图精确无误;它还有完善的绘图功能、强大的编辑功能及三维造型功能,并支持网络与外部引用。因此,了解和掌握该软件的功能、操作及应用对每个工程技术人员都是十分必要的。

本活动重点介绍 AutoCAD 软件的基本知识,即 AutoCAD 的启动、AutoCAD 的工作界面。

1.1 如何启动 AutoCAD

同其他软件的启动方式一样,AutoCAD2007 的启动方式也很多。常用的启动方式如下:

①双击 Windows 桌面上的 AutoCAD 快捷图标 ;

②双击已经存盘的任意 AutoCAD 图形文件 ;

③选择"开始"菜单→"程序"→"Autodesk"→"AutoCAD2007",如图 1-23。

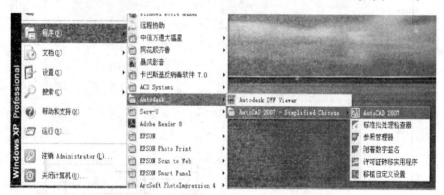

图 1-23 以开始菜单方式启动 AutoCAD

1.2 了解 AutoCAD 用户界面

启动 AutoCAD2007 后,进入工作界面,如图 1-24 所示。系统自动打开一个默认名为"drawing1. dwg"的图形文件。如图 1-24 所示,工作界面主要由标题栏、菜单栏、工具栏、绘图窗口、命令提示窗口、状态栏等部分组成。

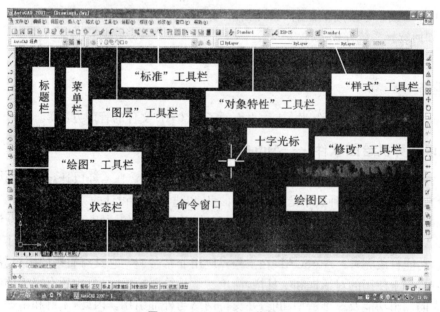

图 1-24 AutoCAD 工作界面

1.2.1　标题栏

标题栏位于程序窗口的最上方,表达的是 AutoCAD2007 程序图标名称及当前的文件名称和路径等信息。如图 1-25 所示的标题栏中,前面的"AutoCAD2007"是程序名称,后面的"Drawingl. dwg"是当前的文件名称(如果已经对文件命名,则显示命名的文件名)。与 Windows 应用程序相似,用户可通过标题栏最右边的三个按钮使 AutoCAD 程序窗口最小化、最大化或关闭。

图 1-25　标题栏

1.2.2　菜单栏(下拉菜单和快捷菜单)

1.2.2.1　下拉菜单

下拉菜单栏位于标题栏下方,如图 1-26 所示,共 11 个下拉主菜单,包含了通常情况下控制 AutoCAD 运行的核心命令和功能。单击菜单项,弹出相应下拉菜单,选取其中一个选项,AutoCAD 就会执行相应命令。用户可通过菜单栏最右边的三个按钮使当前图形文件最小化、最大化或关闭。

文件(F)　编辑(E)　视图(V)　插入(I)　格式(O)　工具(T)　绘图(D)　标注(N)　修改(M)　窗口(W)　帮助(H)

图 1-26　下接菜单

(1)菜单命令形式:以[视图]下拉菜单为例,如图 1-27 所示。

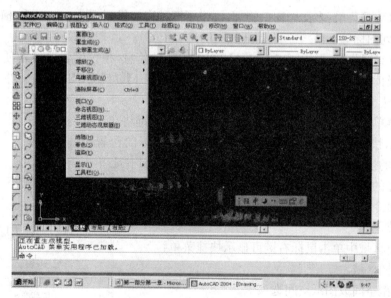

图 1-27　"视图"菜单

单独的菜单命令,如"消隐",点击即可执行该命令。

菜单后带有"▶"表示该菜单项还有下级子菜单,用户可作进一步选择,如"缩放"。

菜单后带有"…"表示执行该命令将调用一对话框,如"命名视图"。

菜单项以灰色显示表示当前该命令不可用。

(2)菜单的打开方法:"Alt+括号里的字母"或直接点击鼠标左键。

(3)各菜单的基本功能:

【文件(F)】菜单:提供了主要用于图形文件管理的工具,如新建、打开、关闭、存盘、打印及数据导出等。

【编辑(E)】菜单:提供基本文件编辑工具,如拷贝、剪切、粘贴、清除及全选等。

【视图(V)】菜单:提供视窗管理工具,如绘图区缩放、分割以及三维视窗设置等。

【插入(1)】菜单:提供了插入文件的工具,如插入图块、外部引用、布局以及其他格式的文件等。

【格式(O)】菜单:提供了文件参数设置工具,如图层、颜色、线型、标注以及其他文件参数设置。

【工具(T)】菜单:提供了一系列的绘图工具,如捕捉、栅格、查询以及 AutoCAD 设计中心等。

【绘图(D)】菜单:提供了基本绘图工具,其中集中了几乎所有的二维和三维的绘制命令。这些命令将在本书后续内容中详细介绍。

【标注(N)】菜单:提供了尺寸标注工具,包括线性标注、半(直)径标注、角度标注等所有标注工具。

【修改(M)】菜单:提供了图形编辑工具,包括图形复制、旋转、移动以及其他编辑工具。

【窗口(W)】菜单:多文档窗口管理,提供了四种窗口排列方式——层叠、横向平铺、纵向平铺、排列图标等。

【帮助(H)】菜单:提供了 AutoCAD2004 的帮助信息,建议读者要经常使用【帮助】,尤其是初级读者,查看【帮助】可以很快解决问题,按【F1】键就会调出帮助文件。

1.2.2.2 快捷菜单

快捷菜单是一种特殊形式的菜单,单击鼠标的右键将在光标的位置显示快捷菜单。快捷菜单提供的命令与光标的位置及 AutoCAD 的当前状态有关。例如,在绘图区域和工具栏上单击右键所打开的快捷菜单是不一样的。此外,如果 AutoCAD 正在执行某一命令,或者用户事先选定了任意实体对象,也将显示不同的快捷菜单。

在以下区域中单击鼠标右键可显示快捷菜单:

(1)绘图区域。

(2)模型空间或图纸空间选项卡。

(3)工具栏。

(4)一些对话框(如图层特性管理器)。

图 1-28 显示了在绘图区域单击右键时弹出的快捷菜单。

图 1-28 快捷菜单

1.2.3 工具栏

工具栏提供了使用 AutoCAD 程序命令的快捷方式,其中包含了许多命令按钮。工具栏上的每一个按钮都形象地表示一个命令。光标指向任一按钮稍停片刻,会在图标的右下角显示出相应的命令名,同时在窗口的状态栏有注释,便于确认命令。用户只需单击某个按钮,AutoCAD 就会执行相应命令。图 1-29 显示的是[绘图]工具栏。

图 1-29 [绘图]工具栏

AutoCAD2007 提供了 35 个工具栏。第一次启动 AutoCAD 时,只显示[标准][样式][图层][对象特性][绘图]和[修改]等六个工具栏。其中,前四个工具栏放在绘图区域上方,后两个工具栏分别放在左边和右边。

1.2.3.1 工具栏的移动与变形

工具栏其实是可以移动的。用户如果想把工具栏移到窗口其他位置,可将光标移动到工具栏边缘,然后单击鼠标左键,此时工具栏边缘出现一个灰色矩形框,按住鼠标左键并移动光标,工具栏将随之移动。此外,还可以改变工具栏形状,将光标放置在拖出的工具栏的上边缘或下边缘,此时光标变成双向箭头,按住鼠标左键并拖动,工具栏形状就会发生变化。图 1-30 显示了移动并改变形状后的[绘图]工具栏。

图 1-30 移动并改变形状的[绘图]工具栏

1.2.3.2 工具栏的开启与关闭

在任意一个工具栏上单击右键,会弹出快捷菜单,如图 1-31 所示。该菜单列出了所有工具栏的名称。若名称前带有"√"标记,则表示该工具栏已打开。选取菜单中某一选项,可以打开或关闭相应工具栏。当工具栏移动的时候,可以直接单击其右上方的"关闭"按钮就行了。

1.2.4 绘图区、坐标系和作图环境

1.2.4.1 绘图区

绘图区作为用户绘图的地方,类似于手工作图时的图纸,用户的所有工作结果都显示在此窗口中。AutoCAD 提供的绘图区是无穷大的,但用户可根据需要自行设计显示在屏幕上的绘图区域的大小。

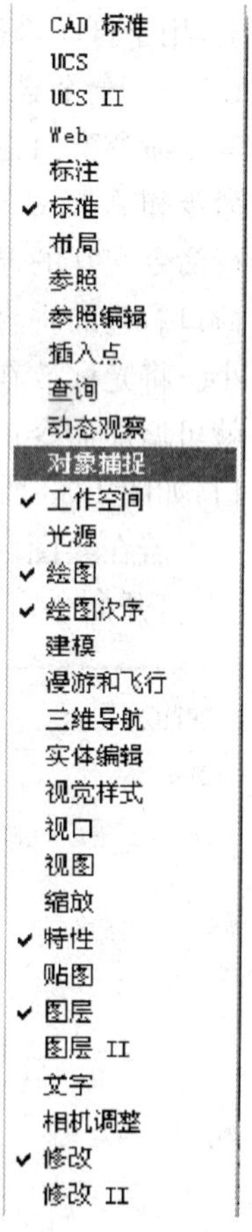

CAD 标准
UCS
UCS II
Web
标注
✓ 标准
布局
参照
参照编辑
插入点
查询
动态观察
对象捕捉
✓ 工作空间
光源
✓ 绘图
✓ 绘图次序
建模
漫游和飞行
三维导航
实体编辑
视觉样式
视口
视图
缩放
✓ 特性
贴图
✓ 图层
图层 II
文字
相机调整
✓ 修改
修改 II

图 1-31 工具栏
快捷菜单

1.2.4.2 坐标系

在绘图区左下方有一个坐标系的图标，显示了绘图区的方位。默认情况下，Auto-CAD 使用固定的世界坐标系（World Coordinate System，简称 WCS）。图标中的"X、Y"字母分别指示 x 轴和 y 轴的正方向。Z 轴垂直于 XY 平面，正方向垂直于屏幕平面向外，指向用户。如果有必要，用户也可通过 UCS 命令建立自己的可移动用户坐标系。用户坐标系（User Coordinate System，简称 UCS）是一种相对坐标系。与世界坐标系不同，用户坐标系可选取任意一点为坐标原点，也可以任意方向为 X 轴的正方向。

若在绘图区没有发现坐标系图标，可用 UCSICON 命令中的"on"选项打开图标显示。

1.2.4.3 作图环境

绘图窗口底部有三个选项卡 模型 布局1 布局2 ，此按钮控制两种绘图环境的切换。通常情况下，模型选项卡是按下的，表明当前作图环境是模型空间，用户在此一般按照实际尺寸绘制二维或三维图形。当选择［布局 1］或［布局 2］选项卡时，就切换至图纸空间（AutoCAD 提供的模拟图纸），用户可将模型空间上的图样按不同缩放比例布置在图纸上，用于打印输出图形。

1.2.5 命令提示窗口与文本窗口

命令窗口也叫做命令行，位于程序窗口底部，如图 1-32 所示。用户从键盘上输入的命令和 AutoCAD 的提示及相关信息都反映在此窗口中。该窗口是用户与 AutoCAD 进行命令交互的窗口。通常情况下，命令窗口只显示两三行，需要查看未显示部分，可单击窗口右边的垂直或水平滚动条的箭头按钮来移动显示。用户还可根据需要改变它的大小。将光标放在命令提示窗口的上边缘使其变为双向箭头，按住鼠标左键向上拖动光标就可增加命令窗口显示的行数。按［F2］键可以打开或关闭显示所有命令信息的文本窗口，如图 1-33 所示。

若在绘图区下方没有发现命令行，可点击菜单"工具→命令行"或按快捷键"Ctrl＋9"，打开命令窗口。

图 1-32　命令行

图 1-33　文本窗口

1.2.6　状态栏

状态栏位于屏幕的底部,用于显示当前绘图状态。当在绘图区移动鼠标时,十字光标会跟随移动。与此同时,在绘图区底部的状态栏左端将显示出当前光标位置的坐标读数。

| 1105.4904, 34.1617 , 0.0000 | 捕捉 | 栅格 | 正交 | 极轴 | 对象捕捉 | 对象追踪 | DUCS | DYN | 线宽 | 模型 |

图 1-34　状态栏

(1)坐标读数的显示方式:

动态显示——坐标读数随光标的移动而变化,坐标值显示形式"x,y,z"。

静态显示——仅当用户指定点时,坐标读数才变化,坐标值显示形式"x,y,z"(以灰色显示)。

极坐标显示——随着光标移动,坐标读数以极坐标形式(相对于上一点"@距离<角度")显示,这种方式只有在 AutoCAD 提示"指定下一点"时才能得到。

状态栏右边是 10 个辅助绘图的控制按钮,各按钮功能见后面章节。点击屏幕上的控制按钮呈凹下状时,表明该模式是打开的;再点击凸起时,则该模式被关闭。一些控制按钮还可通过键盘上的相应快捷键来实现开关,见表 1-4。

表 1-4　　　　　　　　　　　　　控制按钮及相应快捷键

按钮	快捷键
对象捕捉	F3
栅格	F7
正交	F8

（续表）

按钮	快捷键
捕捉	F9
极轴	F10
对象追踪	F11
帮助对话框打开与关闭	F1
文本窗口打开与关闭	F2
数字化仪打开与关闭	F4
等轴测平面之间的相互切换	F5
DUCS	F6
DYN	F12

（2）键盘上几个重要的键：

Enter 键：也叫做回车键，命令的确认键，在后文中用"↙"表示。

Esc 键：也叫做中断键，用于强行中断命令，也可用于取消无意中的选择。

空格键：当命令结束时和回车键功能一样起确认作用。

2 CAD 图形文件的管理

2.1 建立新文件

命令启动方式：

点击下拉菜单：文件→新建

单击"标准"工具栏按钮图标 ▢

命令行输入 NEW↙

启动新建文件命令后，AutoCAD 将打开"选择样板"对话框，如图 1-35(1)所示。

图 1-35(1)　"选择样板"对话框

启动新建文件命令后，AutoCAD 将打开"选择样板"对话框，从"Template"文件夹中选择"Gb-a3-Named Plot Style"后，再单击"打开"，如图 1-35(2)所示。

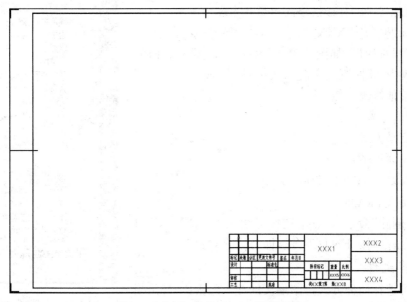

图 1-35(2) 打开的 GB-A3 样板文件

2.2 修改标题栏内容

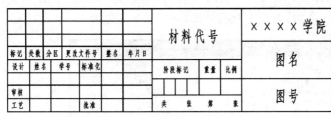

A.原标题栏

B.修改后标题栏

图 1-35(3) 修改标题栏

系统提供的样板文件是一个整体图形单元，称为图块，简称块。它是由各种图形元素构成的一个整体，必须分解为单个对象才能修改其中的内容。

2.2.1 分解图块

命令启动方式：

点击下拉菜单：修改→分解

单击"修改"工具栏上的按钮图标

命令行输入 EXPLODE↙

发出"分解"命令后,点击选择样板文件,再右击鼠标或按"ENTER"键,即可分解图块。

2.2.2 利用"特性"对话框修改标题栏内容

点选标题栏中"XXX2",右击,出现快捷菜单,点击"特性",打开对话框,如图 1-36 所示;将"标记"栏后面的"XX2"修改为"淄博职业学院";关闭该对话框后按"Esc"键即可。其他修改类似。

2.2.3 删除对象

命令启动方式:

点击下拉菜单:修改→删除

单击"修改"工具栏上的按钮图标

命令行输入 ERASE↙

发出"删除"命令后,点击选择标题栏中"XXX5"等对象再右击鼠标或按"ENTER"键,即可删除对象。

2.3 保存文件

一般可选择两种方式将图形文件存入磁盘:一种是指定新文件名保存,称"换名存盘";另一种是以当前文件名保存图形,称"快速保存"。

2.3.1 换名存盘

命令启动方式:

点击下拉菜单:文件→另存为

命令行输入 QSAVEAS↙

图 1-36 "特性"对话框

启动换名保存命令后,系统弹出"图形另存为"对话框,如图 1-37 所示。在"文件类型"中选择"AutoCAD 图形样板(＊.dwt)",在"文件名"中输入"横放 A3 样板文件",在"保存于"选项框中选择保存位置,再单击"保存"即可。

图 1-37 "另存为"对话框

2.3.2 快速保存文件

命令启动方式：

点击下拉菜单：文件→保存

单击"标准"工具栏上的按钮图标 💾

命令行输入 QSAVE↙

发出快速保存命令后，系统将当前图形文件以原文件名直接存盘，而不会给用户任何提示；如果是首次启动保存命令后，系统会弹出"图形另存为"对话框，设置步骤同上。

①当以图形文件保存时，扩展名为".dwg"，文件图标为图1-38(a)。

②当以样板文件类型保存时，扩展名为".dwt"，图标为图1-38(b)。

③当以原文件名快速保存图形性文件时，常会伴随出现一个备份文件，扩展名为".bak"，图标为图1-38(c)。此种文件一般用于挽救被破坏或丢失的文件，但使用时必须将扩展名改换为".dwg"。

(a)

(b)

(c)

图1-38 AutoCAD文件类型

2.4 关闭当前文件

命令启动方式：

单击菜单栏右侧的按钮图标 ✖

命令行输入 CLOSE↙

执行该命令后，若当前图形未改动，则立即关闭当前文件；若文件改动，则屏幕上出现如图1-39所示的对话框，提示是否保存文件。

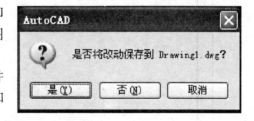

图1-39 "退出"对话框

(1)单击"是(Y)"按钮。将对已命名的文件存盘保存并退出系统；对未命名文件则弹出如图1-37话框，命名存盘后退出系统。

(2)单击"否(N)"按钮。将放弃对图形文件的修改退出系统。

(3)单击"取消"按钮。将取消退出系统的命令并返回到原绘图窗口。

2.5 退出系统程序

命令启动方式：

单击下拉菜单：文件→退出

单击标题栏上的按钮图标 ✖

命令行输入 QUIT↙

执行该命令后，若当前图形未改动，则立即退出 AutoCAD 系统；若文件改动，则屏幕上出现如图1-39所示的对话框。

任务的设计与实施

    1. 启动 AutoCAD2007。

    2. 新建文件,选择样板。

    3. 修改表题栏内容。

    4. 换名保存,关闭当前文件。

    5. 退出系统。

任务的检查与考核

项目	评分标准	考核形式	分值	合计
比较样图	设置步骤准确,文件命名正确,与样图相同 100 分(若不符合要求酌情扣分)	自评(20%)		
		他评(40%)		
		教师评价(40%)		

任务布置 2

    使用 acad 空白文件,根据国标建立标准 A4 图幅,图例如下:

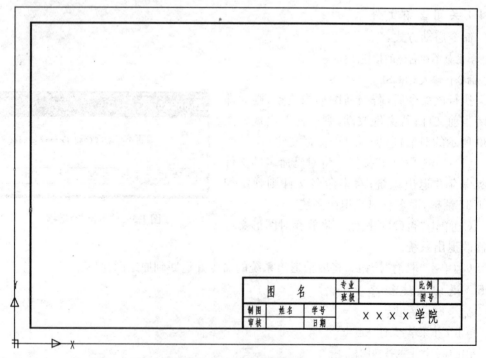

图 1-40   标准图幅图例

    对于初学者来说,可使用三种空白文件 acad,acad-Named Plot Styles,acadiso,根据需要建立自己的标准样板文件。

问题引导

1. 自建样板文件包括哪些步骤?

2. 利用计算机绘制标准 A4 图幅与手工绘制图幅格式有什么异同?

知识准备

制图国标关于图幅、线型、文字等规定;CAD 基本命令输入方式、文件的管理、点坐标输入。

完成本任务具体步骤有:新建空白文件、绘图区域的单位设置、图层设置、文字设置、绘制边框和标题栏、保存关闭文件等;涉及图形界限和绘图单位设置、图层创建与设置、文字样式设置与书写、直线段绘图命令等新知识。

1 绘图区域设置(图形界限)

AutoCAD 的绘图空间是无限大的,用户可以设置程序窗口中显示出的绘图区域大小。作图时,事先对绘图区大小进行设定,将有助于用户了解图形分布的范围。当然,也可随时缩放图形(用 ⊕ 按钮),以控制其在屏幕上显示的范围。

设定绘图区域大小常用两种办法。

1.1　用 LIMITS 命令即"图形界限"设定绘图区域大小

操作步骤如下。

1.1.1　设置 A4 图形界限

命令启动方式:

点击下拉菜单:格式—图形界限

命令行输入 limits ↙

启动命令后,命令行显示:

重新设置模型空间界限:

指定左下角点或[开(ON)/关(OFF)]〈0.0000,0.0000〉:0,0 ↙

指定右上角点〈420.0000,297.0000〉297,210 ↙

1.1.2　将所设置的 A4 图形界限定为有效(隐型)

按[Enter]键,重复"Limits"命令

命令行显示:

重新设置模型空间界限:

指定左下角点或[开(ON)/关(OFF)]〈297,210〉ON ↙

1.1.3　绘制一个与图形界限一样大的实体矩形将所设图形界限显示出来

命令启动方式:

点击下拉菜单:绘图→矩形

单击工具栏图标 ▭

命令行输入 Rectang ↙

启动命令后,命令行显示:

命令：Rectang

指定第一角点或[倒角(C)/标高(E)/圆角(F)/厚度(T)/宽度(W)]：0,0↙

          //输入矩形第一角点 x,y 坐标，与 Limits 命令中的左下角点一致

指定另一角点或[面积(A)/尺寸(D)/旋转(R)]：297,210↙

          //输入矩形另一角点 x,y 坐标，与 Limits 命令中的右上角点一致

1.1.4 将所设图形界限全屏显示

点击下拉菜单"视图→缩放→范围"

长宽尺寸为"297×210"的矩形绘图区域就充满整个窗口显示出来，如图 1-41 所示。

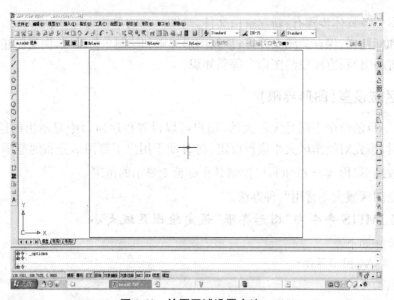

图 1-41 绘图区域设置方法一

1.2 将一个圆充满整个屏幕显示出来，依据圆的尺寸就能轻易估计当前绘图区域的大小

1.2.1 绘制一个直径为 297(A3 的宽)的圆

命令：C↙   //在屏幕上画圆

命令：circle 指定圆的圆心或[三点(3P)/两点(2P)/相切,相切,半径(T)]：

          //在屏幕适当位置单击一点

指定圆的半径或[直径(D)]〈20〉148.5   //输入圆半径，按 Enter 键

1.2.2 全部缩放圆的图形

选取菜单"视图→缩放→范围"。直径为 297 的圆(A3 图幅)就充满整个窗口显示出来，如图 1-42。

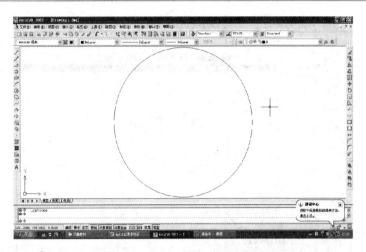

图 1-42 绘图区域设置方法二

2 绘图单位设置

设置或修改作图单位和精度。

命令启动方式：

选择下拉菜单："格式→单位"//命令行输入 Units，↙，打开对话框(图 1-43)。

①在"长度"区内选择单位类型与精度，工程绘图中一般使用"小数"和"0.0"。

②在"角度"区内选择角度类型与精度，工程绘图中一般使用"十进制小数"和"0"。

③在"插入比例"区内，选择图形单位，默认为"毫米"。

图 1-43 "图形单位"对话框

3 建立各种图线(图层创建与设置)

图层相当于"透明纸"，用户把不同特性(如颜色、线型、线宽等)的图形元素分别绘制在完全对齐叠加的"透明纸"上(如一层上用于画粗实线，一层上画点画线，一层标注尺寸，一层标注文字)，不仅能使图形的各种信息清晰、有序，而且可以有效控制和管理图形，给图形的绘制、修改、编辑和输入提供了很大方便。每一层可单独设置线型、颜色和线宽等属性值，所有绘制在该图层上的图形都自动地被赋予相同的属性。一般程序启动后，**系统默认设置当前图层为 0 层，该层不能更换名称，更不能被删除。在图块应用中，该层上的图形将产生特殊的意义。**

3.1 创建图层

命令启动方式：

点击下拉菜单：格式→图层//单击"图层"工具栏上的按钮图标  //命令行输入 Layer(la)↙

启动图层命令后，系统会弹出"图层特性管理器"对话框，如图 1-44 所示。

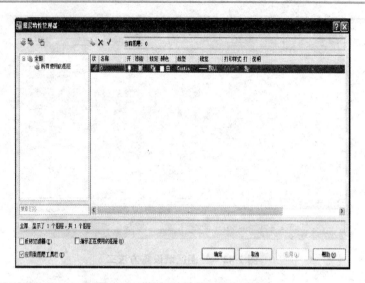

图 1-44　"图层特性管理器"对话框

设置步骤。

3.1.1　命名新图层

单击 　(新建)按钮,图层列表中将出现一个名称为"图层 1"的新图层。单击图层所在行的名称,用户可以为其输入新的图层名以取代默认名如"轮廓线",以表示建立一个名为"轮廓线"的新图层,再创建其他图层,如图 1-45 所示。

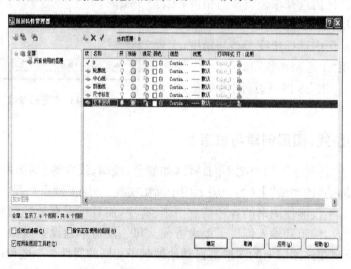

图 1-45　新建图层命名

单击 ✖ 按钮可将选中的图层删除,但对包含有图 1-46 所示错误提示的图层将不能被删除。

单击 ✔ 按钮可将选中的图层置为当前层。

3.1.2 颜色设置

选择图层，单击图层所在行的颜色块 ▢白▢，此时系统将打开"选择颜色"对话框，选择所需颜色即可，如图 1-47 所示。

图 1-46 错误提示

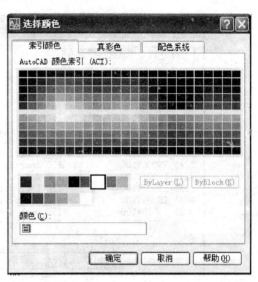

图 1-47 "选择颜色"对话框

3.1.3 线型设置

默认情况下，图层的线型为 Continuous(连续线型)，当线型改变后，再建立线型将继承前一线型的特性。单击"Continuous"，在弹出的"选择线型"对话框中选中要选择的线型如"CENTER"，即可选择点画线，如图 1-48 所示。

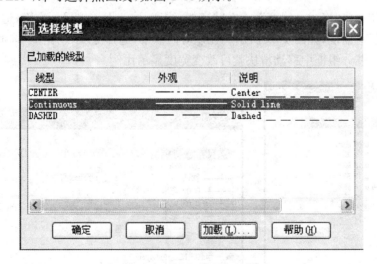

图 1-48 "选择线型"对话框

如果当前对话框中没有所需要的线型，可单击"加载"按钮，打开"加载或重载线型"对话框，从当前线型库中选择需要加载的线型(如 HIDDEN)，如图 1-49 所示。单击"确定"

按钮,则该线型即被加载到"选择线型"对话框中。再进行选择,单击"确定"按钮,则该线型即被加载到所选图层中。如果要一次加载多种线型,在选择线型时可按下 Shift 键或 Ctrl 键进行连续选择或多项选择。

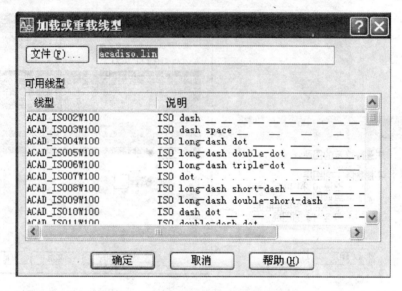

图 1-49 "加载或重载线型"对话框

3.1.4 线宽设置

单击图层列表中该图层所在行的"线宽"块下的"默认",打开"线宽"对话框,如图1-50所示,在"线宽"列表中选择需要的线宽数值,单击"确定"按钮,完成线宽的设置。

3.1.5 显示线宽

选择下拉菜单"格式→线宽",或在状态栏[线宽]按钮上单击鼠标右键,选择"设置"弹出"线宽设置"对话框,如图1-51 所示。在该对话框中,选择"显示线宽"单选框为"√",在"调整显示比例"分组框中移动滑块就可改变宽度显示比例。

图 1-50 "线宽"对话框

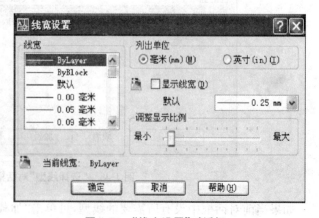

图 1-51 "线宽设置"对话框

如果仅设置了线宽而没有选中"显示线宽"单选框,绘图时各线型仍以默认线宽显示。

3.2 管理图层

当绘制图样包含大量信息且有很多图层时,用户可通过控制图层状态,使绘制、编辑和观察更方便。"图层特性管理器"对话框中,每一个图层名称后都有 ♀, ⬤ , ⬚ , ⬚ 这四种图标,分别表示"打开与关闭""解冻与冻结""解锁与锁定""打印与不打印"这四种图层状态。单击图标按钮即可在两种状态间切换。图层状态分别为:

①打开♀和关闭♀:使该图层上的对象可见/不可见。

②解冻⬤和冻结⬚:被冻结的图层不仅不可见,同时也不参加运算,有利于提高计算机运行速度。被冻结的图层必须解冻后才可见。

③解锁⬚和锁定⬚:被锁定图层上的对象可见但不可编辑修改,必须解锁后图形才可编辑。

④打印⬚和不打印⬚:控制是否打印该图层上的图形对象。

由于图层的"打开与关闭""解冻与冻结""解锁与锁定"是几项经常进行的操作,一般可以通过图层下拉列表快速地完成这些操作,如图 1-52 所示。

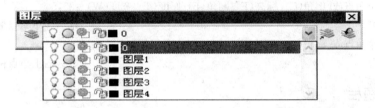

图 1-52 图层下拉列表

3.3 使用图层

3.3.1 切换当前层

用户若要在某个图层上绘图,必须先将该层设置为当前图层。方法如下:

(1)在"图层特性管理器"对话框中,选中某图层再单击✔按钮,可使该图层变为当前层。

(2)单击"图层下拉列表"右边的箭头,打开列表,选择某图层名称后,下拉列表关闭,被选图层成为当前层。

(3)若要将所选图形的图层转换为当前层,单击"图层下拉列表"右边的⬚按钮即可。

(4)若要快速返回上一图层,单击⬚按钮即可。

3.3.2 已有图形对象改变所属图层

将图形对象选中,单击"图层下拉列表"右边的箭头,打开列表,选择要改变的图层名称后,下拉列表关闭,被选图形就具有了新图层的属性。按"Esc"键退出对象选择后,此项操作不改变当前层的设置。

4 绘制图框(按照国家标准图幅部分规定)

绘制图框有多种方法,现介绍应用矩形绘图命令及点坐标定位绘制图框的方法。

命令执行方式:

下拉菜单:绘图→矩形

工具栏:单击"绘图"工具栏图标 □

命令行:rectang (Rec)↙

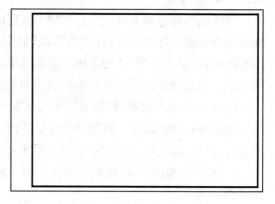

图1-53 "矩形"命令绘图框

4.1 画外边框即纸边线(在细实线层绘制)

此步骤与前面1.1.3同,省略;仅改变已有矩形的图层即可。

4.2 画内框线(图框线在粗实线层绘制)

命令:_rectang

指定第一个角点或[倒角(C)/标高(E)/圆角(F)/厚度(T)/宽度(W)]:25,5↙

//输入左下角点坐标,回车

指定另一个角点或[面积(A)/尺寸(D)/旋转(R)]:@267,200↙

//输入右上角点相对坐标,回车

5 绘制标题栏

绘制标题栏有多种方法,现介绍应用直线绘图命令及偏移、修剪等编辑命令绘制图框的方法。参照前面任务学习中标题栏格式设置,如图1-54所示。

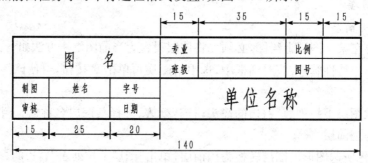

图1-54 学生标题栏格式

5.1 绘制标题栏边框

5.1.1 直线

通过两点绘制直线,可绘制一条或一系列连续直线段。

命令执行方式:

下拉菜单:绘图→直线

工具栏:单击"绘图"工具栏图标 ／

命令行:Line (L)↙

输入直线命令后,系统提示及操作如下:

命令:_line指定第一点: //点击图框线右下角点

指定下一点或[放弃(U)]:140↙ //光标向左确定方向,输入长度值,回车

指定下一点或[放弃(U)]:32↙ //光标向上确定方向,输入长度值,回车

指定下一点或[闭合(C)/放弃(U)]:140↙ //光标向右确定方向,输入长度值,回车

指定下一点或[闭合(C)/放弃(U)]:c↙ //输入闭合命令代码,回车

5.1.2 偏移

将选定对象按指定距离和方向平行偏移,复制成类似的新对象。

命令执行方式:

下拉菜单:修改→偏移

工具栏:单击"修改'工具栏图标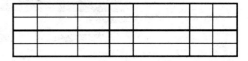

命令行:Offset↙

图1-54(1) 绘水平边框线

5.1.2.1 画水平线,如图1-54(1)

输入偏移命令后,系统提示及操作如下:

命令:_offset

当前设置:删除源=否 图层=源 OFFSETGAPTYPE=0

指定偏移距离或[通过(T)/删除(E)/图层(L)]〈通过〉:8↙ //输入偏移距离,回车

选择要偏移的对象,或[退出(E)/放弃(U)]〈退出〉: //点选标题栏上边框线

指定要偏移的那一侧上的点,或[退出(E)/多个(M)/放弃(U)]〈退出〉:

//在标题栏上边框线的下方点击

选择要偏移的对象,或[退出(E)/放弃(U)]〈退出〉: //点选边框线的复制线

指定要偏移的那一侧上的点,或[退出(E)/多个(M)/放弃(U)]〈退出〉:

//在标题栏上边框线的下方点击

……

选择要偏移的对象,或[退出(E)/放弃(U)]〈退出〉:↙ //回车,默认退出

5.1.2.2 画竖直线

重复"偏移"命令,按照列宽距离,依次画出标题栏各竖直线,然后将各线移至相应图层,结果如图1-54(2)所示。

图1-54(2) 绘竖直边框线

5.1.3 修剪

将图形多余部分剪去。

命令执行方式:

下拉菜单:修改→修剪

工具栏:单击"修改"工具栏图标

命令行:Trim↙

输入修剪命令后,系统提示及操作如下:

命令:_trim

当前设置:投影=UCS,边=无

选择剪切边……

选择对象或〈全部选择〉:找到1个 //点选标题栏中水平粗线(剪切边界)

选择对象:找到1个,总计2个 //点选标题栏中竖直粗线(剪切边界)

选择对象：✓　　　　　　　　//回车或者右击鼠标，结束剪切边界的选择

选择要修剪的对象，或按住 Shift 键选择要延伸的对象，或[栏选(F)/窗交(C)/投影(P)/边(E)/删除(R)/放弃(U)]：　　　　　　//点选要剪掉的线段

选择要修剪的对象，或按住 Shift 键选择要延伸的对象，或[栏选(F)/窗交(C)/投影(P)/边(E)/删除(R)/放弃(U)]：

......　　　　　　　　　//依次点选要剪掉的线段

选择要修剪的对象，或按住 Shift 键选择要延伸的对象，或[栏选(F)/窗交(C)/投影(P)/边(E)/删除(R)/放弃(U)]：

//回车或者右击鼠标，结束修剪，结果如图 1-54(3)所示

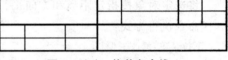

图 1-54(3)　修剪多余线

6　建立文字样式

工程图样中要通过一些文字和符号来注明技术要求。文字标注中有时会需要不同的文字字体，如汉字有宋体、仿宋体、黑体、TXT 等，而英文有 Roman、Romantic、Isocp 等字体。尤其是汉字是我国用户常用的，因此，针对不同要求，需要设置不同文字样式来满足有关要求但要符合制图国家标准。

在 AutoCAD 中文字设置是通过"文字样式"对话框来实现的。在 AutoCAD2007 中文字样式设置包括字体、字高、字宽及倾斜角度等，字型包括 Windows 操作系统的 True-Type 字体（图表显示 **T**）和 AutoCAD 特有的 shx 型文件字体（图表显示 **A**）。下面根据制图标准设置文字。

命令执行方式：

下拉菜单：格式→文字样式

命令行：style✓

执行该命令后，弹出"文字样式"对话框，如图 1-55 所示。

图 1-55　默认"standard"字体

对话框中各项功能及操作如下。

6.1　选样式

"样式名"下拉列表框中可选择已有的文字样式设为当前样式，默认样式为"Standard"。

(1)"新建(N)"按钮用于定义一个新的字型名。单击该按钮,在弹出的"新建文件样式"
对话框"样式名"编辑框中(默认名为"样式1")输入新字型名称,如"汉字""数字"等,
然后单击"确定",返回"文字样式"对话框。

(2)"重命名(R)"按钮用于更改已定义的某种字型的名称。

(3)"删除(D)"按钮用于删除已定义的某种字型。

说明:重命名和删除选项对 Standard 字型无效,图形中已经使用的字型不能被删除。

6.2 "字体"区域设置

"字体"区域用于设置当前字型的字体、字体格式和字高等。

(1)在"字体名"下拉列表中可选择字体文件。根据制图国标规定,汉字应用长仿宋字
体,可选择"T 仿宋 GB:2312(字宽比例 0.7)";字母和数字可写成直体或斜体,一般常用
下列字体有"gbeitc. shx""isocp. shx""gbenor. shx",如图 1-56 所示。

isocp.shx:	计算机绘图AutoCAD1234567890φ
gbenor.shx:	计算机绘图AutoCAD1234567890φ
gbeitc.shx:	*abcdefghijklmnRφ*
AᴬisocpP.shx:	计算机绘图abcdefghijkR
T仿宋GB-2312:	计算机绘图abcdefghijk12345

图 1-56　几种字体样式

注意:

只有选中后缀为". shx"的字体文件时,"使用大字体"复选框才能被激活。选中该项
后,原"字体名"下拉列表框变为"SHX 字体"下拉列表框,原"字体样式"下拉列表框变为
"大字体"下拉列表框,在该框中只有选中"gbcbig. shx"或其他已安装的汉字形文件,在图
中才能输入汉字。

"字体名"下拉列表中以@开头的字体按正常字体旋转 90°显示。

(2)在"字体样式"下拉列表中可选择字体样式,如"常规"。

(3)"高度(T)"编辑框用于设置字体高度。一般可使用默认值 0,这样用户在输入文
字时,根据提示自己指定文字高度,比较灵活方便。如果在这里设置了大于 0 的高度值,
则标注文字时,该样式字高不能改变,适合于大规模标注。

6.3 "效果"区域用于设置字符的书写效果

"效果"主要指包括文字倒置、反向、垂直、倾斜角度和字宽比例等。

(1)"颠倒(E)"设置文字是否颠倒。

(2)"反向(K)"设置文本是否左右反向书写。

(3)"垂直(V)"设置是否垂直书写文本。

(4)"宽度比例(W)"设置字符宽度与高度的比值。仿宋字体的宽度比例为 0.7,其他
数字型字体宽度比例为 1。

(5)"倾斜角度(O)"设置文本倾斜角度。当倾斜角度大于0时,字符向右倾斜;小于0时向左倾斜。

6.4 "预览"框中可以很方便地查看设置的文字效果

6.5 实例

(1)设置汉字体(图1-57):根据制图国标规定,汉字应用长仿宋字体。

启动"文字样式"对话框,点击"新建"按钮,输入"汉字"新字型名称;关闭"使用大字体"复选框,在"字体名"下拉列表中选择"T仿宋GB:2312",字宽比例设为0.7,点击"应用"即可。

图1-57 新建"汉字"字体

(2)设置"数字或字母"字体:化工或机械图样中的西文字体直体可选用"isocp.shx"、"gbenor.shx",斜体可选用"gbeitc.shx"体。

在"文字样式"对话框中,继续点击"新建"按钮,输入"数字"新字型名称;关闭"使用大字体"复选框,在"字体名"下拉列表中选择"gbenor.shx",字宽比例为1,点击"应用"即可。

(3)点击"样式名"下拉列表,如欲写汉字,即可将已有的文字样式"汉字"体置为当前样式。

7 填写标题栏文字

在设置好文字样式后,就可以进行文字的输入了。在AutoCAD中文字输入方式有两种,现以标题栏内容的填写介绍单行文字的标注方法。

单行文字标注:可以在图中连续标注一行或多行文字,但以一行文字为一个独立对象。

命令执行方式:

下拉菜单:绘图→文字→单行文字

工具栏:单击"文字"工具栏图标 AI

命令行:Dtext(dt)↙

因为标题栏内注写汉字,因此将"汉字"字体置为当前字体样式,可省略文字标注过程中字体样式的选择步骤。

输入单行文字命令后,系统提示及操作如下:

命令:_dtext

当前文字样式:汉字 当前文字高度:2.5	//系统显示当前设置
指定文字的起点或[对正(J)/样式(S)]:	//点击文字行的位置(默认左下角)
指定高度〈2.5〉:7↙	//输入文字高度,回车或右击确认
指定文字的旋转角度〈0〉:↙	//水平书写文字角度为0,回车默认

点击鼠标修正标注的位置,然后转换输入法标注"图名",再换位置注写"淄博职业学院"等同字号的内容

再回车,重复单行文字命令,将字高设为3.5,书写"制图"、"审核"等字体,结果如图1-54所示。

8 保存文件为"标准 A4 图幅. dwt"

【知识补充】

多行文字标注:

可一次标注一行或多行文字,同时具有文字的编辑功能。一次输入的一行或多行文字为一个独立对象。

实例:用多行文字注写尺寸字体:

$$m^2 \quad \frac{3}{5} \quad \phi39\frac{H7}{f6} \quad \phi50^{+0.015}_{-0.010} \quad 30° \quad 60\pm0.05$$

因为尺寸标注中主要涉及字母数字型字体,因此将"数字"字体(gbenor字型)置为当前字体样式,可省略标注过程中字体样式的选择步骤,也可防止字体不匹配造成显示? 或□。

命令执行方式:

下拉菜单:绘图→文字→多行文字

工具栏:单击"绘图"工具栏图标 **A**

命令行:mtext(mt)↙

输入单行文字命令后,系统提示及操作如下:

命令:_mtext 当前文字样式:"工程字"当前文字高度:3.5 //AutoCAD提示当前样式、字高信息

指定第一角点: //在图中欲标注文字处给定第一角点(点击一下)

指定对角点或[高度(H)/对正(J)/行距(L)/旋转(R)/样式(S)/宽度(W)]://拖动鼠标指定对角点

两对角点间的x坐标方向距离即为文本行宽度。确定对角点后,系统弹出"文字格式"对话框,如图1-58所示。用户可在此输入和编辑文字、符号,最后按"确定"按钮,在编辑器中输入的文字将以图块(整体)形式标注在图中的指定位置。

图1-58 "文字格式"对话框

在"文字格式"对话框中,一般文字的输入和编辑与Word字处理软件的使用方法类似。只有"字符堆叠 $\frac{b}{a}$"按钮和"符号@"按钮的使用方法在此处说明如下:

（1）堆叠 $\frac{a}{b}$ 按钮：用于标注堆叠字符，如指数、分数、尺寸公差与配合符号等。

$\frac{a}{b}$ 注写 m^2：先输入 m2^，再选中 2^，（此时 $\frac{a}{b}$ 按钮由灰色变为黑色 $\frac{a}{b}$），然后单击 $\frac{a}{b}$，可生成 m^2。

注写 $\frac{3}{5}$：先输入 3/5，再选中 3/5，，然后单击 $\frac{a}{b}$，可生成 $\frac{3}{5}$。

注写 $30\frac{H7}{f6}$：先输入 30H7/f6，再选中 H7/f6，，然后单击 $\frac{a}{b}$，可生成 $30\frac{H7}{f6}$。

注写 $50^{+0.15}_{-0.10}$：先输入 50＋0.15^－0.10，再选中 ＋0.15^－0.10，然后单击 $\frac{a}{b}$，可生成 $50^{+0.15}_{-0.10}$。

（2）符号 @ 按钮：用于插入特殊字符，单击它会出现下拉列表，如图1-59所示。

例如：$30°＝30\%\%d$

$60±0.05＝60\%\%p0.05$

$\phi50＝\%\%c50$

度数(D)	%%d
正/负(P)	%%p
直径(I)	%%c
几乎相等	\U+2248
角度	\U+2220
边界线	\U+E100
中心线	\U+2104
差值	\U+0394
电相位	\U+0278
流线	\U+E101
标识	\U+2261
初始长度	\U+E200
界碑线	\U+E102
不相等	\U+2260
欧姆	\U+2126
欧米加	\U+03A9
地界线	\U+214A
下标 2	\U+2082
平方	\U+00B2
立方	\U+00B3
不间断空格(S)	Ctrl+Shift+Space
其他(O)...	

图1-59 "符号"下拉列表

任务的检查与考核

项目	评分标准	考核形式	分值	合计
图层设置	图层内容全面20分（若不符合要求酌情扣分）	自评(20%)		
		他评(40%)		
		教师评价(40%)		
文字样式与标注	文字样式设置准确20分 标注内容正确10分	自评(20%)		
		他评(40%)		
		教师评价(40%)		
图形界限与单位设置	设置准确，步骤熟练10分（若不符合要求酌情扣分）	自评(20%)		
		他评(40%)		
		教师评价(40%)		
文件保存	名称及位置正确10分（若不符合要求酌情扣分）	自评(20%)		
		他评(40%)		
		教师评价(40%)		
实训表现	听讲认真，积极参与30分	自评(20%)		
		他评(40%)		
		教师评价(40%)		

项目二 平面图形的绘制

无论零件的结构多么复杂,图样中的图形总是由若干几何图形组成的,都是由各种线段连接起来的,这些线段之间的相对位置和连接关系,靠给定的尺寸来确定。手工绘图要应用一些几何作图知识和绘图技巧,而计算机绘图则要熟悉相关的绘图和编辑命令。本项目就是以一些典型图样为例,介绍手工绘图和计算机绘图的方法。

任务1 用尺规绘制平面图形

能力目标

1. 能使用绘图工具进行几何作图。
2. 能使用尺规绘制复杂平面图形。

知识目标

1. 熟悉等分作图方法。
2. 掌握"四心法"绘制椭圆的方法。
3. 熟悉圆弧的连接方法。
4. 掌握尺规绘制平面图的方法和步骤。

任务布置

使用尺规按照样图绘制图形,图例如下。

图例一

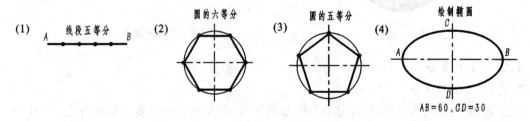

图 2-1 等分线段图例

问题引导

1. 什么是直线段和圆周的等分作图方法? 用什么工具作图?
2. 椭圆怎么画?

知识准备

1 等分作图

轮盘类机械零件如手轮、法兰(图 2-2)、端盖等,经常有均匀分布的孔、槽等结构,绘制其图形时就涉及等分作图知识。

1.1 等分已知直线段

主要利用平行线等分线段定理。

例如:将已知线段 AB 五等分。

步骤:如图 2-3 所示。

(1)过端点 A 任作一直线 AC,从 A 点起在 AC 上任意量取五等分,得 $1'$,$2'$,$3'$,$4'$,$5'$ 各点;

(2)连接 $5'B$;

(3)过 $1'$,$2'$,$3'$,$4'$ 各等分点作 $5'$。B 的平行线与 AB 相交,得等分点 1,2,3,4 各点,即完成五等分 AB 线段。

其他数目的线段的等分类似。

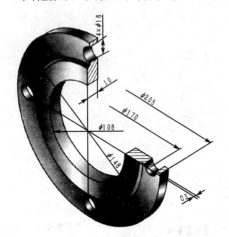

图 2-2 法兰

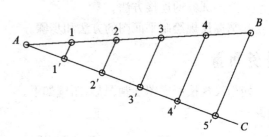

图 2-3 五等分线段

1.2 圆周等分

1.2.1 圆的六等分

方法一:圆的六等分,各等分点与圆心的连线,以及相应的正多边形的各边,均为 $60°$ 倍角的特殊角度直线。因而利用丁字尺和三角尺配合,可等分圆周或直接画出圆的内接或外切正多边形。图 2-4 为用三角板、丁字尺六等分圆的示例。

注意:使用 $30°\sim60°$ 的三角尺,斜边必须过圆周与中心线的交点(即正六边形的角顶)。同样,使用三角板、丁字尺也可作圆的三等分,如图 2-5 所示。

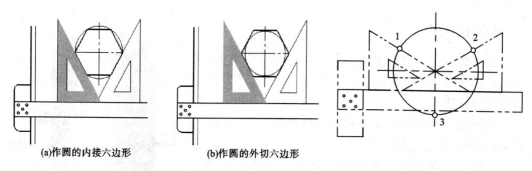

<table>
<tr><td>(a)作圆的内接六边形</td><td>(b)作圆的外切六边形</td></tr>
</table>

图 2-4　用三角尺作正六边形图　　　　图 2-5　用三角尺作三等分图

方法二:圆的三、六等分,也可用圆规以圆的半径对圆周进行等分,如图 2-6 所示。

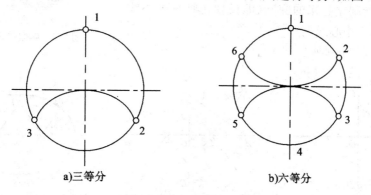

a)三等分　　　　　　　　　b)六等分

图 2-6　用圆规做圆的三、六等分

注意:必须以圆周与中心线的交点(即正六边形的角顶)为两个已知等分点。

1.2.2　圆的五等分

圆的五等分的近似作图方法如图 2-7 所示。

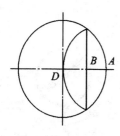 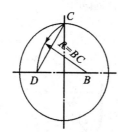 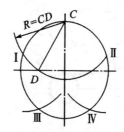 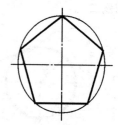

(a) 等分半径OA得B　　(b) 以B为圆心,过C画　　(c) 以CD长依次截取圆　　(d) 依次连接各等分点,
　　　　　　　　　　弧交中心线于D, CD即　　　周,即完成圆的五等分　　　即得圆的内接正五边形
　　　　　　　　　　正五边形的边长

图 2-7　圆周的五等分

注意:必须以圆周与中心线的一个交点(即正五边形的角顶)为已知等分点。

2 椭圆的画法

组成典型化工设备主体部分的零件有两个封头，其标准件为椭圆形封头，如图 2-8 所示。绘制该图形就涉及椭圆画法。

椭圆是一种常见的非圆曲线。已知椭圆长、短轴时，常采用四心法近似作图。

"四心法"即先确定四点，然后以它们为圆心画四段圆弧相切代替椭圆，其作图步骤如图 2-9 所示。

想一想：

1. 如何绘制立起来的椭圆（即长轴在竖直中心线上，短轴在水平中心线上）？

2. 半椭圆如何画呢？

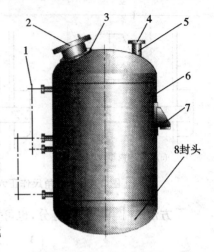

图 2-8　典型化工设备

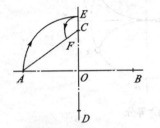

(a)画出长短轴 AB、CD，连 AC，以 O 为圆心，过 A 画弧交短轴于 E 点；再以 C 为圆心，过 E 画弧交 AC 于 F 点

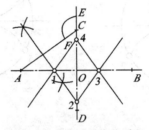

(b)作 AF 的垂直平分线分别交长、短轴于 1, 2 点，对称地求出 3, 4 点，此四点即为所求的四圆心；再连接并延长 2 和 1, 2 和 3, 4 和 3, 4 和 1，以确定四段圆弧的切点

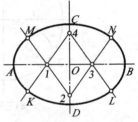

(c)分别以 2, 4 为圆心过 C, D 画弧 MN, KL；再以 1, 3 为圆心，过 A, B 画弧 KM, NL，完成椭圆

图 2-9　四心法画椭圆

图例二

(1)

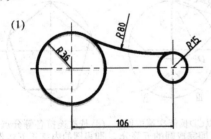

(2)

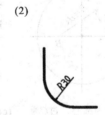

(3)

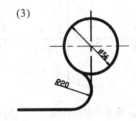

图 2-10　圆弧连接图例

问题引导

1. 什么是圆弧连接？其作图原理是什么？

2. 连接弧与已知圆弧外切或内切时，作图方法有什么不同？

知识准备

铸造零件为满足铸造工艺要求,在零件表面相交处要做成圆角过渡。在绘制该类机件图形时,常遇到一圆弧从一线段光滑的过渡到另一线段的情况(图 2-11)。这种光滑地过渡,实际上是两线段的相切,在制图中称为圆弧连接,其切点称为连接点。当用一圆弧连接两已知线段时,该圆弧称为连接弧。连接弧的半径称为连接半径。实际问题中,通常已知连接弧半径,因而圆弧连接可归结求连接圆弧的圆心和连接点。

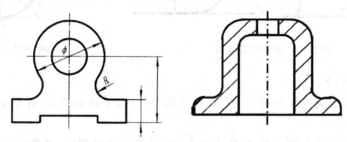

图 2-11　铸件表面的圆角过渡

一圆与一直线或另一圆相切时,根据相切的性质可以求出该圆弧圆心的轨迹和切点。表 2-1 列出了三种情况下圆心轨迹和切点的求法,也就是圆弧连接作图的原理。

表 2-1　圆弧连接的作图原理

类型	圆弧与直线相切	圆弧与圆弧外切	圆弧与圆弧内切
图例			
圆心轨迹	连接圆弧的圆心轨迹为一平行于已知直线的直线,两直线间的距离为连接圆弧的半径 R	连接圆弧的圆心轨迹线为已知圆弧的同心圆,该圆的半径为两圆弧半径之和(R_1 + R)	连接圆弧的圆心轨迹线为已知圆弧的同心圆,该圆的半径为两圆弧半径之差(R_1 − R)
切点	由圆心向已知直线作的垂线,垂足即为切点	两圆心的连线与已知圆弧的交点即为切点	两圆心连线的延长线与已知圆弧的交点即为切点

1　连接弧与直线相切

1.1　圆弧连接成钝角和锐角相交的两直线(图 2-12)

操作步骤如下:

(1)分别作两直线的平行线,相距为 R(连接弧半径),相交于一点,即连接弧圆心;

(2)从该圆心分别向两直线作垂线,垂足即切点(连接点);

（3）用新得的连接弧圆心和 30 mm 半径画圆弧,连接两个切点,即可。

1.2　圆弧连接直角相交的两直线(简便方法,图2-13)

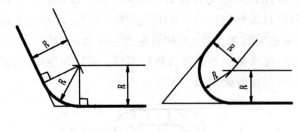

图 2-12　斜角圆弧连接

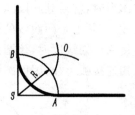

图 2-13　直角圆弧连接

操作步骤如下:

（1）以两直线交点 S 为圆心,以 R(连接弧半径)为半径画圆弧,分别交两直线各一点 A,B,即连接点;

（2）分别以直线上的交点 A,B 为圆心,以 R 为半径画圆弧,两圆弧的交点 O 即连接弧的圆心;

（3）用新得的连接弧圆心和 R 半径画圆弧即可。

2　连接弧与圆相切

2.1　外切

切点在相切两圆弧的圆心连线上。

操作步骤如图 2-14 所示:

（1）分别以两已知圆的圆心 O_1,O_2 为圆心,以 R (连接弧半径)$+R_1$ 和 $R+R_2$ 为半径画圆弧,交一点 O,即连接圆弧的圆心;

（2）连接 OO_1 和 OO_2,分别交两个已知圆弧于一点 A 和 B,即连接点(切点);

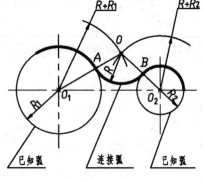

图 2-14　外切

（3）用新得的连接弧圆心 O 和 R 半径画圆弧,连接两个切点,即可。

2.2　内切

切点在相切两圆弧圆心连线的延长线上。

操作步骤如图 2-15 所示:

（1）分别以两已知圆的圆心 O_1、O_2 为圆心,以 R(连接弧半径)$-R_1$ 和 $R-R_2$ 为半径画圆弧,交一点 O,即连接圆弧的圆心;

（2）连接 OO_1 和 OO_2 并延长,分别交两个已知圆弧于一点 A 和 B,即连接点(切点);

（3）用新得的连接弧圆心 O 和 R 半径画圆弧,连接两个切点,即可。

3　连接弧与一条直线和一条圆弧相切(图2-16)

作图步骤自己思考。

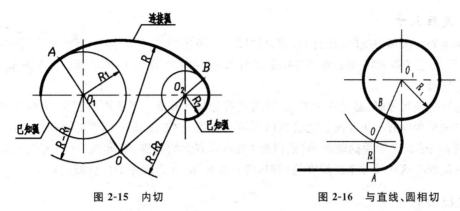

图 2-15　内切　　　　　　　　图 2-16　与直线、圆相切

图例三

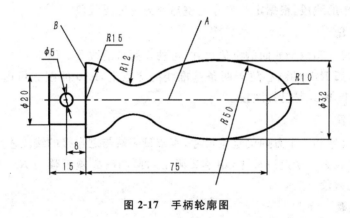

图 2-17　手柄轮廓图

问题引导

1.绘制此平面图形从何处入手?
2.图中的尺寸各起什么作用?

知识准备

平面图形是由若干线段(包括直线段、圆弧、曲线)连接而成的,每条线段又由相应的尺寸来决定其长短(或大小)和位置。一个平面图形能否正确绘制出来,要看图中所给的尺寸是否齐全和正确。画图时首先要对平面图形的尺寸和线段进行分析,以确定作图的方法和顺序。下面以图 2-17 所示的手柄轮廓图为例,说明平面图形的分析方法和作图方法。

1　尺寸分析

平面图形中的尺寸,按其作用分为两类。

1.1　定形尺寸

确定平面图形中各线段形状大小的尺寸,如直线的长度、圆的直径、圆弧的半径和角度大小等。例如,图 2-17 的 $\phi 5, \phi 20, R12, R50, R10, R15, 15$ 等均为定形尺寸。

1.2 定位尺寸

确定平面图形中线段间的相对位置的尺寸。图 2-17 中 8 是 $\phi 5$ 小圆水平方向的定位尺寸,75 确定了弧 $R10$ 圆心水平方向的定位尺寸,而 $\phi 32$ 提供了 $R50$ 圆心的在垂直方向上的定位尺寸。

标注定位尺寸时,必须有个起点,该起点称为尺寸基准。平面图形有长、宽两个方向,每个方向至少应有一个基准。通常以图形的对称线、中心线或某一主要轮廓线为尺寸基准。例如,图 2-17 中手柄轴线 A(点画线)为高度方向的基准,轮廓线 B(粗实线)为长度方向的基准。这些尺寸基准线在绘图时,应首先画出,作为图形的定位线。

2 线段分析

平面图形中的线段,根据定位尺寸完整与否分为三类线段。

2.1 已知线段

给出定形尺寸和两个方向的定位尺寸,可独立画出的线段。图 2-17 左边的矩形和小圆是已知线段,弧 $R15$ 的圆心位于两条基准线的交点上,$R10$ 的圆心可由 75 定位,且位于水平基准线上,所以是已知线段。

2.2 中间线段

给出定形尺寸和一个方向的定位尺寸,需依赖一端与之连接的线段才能定位的线段。图 2-17 中 $R50$ 仅有一个定位尺寸(由 $\phi 32$ 确定),画图时必须依赖与 $R10$ 弧相切才能画出,因此是中间线段。

2.3 连接线段

只给出定形尺寸,无定位尺寸,须依赖两端与之连接的线段才能定位的线段。上一节中讨论的圆弧连接以及两已知圆的公切线即属于连接线段。图 2-17 中的 $R12$ 即是连接线段,需依据两端分别与 $R15$ 和 $R50$ 弧相切才能画出。

3 平面图形绘制步骤

3.1 绘图准备

确定比例→选择图幅→固定图纸→画出图框和标题栏。

3.2 绘制底稿

绘制底稿时,一律用细线绘制,图线要清淡、准确并保持图面整洁。

3.2.1 合理匀称的布图,画出定位基准线[图 2-17(1)]

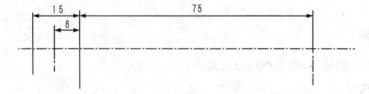

图 2-17(1) 画基准线

3.2.2 画出已经知线段[图 2-17(2)]

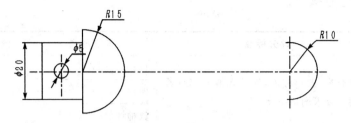

图 2-17(2) 画已知线

3.2.3 画出 $R50$ 的中间线段[图 2-17(3)]

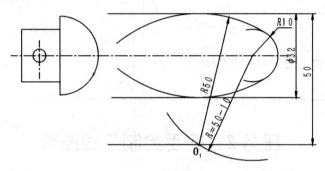

图 2-17(3) 画中间线

3.2.4 画出连接圆弧[图 2-17(4)]

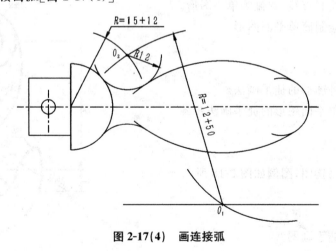

图 2-17(4) 画连接弧

3.3 加深描粗

先检查底稿,修正错误,擦去错画图线和辅助作图线,然后按标准线型描深。注意:描粗时要先粗后细,先曲后直,先水平后垂斜。

3.4 标注尺寸,填写标题栏

标注尺寸,填定标题栏,用 5 和 7 号长仿宋字填写标题栏。

最终得到一张符合国家标准的、完整的平面图形,如图 2-17 所示。

任务的检查与考核

项目	评分标准	考核形式	分值	合计
图形	尺寸合适,图形标准,连接光滑 60 分(若不符合要求酌情扣分)	自评(20%)		
		他评(40%)		
		教师评价(40%)		
图线	线型规范,粗细均匀,浓淡一致 20 分 线型不规范酌情扣 1~10 分 粗细不均匀,浓淡不一致酌情扣 1~10 分	自评(20%)		
		他评(40%)		
		教师评价(40%)		
图面质量	干净平整 20 分(若不符合要求酌情扣分)	自评(20%)		
		他评(40%)		
		教师评价(40%)		

任务 2　徒手绘制平面图形

能力目标

1.能徒手绘制直线、圆弧等单一图形。

2.能徒手绘制简单平面图形。

知识目标

1.了解各种图形的徒手画法。

2.熟悉简单平面图形的徒手画法步骤。

任务布置

徒手绘制吊钩图,图例如图 2-18 所示。

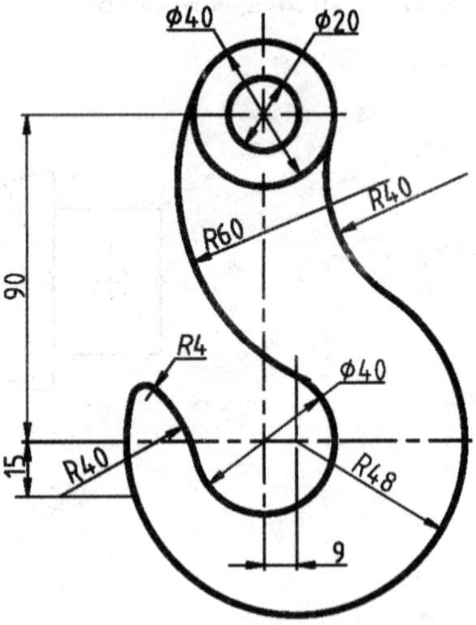

问题引导

1.什么是徒手画图?

2.徒手画图有什么要求?

3.徒手画图的方法和要领各是什么?

图 2-18　吊钩图形

知识准备

徒手画出的图也叫做草图,是一种不用尺规仅依靠目测估计大小和比例徒手绘制的图样。技术人员在设计、测绘、记录、构思时,经常要徒手绘制草图。许多正式图样需在草图基础上整理而成,尤其是采用计算机绘图时一般要先画出草图。徒手作图是工程技术人员必须具备的一项基本技能。

1 徒手作图的基本要求和要领

(1)所画的线条基本平直,粗细分明,线型符合国家标准,字体工整,图样内容完整且正确无误。

(2)图形尺寸和各部分之间的比例关系要大致准确。

(3)绘图速度要快。

徒手画图时一般选用 HB 或 B 等稍软一些的铅笔。握笔位置宜高些,以利于运笔和观察目标。画线时手要悬空,但以小指轻触纸面,以防手抖。

初学时,最好在浅色方格纸上绘制,并尽量使图中直线与格线重合,以便控制方向和比例。图纸不要固定,可以随时将所要画的线段转到自己顺手的位置。

徒手作图贵在多练。通过大量实践,就可以逐步摸索适合自己的手法和技巧,不断提高徒手作图的速度和准确性。

2 各种图形的徒手画法

2.1 直线的画法

徒手画直线时,先标出直线的两个端点,手腕靠着纸面,掌握好方向和走势后再落笔画线。握笔的手要放松,眼睛要瞄线段的终点。画线时的运笔方向如图 2-19 所示。一般来说,向右画水平线和向右上方画斜线较为顺手,对于其他方向的直线,也可旋转图纸使画线方向变得顺手。

(a)移动手腕自左向右　　　(b)移动手腕自上向下　　　　(c)倾斜线的两种画法
　　画水平线　　　　　　　　画垂直线

图 2-19　徒手画直线的方法

画 30°,45°,60°等特殊角度线时,可根据两直角的比例关系,在直角边上确定两点连接而成,如图 2-20 所示。

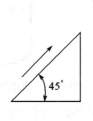 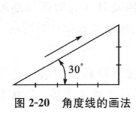 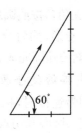

图 2-20　角度线的画法

2.2 圆的画法

画圆时,应先画出中心线,再按半径在中心线上取四点,然后过四点画圆即可,如图 2-21(a)所示。画较大圆时,可在中心线之间加画一对 45° 的斜线,并同样截取四点,然后过八点画圆,如图 2-21(b)所示。

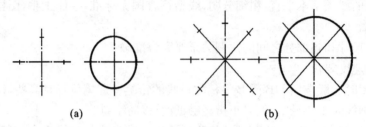

(a)　　　　　　　　　(b)

图 2-21　徒手画圆的方法

2.3 正多边形的徒手画法

徒手画正 n 边形时,先画出中心线,然后过中心按特定角度画出 n 条射线,在每条射线上按正多边形外接圆半径取点,之后连线即可,如图 2-22(a)所示。也可以画出中心线后,先画外接圆,然后目测等分该圆后连线,如图 2-22(b)所示。

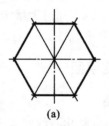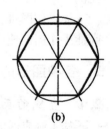

(a)　　　　(b)

图 2-22　正多边形的徒手画法

2.4 徒手绘制椭圆

徒手画椭圆时,应先画出中心线,再按长轴和短轴尺寸在中心线上取四点,然后过四点画一矩形,然后分别画四段对称的圆弧与矩形相切,一个内切椭圆随即完成。画法如图 2-23(a)(b)所示。

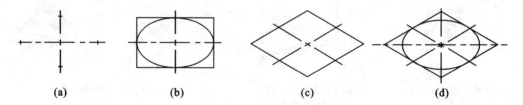

(a)　　　　(b)　　　　(c)　　　　(d)

图 2-23　椭圆画法

绘制圆柱立体图上的椭圆,如图 2-24 所示。因为椭圆是圆平面的变形,所以先画两根互成 120° 夹角的中心线(与水平线称 30° 夹角),按照圆的半径为在中心线上取四点,然后过四点画一菱形,然后分别画四段对称的圆弧与菱形相切,一个内切椭圆随即完成。画法如图 2-23(c)(d)所示。

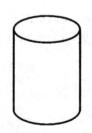

图 2-24　圆柱立体图上的椭圆

2.5 线段连接的徒手画法

徒手画圆弧连接时,根据连接半径和相切条件通过目测先大致地定出圆心和切点,然后徒手画弧连接。连接弧较大时,可在中间先目测出几个点后再光滑连线(图 2-25)。

徒手画切线时,先较准确地定出切点,然后连线(图 2-26)。

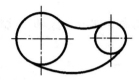 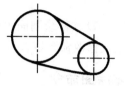

图 2-25 徒手画圆弧连接 　　　　　图 2-26 徒手作圆的切线

2.6 平面图形的徒手画法

但对于较复杂的平面图形,应先分析图形的尺寸关系和线段性质后,再按已知线段、中间线段和连接线段的顺序作图,如图 2-27(a)(b)所示。

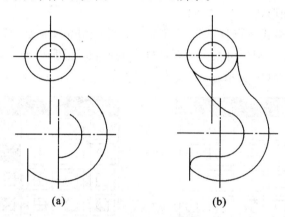

(a) 　　　　　　　　　　(b)

图 2-27 徒手画法示意图

任务 3　用计算机绘制平面图形

能力目标

能综合应用 CAD 软件的各种命令绘制平面图形。

知识目标

AutoCAD 的各项绘图命令、编辑(修改)命令和绘图辅助工具的使用方法。

任务布置 1

用计算机绘制各种简单平面图形。

问题引导

1. 使用计算机 CAD 软件绘制图形常用到哪些方法?

2. 辅助绘图工具如何使用?

知识准备

用计算机 CAD 软件绘制简单图形,使用基本绘图命令即可完成,但绘制较复杂的平面图形,必须借助修改命令以及辅助绘图工具。

1 CAD 基本绘图命令

1.1 点的绘制

AutoCAD 可以创建点对象,点的外观由点样式控制。点样式设置和点的绘制可随用户习惯确定先后顺序。

1.1.1 点样式设置

设置点的大小和形状。

选择下拉菜单"格式→点样式",或在命令行输入 ddptype ↙,将显示"点样式"对话框,如图 2-28(a)所示。用户可根据需要选择点的形状,还可在[点大小]后面的文本框制定点的大小,如图 2-28(b)所示。

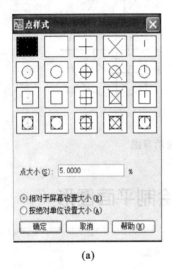

(a)   (b)

图 2-28 "点样式"对话框

1.1.2 绘制点

选择下拉菜单"绘图→点"后,显示下级子菜单,如图 2-29 所示。用户可根据需要选择点的绘制类型。

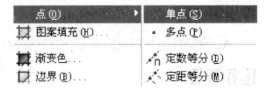

图 2-29 点命令

①单点:可在绘图区一次指定一个点。

命令执行方式:

下拉菜单:绘图→点→单点

命令行:Point ↙

②多点:可在绘图区一次指定多个点,最后按"Esc"键结束。

命令执行方式:

下拉菜单:绘图→点→单点

工具栏:单击绘图工具栏图标 ⊡

命令行:Point↙

③定数等分点:可以在指定对象(线段、圆、圆弧、样条线或多段线等)上绘制等分点或插入图块。这些点并不分割对象,只是标明等分的位置。

命令执行方式:

下拉菜单:绘图→点→定数等分

命令行:Divide(div)↙

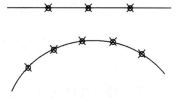

【例1】如图2-30所示,利用 DIVIDE 命令创建等分点。

图2-30　定数等分对象

命令:divide↙

选择要定数等分的对象: 　　　//选择线段

输入线段数目或[块(B)]:4↙ 　　//输入等分数目

命令:↙ 　　　　　　　　　//重复命令

选择要定数等分的对象: 　　　//选择圆弧

输入线段数目或[块(B)]:6↙ 　　//输入等分数目

④定距等分点:可以在指定对象上按指定长度绘制点或插入图块。

命令执行方式:

下拉菜单:绘图→点→定距等分

命令行:measure(ME)↙

【例2】如图2-31所示,利用 MEASURE 命令创建等距等分点。

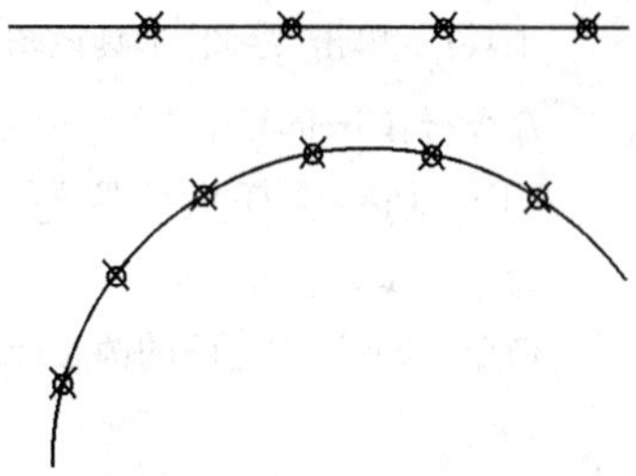

命令:measure↙

选择要定距等分的对象: 　　　//靠左端选择线段

指定线段长度或[块(B)]:100↙ 　//输入测量长度

命令:↙ 　　　　　　　　　//重复命令

选择要定距等分的对象: 　　　//选择圆弧右端

指定线段长度或[块(B)]:80↙ 　　//输入测量长度

图2-31　定距等分对象

进行定距等分时,选定对象的选择点非常重要,它决定了测量线段长度的起始点。

1.2　直线的绘制

通过两点绘制直线,可绘制一条或一系列连续直线段,如图2-32所示。

命令执行方式:

下拉菜单:绘图→直线

工具栏:单击工具栏图标 ╱

命令行:Line (L)↙

输入直线命令后,系统提示及操作如下:

命令:_line指定第一点: 　　　//用光标单击绘图区一点或输入坐标给定线段起点

指定下一点或[放弃(U)] 　　　//给定线段下一点

……

指定下一点或[放弃(U)/闭合(C)]↙ 　//回车结束命令

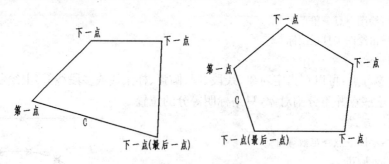

图 2-32　直线绘制过程

①一段直线只有两个端点，Line 命令自动将前一线段的终点作为后一线段的起点，连续地绘出若干线段，每一条线段都是独立对象，可对其分别进行编辑操作。

②在"指定下一点或[放弃(U)]："提示后输入 U↙，可以取消刚绘出的一段直线；重复输入，直至重新确定直线的起点。

③在"指定下一点或[放弃(U)/闭合(C)]："提示后输入 C(CLOSE 简写)↙，可以自动将最后一点和起点连线并结束命令。

1.3　圆的绘制

按照给定参数绘制各种形式的圆。

命令执行方式：

下拉菜单：绘图→圆→圆心、半径(…)

工具栏：单击"绘图"工具栏图标 ⊘

命令行：Circle(C)↙

①绘制一个任意位置与大小的圆，如图 2-33(a)所示。

命令：C↙ 　　　　　　　　　　　　//在屏幕上画圆

命令：_circle 指定圆的圆心或[三点(3P)/两点(2P)/相切、相切、半径(T)]：

　　　　　　　　　　　　　　　　//在屏幕适当位置单击一点

指定圆的半径或[直径(D)]〈20〉 　　//拖拽鼠标至适当位置点击，即可

②绘制一个任意位置，直径 80 的圆，如图 2-33(b)所示。

命令：↙ 　　　　　　　　　　　　//回车，重复画圆的命令

命令：_circle 指定圆的圆心或[三点(3P)/两点(2P)/相切、相切、半径(T)]：

　　　　　　　　　　　　　　　　//在屏幕适当位置单击一点

指定圆的半径或[直径(D)]〈20〉40↙ 　//输入圆的半径，回车

或者"指定圆的半径或[直径(D)]〈20〉d↙ 　//输入直径代码，回车

指定圆的直径〈40〉：80↙ 　　　　　//输入圆的直径，回车

③利用圆的"2P"命令画圆，如图 2-33(c)所示。

先绘制两个任意位置与大小的圆 O_1 和 O_2 后，

命令：↙ 　　　　　　　　　　　　//回车，重复画圆的命令

命令：_circle 指定圆的圆心或[三点(3P)/两点(2P)/相切、相切、半径(T)]：2P↙

　　　　　　　　　　　　　　　　//输入两点圆命令代码，回车

指定圆直径的第一个端点： 　　　　//点击圆心 O_1

指定圆直径的第二个端点：　　　　　　　　　//点击圆心 O_2

④利用圆的"3P"命令画圆，如图 2-33(d)所示。

先绘制三个任意位置与大小的圆 O_1、O_2 和 O_3 后：

命令：↙　　　　　　　　　　　　　　　　//回车，重复画圆的命令

命令：_circle 指定圆的圆心或[三点(3P)/两点(2P)/相切,相切、半径(T)]:3P↙

　　　　　　　　　　　　　　　　　　　　//输入三点绘圆命令代码,回车

指定圆上的第一个点：　　　　　　　　　　//点击圆心 O_1

指定圆上的第二个点：　　　　　　　　　　//点击圆心 O_2

指定圆上的第三个点：　　　　　　　　　　//点击圆心 O_3

⑤利用圆的"T"命令画圆(绘制与两个已知对象相切的圆)，如图 2-33(e)所示。

先绘制一条直线 L 和一个任意位置与大小的圆 O_1：

命令：C,↙　　　　　　　　　　　　　　　//画圆的命令,回车

命令：_circle 指定圆的圆心或[三点(3P)/两点(2P)/相切,相切、半径(T)]:T,↙

　　　　　　　　　　　　　　　　　　　　//输入圆的 T 命令代码,回车

指定对象与圆的第一个切点：　　　　　　　//点击圆 O_1

指定对象与圆的第二个切点：　　　　　　　//点击直线 L

指定圆的半径〈51.1〉：30↙　　　　　　　//输入圆的半径,回车

⑥绘制与三个已知对象相切的圆，如图 2-33(f)所示。

先绘制一条直线 L 和两个任意位置与大小的圆 O_1、O_2：

点击下拉菜单：绘图→圆→相切、相切、相切

命令：_circle 指定圆的圆心或[三点(3P)/两点(2P)/相切、相切、半径(T)]:_3p 指定圆上的第一个

点:_tan 到　　　　　　　　　　　　　　　//点击直线 L

指定圆上的第二个点:_tan 到　　　　　　　//点击圆心 O_1

指定圆上的第三个点:_tan 到　　　　　　　//点击圆心 O_2

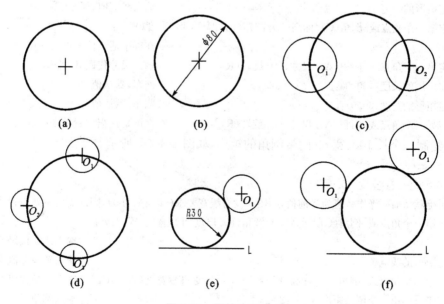

图 2-33　圆的绘制形式

1.4　矩形的绘制

按照给定参数绘制各种形式的矩形。

命令执行方式：

下拉菜单：绘图→矩形

工具栏：单击"绘图"工具栏图标 ▭

命令行：rectang（Rec）↙

①绘制一个任意位置与大小的矩形，如图 2-34(a)所示。

命令：_rectang

指定第一个角点或[倒角(C)/标高(E)/圆角(F)/厚度(T)/宽度(W)]：

//在屏幕适当位置单击一点

指定另一个角点或[面积(A)/尺寸(D)/旋转(R)]：　　//鼠标拖动，在屏幕适当位置单击一点

②绘制一个长 100、宽 60 的矩形，如图 2-34(b)所示。

命令：_rectang　　　　　　　　　　　　　　　　//回车，重复矩形命令

指定第一个角点或[倒角(C)/标高(E)/圆角(F)/厚度(T)/宽度(W)]：

//在屏幕适当位置单击一点

指定另一个角点或[面积(A)/尺寸(D)/旋转(R)]：d↙　　//输入尺寸代码 d，回车

指定矩形的长度〈10.0〉：100↙　　　　　　//输入长度值，回车

指定矩形的宽度〈10.0〉：60↙　　　　　　　//输入宽度值，回车

指定另一个角点或[面积(A)/尺寸(D)/旋转(R)]：　　//在屏幕适当位置单击一点

③绘制一个长 100、宽 60 的线宽为 5 的矩形，如图 2-34(c)所示。

命令：_rectang　　　　　　　　　　　　　　//回车，重复矩形命令

指定第一个角点或[倒角(C)/标高(E)/圆角(F)/厚度(T)/宽度(W)]：w↙

//输入线宽代码 w，回车

指定矩形的线宽〈0.0〉：5↙　　　　　　　//输入线宽值，回车

指定第一个角点或[倒角(C)/标高(E)/圆角(F)/厚度(T)/宽度(W)]：

//在屏幕适当位置单击一点

指定另一个角点或[面积(A)/尺寸(D)/旋转(R)]：d↙　　//输入尺寸代码 d，回车

指定矩形的长度〈100.0〉：↙　　　　　　//回车，默认值

指定矩形的宽度〈60.0〉：↙　　　　　　　//回车，默认值

指定另一个角点或[面积(A)/尺寸(D)/旋转(R)]：　　//在屏幕适当位置单击一点

④绘制一个长 100、宽 60 的带倒角的矩形，如图 2-34(d)所示。

命令：_rectang

当前矩形模式：宽度＝5.0

//系统默认前面操作数值为当前值，因图 4 没有线宽要求（即线宽为 0），因此需要重新设置线宽。

指定第一个角点或[倒角(C)/标高(E)/圆角(F)/厚度(T)/宽度(W)]：w↙

//输入线宽代码 w，回车

指定矩形的线宽〈5.0〉：0↙　　　　　　//输入新线宽值，回车

指定第一个角点或[倒角(C)/标高(E)/圆角(F)/厚度(T)/宽度(W)]：c↙//输入倒角代码 c，回车

指定矩形的第一个倒角距离〈0.0〉：20↙　　//输入倒角尺寸 1，回车

指定矩形的第二个倒角距离〈20.0〉：15↙　　//输入倒角尺寸 2，回车

指定第一个角点或[倒角(C)/标高(E)/圆角(F)/厚度(T)/宽度(W)]：　　//以下步骤同 3

⑤绘制一个长 100、宽 60 的带圆角的矩形，如图 2-34(e)所示。

命令:_rectang

当前矩形模式:倒角＝20.0×15.0

//系统默认前面操作数值为当前值，因图 5 没有倒角(即倒角尺寸为 0)，因此需要重新设置倒角。

指定第一个角点或[倒角(C)/标高(E)/圆角(F)/厚度(T)/宽度(W)]:c↙

//输入倒角代码 c,回车

指定矩形的第一个倒角距离〈20.0〉:0↙　　　　　//输入新倒角值,回车

指定矩形的第二个倒角距离〈15.0〉:0↙　　　　　//输入新倒角值,回车

指定第一个角点或[倒角(C)/标高(E)/圆角(F)/厚度(T)/宽度(W)]:f↙　//输入圆角代码 f,回车

指定矩形的圆角半径〈0.0〉: 15↙　　　　　　　//输入圆角尺寸,回车

指定第一个角点或[倒角(C)/标高(E)/圆角(F)/厚度(T)/宽度(W)]:　//以下步骤同3)

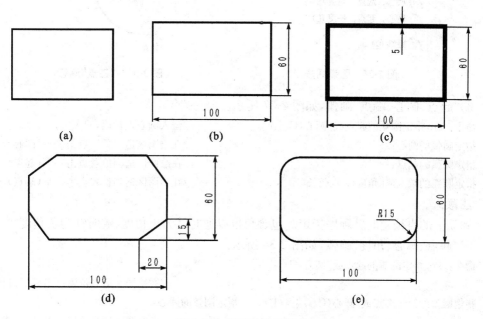

图 2-34　矩形的绘制形式

1.5　圆弧的绘制

绘制各种形式的圆弧。

命令执行方式:

下拉菜单:绘图→圆弧

工具栏:单击"绘图"工具栏图标　

命令行:Arc↙

系统提供了多种画圆弧的方法可供选择,如图 2-35 所示。主要通过起点、端点、圆心、夹角、弦长、切线方向等参数控制,只是在操作顺序上有所不同,下面列举三种画弧方法。

①"三点"画弧,如图 2-36 所示。

命令：Arc 指定圆弧起点或[圆心(C)]：　　　　　　//在绘图区适当位置点击一下(起点)

指定圆弧的第二个点或[圆心(C)/端点(E)]：　　//在绘图区适当位置点击一下(第二点)

指定圆弧端点：　　　　　　　　　　　　　　//在绘图区适当位置点击一下(端点)

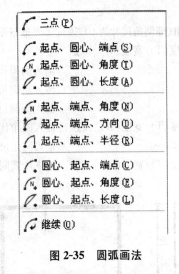

图 2-35　圆弧画法

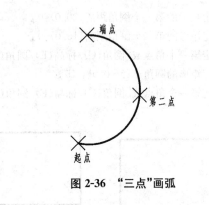

图 2-36　"三点"画弧

②"起点、圆心、端点"画弧，如图 2-37 所示。

命令：_arc 指定圆弧的起点或[圆心(C)]：c↙　　//输入圆心点代码，回车

指定圆弧的圆心：　　　　　　　　　　　　　//在绘图区适当位置点击一下(圆心)

指定圆弧的起点：　　　　　　　　　　　　　//在绘图区适当位置点击一下(起点)

指定圆弧的端点或[角度(A)/弦长(L)]：　　　//在绘图区适当位置点击一下(端点)

注意：

圆弧上的点按逆时针顺序指定。包含角也以逆时针为正角度，顺时针为负角度。

③"起点、圆心、角度"画弧，如图 2-38 所示。

命令：_arc 指定圆弧的起点或[圆心(C)]：

　　　　　　　　　　　　　　　　　　　　//在绘图区适当位置点击一下(起点)

指定圆弧的第二个点或[圆心(C)/端点(E)]：_c 指定圆弧的圆心：

　　　　　　　　　　　　　　　　　　　　//在绘图区适当位置点击一下(圆心)

指定圆弧的端点或[角度(A)/弦长(L)]：_a 指定包含角：120↙

　　　　　　　　　　　　　　　　　　　　//输入圆弧包含角度，回车

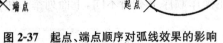

图 2-37　起点、端点顺序对弧线效果的影响

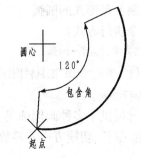

图 2-38　"起点、圆心、角度"画弧

1.6 等边多边形的绘制

按指定的参数绘制正多边形。

AutoCAD2007 中可绘制边数为 3～1 024 的正多边形。

命令执行方式：

下拉菜单：绘图→正多边形

工具栏：单击"绘图"工具栏图标 ⬠

命令行：Polygon(Pol)↙

系统提供了两种画正多边形的方法：一是按中心点和半径值确定；二是按照边长和方向来定。以正六边形为例，操作如下：

①根据圆的半径大小作正多边形，如图 2-39(a)和(b)所示。

命令：一Polygon 输入边的数目⟨4⟩:6↙   //默认为正四边形，输入 6
指定正多边形的中心点或[边(E)]:   //在屏幕任意位置点击一点(中心点)
输入选项[内接于圆(I)/外切于圆(C)]:⟨I⟩↙   //默认内接于圆，回车

若已知正六边形对角距，用 *I* 作图，结果如图 2-39(a)所示；若已知对边距，用 *C* 作图，结果如图 2-37(b)所示。

指定圆半径:40↙   //输入圆半径，回车

②根据正多边形边长和方向作图，如图 2-39(c)。

命令：↙   //重复 Polygon 命令
Polygon 输入边的数目⟨6⟩:↙   //默认为正六边形
指定正多边形的中心点或[边(E)]:E↙   //输入正多边形的边长代码，回车
指定边的第一个端点:指定边的第二个端点:40↙

//在屏幕任意位置点击一点；用鼠标给出方向点击第二点位置或输入边长，回车

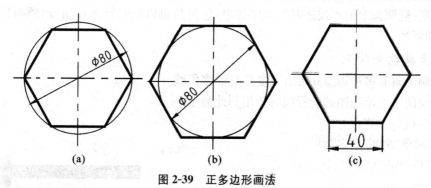

(a)　　　　　　　(b)　　　　　　　(c)

图 2-39　正多边形画法

1.7 椭圆及椭圆弧的绘制

按指定参数绘制椭圆或椭圆弧。

命令执行方式：

下拉菜单"绘图"—"椭圆"

工具栏：单击"绘图"工具栏图标 ⬯

命令行：Ellipse(EL)

①椭圆画法，如图 2-40 所示。

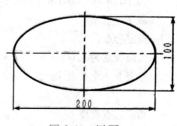

图 2-40　椭圆

操作过程：

命令：_ellipse

指定椭圆的轴端点或[圆弧(A)/中心点(C)]：　　//在屏幕上任意拾取一点(左端点)

指定轴的另一个端点：200✓　　　　　　　　//用光标向右给出轴方向，输入轴全长200，回车

指定另一条半轴长度或[旋转(R)]：50✓　　//用光标向上给出轴方向，输入另一轴半长50，回车

②椭圆弧的绘制方法(以图2-41为例)。

操作过程：

命令：_ellipse

指定椭圆的轴端点或[圆弧(A)/中心点(C)]：a✓　　//输入椭圆弧命令代码，回车

指定椭圆弧的轴端点或[中心点(C)]：　　　　　　// 在屏幕上任意拾取一点(左端点)

指定轴的另一个端点：150✓　　　　　　　　//用光标向右给出轴方向，输入轴全长150✓

指定另一条半轴长度或[旋转(R)]：50✓　　　　//用光标向上给出轴方向，输入另一轴半长50✓

指定起始角度或[参数(P)]：　　　　　　　　　　//鼠标点击起点

指定终止角度或[参数(P)/包含角度(I)]：　　　　//鼠标逆时针取端点

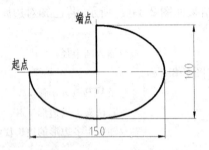

图 2-41　椭圆起点和端点顺序对椭圆弧效果影响

注意：椭圆弧上的点按逆时针顺序指定，包含角也以逆时针为正角度，顺时针为负角度(同圆弧)。

1.8　多段线的绘制

绘制出具有多种形态并带有宽度信息的多段线。

在绘图工艺流程图的流程线时常用到此命令。

命令执行方式：

下拉菜单"绘图"—"多段线"

工具栏：单击"绘图"工具栏图标 ↳

命令行：Pline

绘图步骤，如图2-42所示。

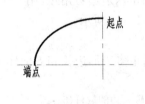

图 2-42　多段线的画法

命令：_pline

指定起点：　　　　　　　　　　　　　　　　//在屏幕合适位置A处点击

当前线宽为0.0000

指定下一个点或[圆弧(A)/半宽(H)/长度(L)/放弃(U)/宽度(W)]：w✓

　　　　　　　　　　　　　　　　　　　　　//输入线宽代码，回车

指定起点宽度〈0.0000〉：3✓　　　　　　　//输入起点线宽值，回车

指定端点宽度〈3.0000〉：✓　　　　　　　　//回车，默认端点线宽与起点线宽相同

指定下一个点或[圆弧(A)/半宽(H)/长度(L)/放弃(U)/宽度(W)]：

//鼠标向右拉至 B 点点击

指定下一点或[圆弧(A)/闭合(C)/半宽(H)/长度(L)/放弃(U)/宽度(W)]：w✓

//输入线宽代码,回车

指定起点宽度〈3.0000〉：10✓　　　　//输入起点线宽值,回车

指定端点宽度〈10.0000〉：0✓　　　　//输入端点线宽值,回车

指定下一点或[圆弧(A)/闭合(C)/半宽(H)/长度(L)/放弃(U)/宽度(W)]：20✓

//鼠标向右,输入箭头长度值,回车

指定下一点或[圆弧(A)/闭合(C)/半宽(H)/长度(L)/放弃(U)/宽度(W)]：✓

//回车,结束命令

2 借助辅助工具精确绘图

2.1 输入点坐标绘制图形

2.1.1 图形坐标的表示方法

绘图过程中,AutoCAD 一般提示用户指定图形的定位点,如直线端点、圆心等。这时用户必须输入点的坐标。在默认的情况下,AutoCAD 使用固定的世界坐标系(WCS)。用户可在绘图区左下方看到一个表示世界坐标系的图标。X 轴是水平的,向右为正向;Y 轴是竖直的,向上为正向。Z 轴垂直于 XY 平面,正方向垂直于屏幕平面向外,指向用户。

坐标是确定图形位置和大小的重要因素,掌握各种坐标表示方法,对于快捷地制图至关重要。一个点的坐标输入格式有以下几种：

(1)绝对直角坐标：通过 X、Y 轴上的绝对值来表示坐标位置。

输入格式：x 坐标,y 坐标(英文标点",")

如图 2-43 所示,A 点的绝对坐标为"17.2,24.6"。

(2)绝对极坐标：通过新点相对于坐标原点的距离和当前点与坐标原点连线与 X 轴正向的夹角来表示坐标位置。

输入格式：距离<夹角。

如图 2-43 所示,A 点的绝对极坐标为"30.0<55"。

(3)相对直角坐标：通过新点相对于前一点在 X、Y 轴上的增量来表示。

输入格式：@ x 轴增量,y 轴增量。

如图 2-44 所示,C 点相对于 B 点的相对直角坐标为"@20,−10"。

(4)相对极坐标：通过新点相对于前一点的距离和新点与前一点,连线与 X 轴正向的夹角来表示坐标位置。

表示方法：@ 距离<夹角。

如图 2-44 所示,C 点相对于 A 点的相对极坐标为" @ 47.2<32",A 点相对于 C 点的相对极坐标为" @ 47.2<−148(212)",B 点相对于 A 点的相对极坐标为" @ 40.3<60"。

按照系统默认设置,若从 X 轴正向逆时针旋转到两点连线,夹角为正,顺时针旋转为负。

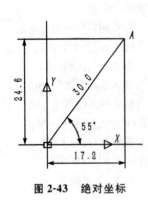

图 2-43　绝对坐标

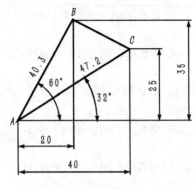

图 2-44　相对坐标

(5)简化极坐标：当第一点位置确定后,只需移动光标给出新点方向,然后输入距离就可迅速确定新点位置。

简化极坐标对于正交状态下绘制与坐标轴平行的线段或是配合极轴追踪方式下绘制指定角度的线段效果尤其明显,望用户注意选用。

(6)重复坐标:新点与上一点坐标完全相同时,输入"@"即可。

2.1.2　输入点坐标用 Line 命令绘制图形(图 2-45)

操作步骤如下：

命令：_Line 指定第一点：120,100 ✓　　　　//输入 A 点绝对直角坐标

指定下一点或[放弃 (U)]@100,0 ✓　　　　//输入 B 点相对直角坐标

指定下一点或[闭合(C)/放弃 (U)]@0,−30 ✓　　//输入 C 点相对直角坐标

指定下一点或[闭合(C)/放弃 (U)]@80,0 ✓　　//输入 D 点相对直角坐标

指定下一点或[闭合(C)/ 放弃 (U)]@ 0,60 ✓　//输入 E 点相对直角坐标

指定下一点或[闭合(C)/ 放弃 (U)]@60<120 ✓　//输入 F 点相对极坐标

指定下一点或[闭合(C)/ 放弃 (U)]@−60,0 ✓　//输入 G 点相对直角坐标

指定下一点或[闭合(C)/ 放弃 (U)]@30<−150 ✓　//输入 H 点相对极坐标

指定下一点或[闭合(C)/ 放弃 (U)]@−64,0 ✓　//输入 I 点相对直角坐标

指定下一点或[闭合(C)/ 放弃 (U)]C ✓　　　//连续线段闭合

2.2　利用正交模式辅助绘制图形

单击状态栏上的 正交 按钮或按快捷键 F8,打开正交模式(按钮凹下)。在此状态下,光标只能沿着水平和竖直方向移动。绘制线段时,可使用简化极坐标确定直线端点位置,即用光标给出直线段方向,只输入线段距离即可。

在正交模式下,用 line 命令绘制如图 2-46 图形。

操作步骤如下：

打开正交模式

命令：_Line 指定第一点：0,50 ✓　　　　//输入 A 点绝对直角坐标,回车

指定下一点或[放弃 (U)]50 ✓　　　　//光标向右移动一定距离,输入 AB 线段长度,回车

指定下一点或[闭合(C)/放弃 (U)]30 ✓　　//光标向下移动一定距离,输入 BC 线段长度,回车

指定下一点或[闭合(C)/放弃 (U)]16 ✓　　//光标左移,输入 CD 段距离,回车

指定下一点或[闭合(C)/放弃 (U)]10 ✓　　//光标下移,输入 DE 段距离,回车

指定下一点或[闭合(C)/放弃（U)]18✓　　//光标左移,输入 EF 段距离,回车
指定下一点或[闭合(C)/放弃（U)]10✓　　//光标上移,输入 FG 段距离,回车
指定下一点或[闭合(C)/放弃（U)]16✓　　//光标左移,输入 GH 段距离,回车
指定下一点或[闭合(C)/放弃（U)]C✓　　//连续线段闭合

正交状态下只能绘制水平和竖直线段,不能绘斜线段。

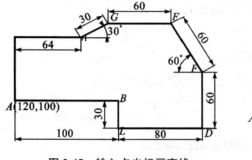

图 2-45　输入点坐标画直线

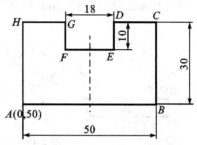

图 2-46　利用正交绘制直线

2.3　结合极轴追踪模式绘制图形

极轴追踪功能就是在系统要求指定一点时,光标移动到与事先设定的极轴角一致的位置时,就会显示一条放射性的辅助线（虚线）,用户可沿辅助线输入距离而得到特定角度的位置点。系统一般默认 90°作为极轴角,用户也可根据需要自定义新的极轴角。

2.3.1　极轴追踪功能的使用

（1）极轴角的设置:选择下拉菜单"工具→草图设置",或在状态拦**极轴**按钮上右击鼠标,选取快捷菜单的"设置"选项,再单击"极轴追踪"选项卡,将打开[草图设置]对话框,如图 2-47。

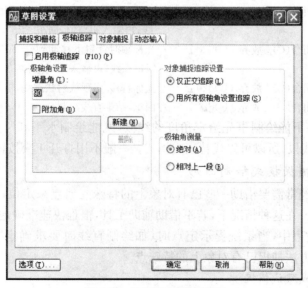

图 2-47　"草图设置"对话框

（2）"启用极轴追踪"复选项:选择该项可启动极轴追踪,在绘图过程中显示以虚线表示

的极轴追踪线。单击状态行上的 **极轴** 按钮或按快捷键 F10,也可以切换极轴追踪开关。

（3）"增量角"下拉列表:用于选择极轴角的预设值,当极轴夹角为该数值的倍数时系统都将显示放射状虚线。

（4）"附加角"复选项:选择该项后可通过点击右侧的"新建"按钮,增加"增量角"下拉列表中所没有的特殊极轴夹角。

2.3.2　利用极轴追踪功能用 Line 命令绘制图 2-48

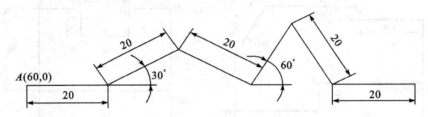

图 2-48　利用极轴追踪功能绘图

操作步骤如下:

按 F10 快捷键,打开极轴追踪模式;再打开"草图设置"对话框,单击"极轴追踪"选项卡。在"增量角"下拉列表中设定极轴角增量为[30]。

命令:Line(L)✓	//启动直线绘制命令
命令:_Line 指定第一点:60,0✓	//输入 A 点绝对直角坐标,光标右移,出现放射状虚线
指定下一点或[放弃（U）]20✓	//输入线段长度,回车
指定下一点或[闭合(C)/放弃（U）]20✓	//光标逆时针斜上移动到 30°夹角时,显示虚线追踪线,再输入距离值,回车
指定下一点或[闭合(C)/放弃（U）]20✓	//光标顺时针斜下移动到(−30°)330°夹角时,显示虚线追踪线,再输入距离值,回车
指定下一点或[闭合(C)/放弃（U）]20✓	//光标逆时针斜上移动到 60°夹角时,显示虚线追踪线,再输入距离值,回车
指定下一点或[闭合(C)/ 放弃（U）]20✓	//光标顺时针斜下移动到(−60°)300°夹角时,显示虚线追踪线,再输入距离值,回车
指定下一点或[闭合(C)/ 放弃（U）]20✓	//光标右移,出现放射状虚线,输入距离值,回车
指定下一点或[闭合(C)/ 放弃（U）]✓	//回车,结束直线绘制命令

极轴追踪状态下能绘制事先给定角度的线段,既能绘制水平和竖直线段(如极轴角90°时),也能绘斜线段,所以可以代替正交模式。一般不用打开正交按钮。

2.4　使用对象捕捉模式绘制图形

绘图过程中,经常需要借助一些已有对象上的特殊几何点来定位,如过圆心、线段的中点、端点画线等。在这种情况下,若不借助辅助工具,很难快速准确地拾取这些点。

在命令执行过程中,当系统提示定点时(如绘制直线时要求确定"第一点"和"下一点"),可采用以下方法捕捉已有对象上的特殊点。

2.4.1　自动捕捉或默认捕捉

对于经常使用的捕捉点如端点、圆心、交点等,建议设置为自动捕捉方式,这样在绘图时系统会自动按照默认方式进行捕捉,可以节省捕捉操作过程所花费的时间。

命令执行方式：

单击下拉菜单"工具→草图设置→对象捕捉"；

右击状态栏上的 对象捕捉 按钮→设置；

打开"草图设置"对话框，如图 2-49 所示，凡是选中的点即可捕捉。

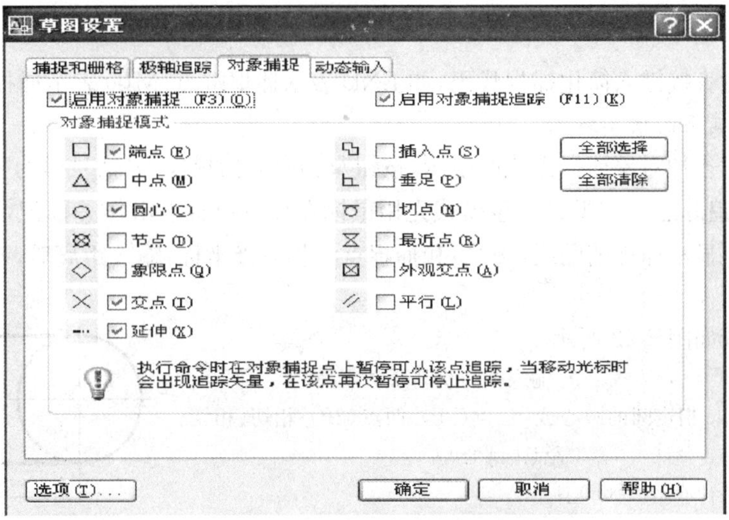

图 2-49 "自动对象捕捉"设置

2.4.2 临时捕捉(捕捉命令只使用一次)

命令执行方式：

使用"对象捕捉"快捷菜单：当系统提示定点时，只需按住[Shift(或者是 Ctrl)]键，并单击鼠标的右键，在光标所在位置弹出"对象捕捉"快捷菜单，如图 2-50 所示，点击要捕捉的点类型即可。

图 2-50 "对象捕捉"快捷菜单

也可使用"对象捕捉"工具栏的工具按钮（打开方法详见项目一）。

图 2-51 "对象捕捉"工具栏

通过键盘直接键入简化捕捉代码,如 END 表示捕捉端点、MID 表示捕捉中点。

2.4.3 对象捕捉的使用方法

自左向右各种对象捕捉方式的应用、按钮及相应的捕捉代码(括号里的字母)如下。

(1)临时追踪点 □ (TT)。该模式先用鼠标在任意位置点击作一标记,再移动光标,系统会沿该点显示捕捉辅助线(虚线)和捕捉点的相对极坐标,输入距离后,系统将定位一个新点。

操作步骤如图 2-52 所示。

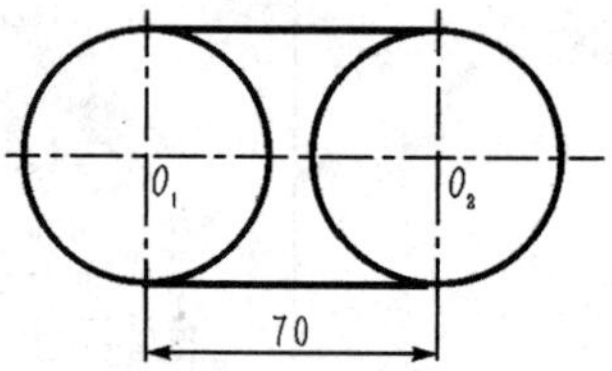

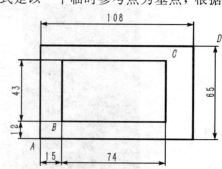

命令:c✓　　　　　　//输入圆的绘制命令,回车

命令:_circle 指定圆的圆心或[三点(3P)/两点(2P)/相切、相切、半径(T)]:　　//点击圆心 O_1

指定圆的半径或[直径(D)]:

　　　　　　//鼠标拖出圆的半径后点击,绘出 O_1 圆

图 2-52 临时追踪

命令:✓　　　　　　//回车,重复画圆的命令

CIRCLE 指定圆的圆心或[三点(3P)/两点(2P)/相切、相切、半径(T)]: tt✓

　　　　　　//输入临时追踪点捕捉命令,回车

指定临时对象追踪点:　　//系统询问临时追踪点位置

指定圆的圆心或[三点(3P)/两点(2P)/相切、相切、半径(T)]: 70✓

　　　　　　//鼠标水平向右拖出方向,输入距离,回车

指定圆的半径或[直径(D)]〈33.0〉:

　　　　　　//系统捕捉到 O_2 点,鼠标拖出圆的半径后点击或回车默认

(2)偏移捕捉("捕捉自") □ (FROM)。该模式是以一个临时参考点为基点,根据给定的偏移值(相对坐标)捕捉到所需的特征点。

操作步骤如图 2-53 所示。

矩形绘制命令:按照给定参数绘制各种形式的矩形。

命令执行方式:

下拉菜单:绘图→矩形

工具栏:单击"绘图"工具栏图标 □

命令行:rectang (Rec)✓

命令:_rectang✓　　//输入矩形的绘制命令,回车

图 2-53 偏移捕捉

指定第一个角点或[倒角(C)/标高(E)/圆角(F)/厚度(T)/宽度(W)]:　　//点击 A 点

指定另一个角点或[面积(A)/尺寸(D)/旋转(R)]:@108,65✓

　　　　　　//输入 D 点相对于 A 点的相对直角坐标,回车;(完成大矩形的绘制)

命令:↙　　　　　　　//回车,重复矩形绘制命令

RECTANG

指定第一个角点或[倒角(C)/标高(E)/圆角(F)/厚度(T)/宽度(W)]: from↙

　　　　　//输入"捕捉自"命令,回车

基点:(系统询问捕捉基点,点击 A 点后;)〈偏移〉:@15,12↙

　　　　　//输入 B 点偏移的相对直角坐标,回车

指定另一个角点或[面积(A)/尺寸(D)/旋转(R)]:@74,43

　　　　　//输入 C 点相对于 B 点的相对直角坐标,回车;(完成小矩形的绘制)

(3)端点捕捉 ✗ (END)。捕捉靠近直线、曲线等对象的端点以及多边形的角点。

(4)中点捕捉 ✗ (MID)。捕捉直线、曲线等线段的中点。

(5)交点捕捉 ✗ (INT)。捕捉不同图形对象的交点。

(6)外观交点捕捉 ✗ (APP)。捕捉在三维空间中图形对象(不一定相交)的外观交点。如图 2-54 所示,圆心位于直线 L_1 和 L_2 的外观交点,绘制圆时,其圆心定位需借助 App 捕捉。

操作步骤如下:

用 Line 命令分别画出直线段 L_1 和 L_2 后,输入 Circle 绘圆命令,在系统要求指定圆的圆心时,输入"app"命令,再分别点击直线 L_1 和 L_2,则系统自动捕捉到圆心 O 点,然后指定圆的半径即可。

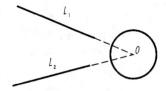

图 2-54 外观交点捕捉

(7)捕捉延长线 ⋯ (EXT)。捕捉直线、圆弧、椭圆弧、多段线等图形延长线上的点。如图 2-55 所示,小圆的圆心位于直线 L 和圆弧 ABC 的延长线交点上。其圆心定位需借助 EXT 捕捉。

操作步骤如下:

用 Line 命令画出直线段 L,用 Arc 命令画出圆弧 ABC。

输入 Circle 绘圆命令,在系统要求指定圆的圆心时,输入"ext"命令,然后将鼠标在圆弧端点 C 处摩擦,再向下拖动鼠标,即可出现圆弧的延长线(虚线追踪线),在其与线段的交点处(需开启自动捕捉模式)点击即可确定圆心位置。

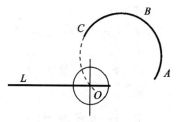

图 2-55 捕捉延长线

(8)捕捉圆心 ◉ (CEN)。捕捉圆、圆弧、椭圆、椭圆弧等图形的圆心。

(9)捕捉象限点 ✦ (QUA)。捕捉圆、圆弧、椭圆、椭圆弧等图形相对于圆心 0°,90°,180°,270°处的点。

(10)捕捉切点 ○ (TAN)。捕捉圆、圆弧、椭圆、椭圆弧、多段线或样条曲线等图形的切点,如图 2-56。

操作步骤如下:

用 Arc 命令画出圆弧 O_1 和 O_2,输入直线绘制命令。

命令:_line 指定第一点:tan↙ 到

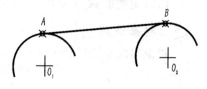

图 2-56 切点捕捉

指定下一点或[放弃(U)]：tan↙到　　//输入"TAN"命令,回车后,点击圆弧 O_1 任意位置

指定下一点或[放弃(U)]：↙　　//再次输入"TAN"命令,回车后,点击圆弧 O_2 任意位置
　　　　　　　　　　　　　　　　//回车,结束直线绘制命令

(11)捕捉垂足 ⊥ (PER)。绘制与已知直线、圆、圆弧、椭圆、椭圆弧、多段线或样条曲线等图形相垂直的直线。

(12)捕捉平行线 ∥ (PAR)。用于捕捉已知直线的平行线。

(13)捕捉节点 ∘ (NOD)。捕捉用画点命令(POINT)绘制的点。

如图 2-57 所示,已知直线 L 和节点 A,C,过 A 点直线 $AB//L$;过 C 点直线 $CD\perp L$,作直线 AB 需借助 NOD 和 PAR 捕捉,作 CD 线需借助 NOD 和 PER 捕捉。

操作步骤如下：

①用 Line 命令画出直线段 L。

②用多点的绘制命令绘制点 A 和 C。

③用 Line 命令画出直线段 AB。

输入直线命令后,系统要求指定直线起点

命令：_line 指定第一点：nod↙　//输入节点捕捉命令,回车
于　　　　　　　　　　　　　　//点击 A 点

指定下一点或[放弃(U)]：par↙　//输入平行捕捉命令,回车
到　　　　　　　　　　　　　　//鼠标在直线 L 上摩擦,
　　　　　　　　　　　　　　　系统发出虚线的平行追
　　　　　　　　　　　　　　　踪线后,在合适位置点击

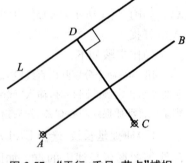

图 2-57 "平行、垂足、节点"捕捉

指定下一点或[放弃(U)]：↙　//回车结束直线绘制命令

④用 Line 命令画出直线段 CD。

命令：↙　　　　　　　　　　//回车,重复直线命令,系统要求指定直线起点

命令：_line 指定第一点：nod↙　//输入节点捕捉命令,回车
于　　　　　　　　　　　　　//点击 C 点

指定下一点或[放弃(U)]：per↙　//输入垂直捕捉命令,回车
到　　　　　　　　　　　　　//鼠标在直线 L 上摩擦,系统发出 ⊢ 垂足捕捉符号后,点击

指定下一点或[放弃(U)]：↙　//回车结束直线绘制命令

(14)捕捉插入点 ⊡ (INS)。捕捉插入在当前图形中的文字、图块、图形或属性的插入点。

(15)捕捉最近点 ⅋ (NEA)。捕捉图形上离光标位置最近的点。

(16)无捕捉 ⍉ (NON)。关闭捕捉模式。

2.5　对象追踪

对象追踪功能是利用已有图形对象上的捕捉点来捕捉其他特征点的又一种快捷作图方法。

对象追踪功能常用于事先不知具体的追踪方向,但已知图形对象间的某种关系(如"正交")的情况下使用,常与"极轴"或"对象捕捉"同时使用。

3 常用修改(编辑)命令

利用 AutoCAD 绘图命令只能绘制简单的基本图形,要绘制比较复杂的平面图形必须对基本图形进行编辑(修改)。使用修改(编辑)命令时,需要选择对象,此时光标将变成一个拾取框,移动拾取框来选择一个或多个对象,构成一个选择集,AutoCAD 提供了多种选择方法。

3.1 选择对象常用的方法

3.1.1 点选方式

这是默认方式。用鼠标移动拾取框,使其覆盖在被选对象上,然后单击鼠标,对象变成虚线,表示被选中。这种方式适合选择少数或分散对象。

3.1.2 窗口方式

当命令行提示"选择对象"时,用户在图形对象的左上角或左下角单击一点,然后向右拖动鼠标,AutoCAD 显示一个实线矩形框,让该矩形框完全包含要选中的图形对象,再单击一点,则矩形框内的所有对象(不包含与矩形框相交的对象)被选中,被选中对象以虚线形式表示。注意鼠标拖动必须自左至右。下面以 ERASE 命令演示这种选择方法。

命令:_erase ↙

选择对象: //在 A 点处单击一点,鼠标左移至 B 点处单击一点,如图 2-58(a)所示

指定对角点:找到 5 个

选择对象:↙   //按 Enter 键结束,选择结果如图 2-58(b)所示

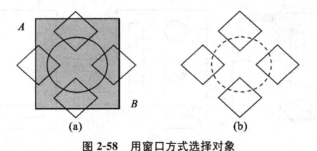

图 2-58 用窗口方式选择对象

3.1.3 窗交方式

当命令行提示"选择对象"时,用户在图形对象的右上角或右下角单击一点,然后向左拖动鼠标,此时出现一个虚线矩形框,使该矩形框包含要选中的图形对象的全部或部分,再单击一点,则框内的对象及与矩形框相交的对象全部被选中。注意鼠标拖动必须自右至左。下面以 ERASE 命令演示这种选择方法。

命令:_erase ↙

选择对象: //在 C 点处单击一点,向右拖动鼠标至 D 点,如图 2-59(a)所示

指定对角点:找到 5 个   //在 D 点处单击一点

选择对象:↙   //按 Enter 键或右击鼠标结束选择,结果如图 2-59(b)所示

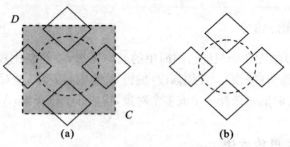

图 2-59　用窗交方式选择对象

3.1.4　在选择集中添加或去除对象

在编辑过程中,用户选择对象常常不能一次完成,需要向选择集中加入或删除对象。在添加对象时,可直接点选或利用窗口、窗交方式选择要加入的图形元素。若要删除对象,可先按住 Shift 键,再从选择集中选择要清除的图形元素。下面以 ERASE 命令演示修改选择集的方法。

命令:_erase↙

选择对象:　　　　　　　　　　　　//在 A 点处单击一点

指定对角点:找到 4 个　　　　　　//拖动鼠标在 B 点处单击一点,如图 2-60(a)图所示

选择对象:找到 1 个,删除 1 个,总计 3 个　//选择圆 D,该圆加入选择集中;再按住 Shift 键,选取
　　　　　　　　　　　　　　　　　　矩形 C,将该矩形从选择集中去除,如图 2-60(b)所示

选择对象:　　　　　　　　　　　　//按 Enter 键结束,结果如图 2-60(c)图

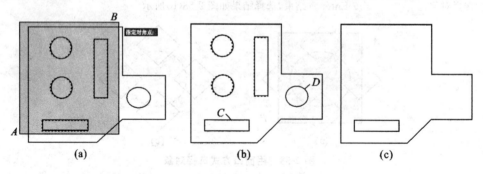

图 2-60　在选择集中添加或去除对象

3.1.5　对象全选

当命令行提示"选择对象"时,输入命令"all"再按回车键即可。

3.2　常用修改命令的使用

可使用"修改"工具栏。

图 2-61　"修改"工具栏

3.2.1　复制图形

在同一个图形文件中将指定的图形对象复制到指定位置,并可重复复制。

命令执行方式:

下拉菜单:修改→复制

工具栏:单击"修改"工具栏图标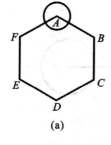

命令行:copy ↙

使用多边形和圆的绘制命令画出如图 2-62(a)所示图形后,输入复制命令。

命令:_copy   //输入复制命令后,系统询问要复制的对象

选择对象:找到 1 个   //点击拾取小圆

选择对象:↙   //回车,结束选择

指定基点或[位移(D)]〈位移〉:   //点击小圆圆心(多边形端点 A)

指定第二个点或[退出(E)/放弃(U)]〈退出〉:   //点击多边形端点 B,复制出第一个圆,如图
                                                     2-62(b)所示

……   //再点击多边形端点 C,D,E,F,重复复制

指定第二个点或[退出(E)/放弃(U)]〈退出〉:↙   //回车,结束复制命令,如图 2-62(c)所示

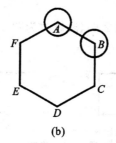
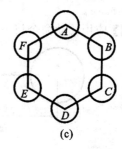

（a）　　　　　　　　　　　（b）　　　　　　　　　　　（c）

图 2-62　复制命令

应用例题:应用复制命令和点的相对坐标绘制如图 2-63(a)所示的平面图形。

使用直线和圆的绘制命令画出如图 2-63(b)所示图形后,输入复制命令,绘出图 2-63(c)。

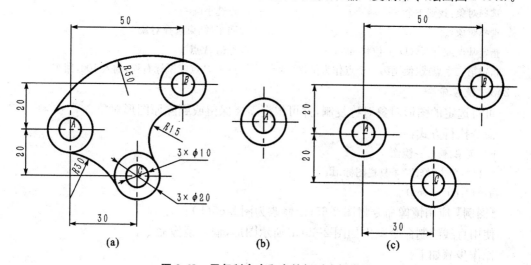

（a）　　　　　　　　　（b）　　　　　　　　　（c）

图 2-63　用复制命令和点的相对坐标绘图

操作步骤如下:

命令: _copy

选择对象:	//使用适当选择方式拾取两个圆和中心线
指定对角点:找到 4 个	
选择对象:↙	//回车,结束选择
指定基点或[位移(D)]〈位移〉:	//点击 A 点
指定第二个点或〈使用第一个点作为位移〉:@50,20 ↙	//输入 B 点相对于 A 点的坐标,回车
指定第二个点或[退出(E)/放弃(U)]〈退出〉:@30,−20 ↙	//输入 C 点相对于 A 点的坐标,回车
指定第二个点或[退出(E)/放弃(U)]〈退出〉:↙ ＊取消＊	//回车,退出复制命令

3.2.2　移动命令

可将选定的图形对象移动到新位置。

命令执行方式:

下拉菜单:修改→移动

工具栏:单击"修改"工具栏图标 ✛

命令行:move ↙

【图例】应用移动命令将下面图 2-64(a)修改为图 2-64(b)。

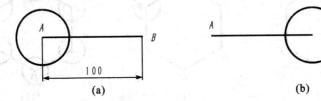

(a)　　　　　　　　　　　　　　(b)

图 2-64　移动

使用直线和圆的绘制命令画出如图 2-64(a)所示图形,输入移动命令。

操作步骤如下:

命令:_move	//输入移动命令
选择对象:找到 1 个	//点选小圆
选择对象:↙	//回车,结束选择对象
指定基点或[位移(D)]〈位移〉:	//点击 A 点
指定第二个点或〈使用第一个点作为位移〉:	//点击 B 点或鼠标右移,输入 100,回车

3.2.3　镜像命令

可将选定的图形对象对称复制,并可根据需要保留或删除原图形对象。

命令执行方式:

下拉菜单:修改→镜像

工具栏:单击"修改"工具栏图标 ⚟

命令行:mirror(mi) ↙

【图例】应用镜像命令将图 2-65(a)修改为图 2-65(b)。

使用直线绘制命令画出如图 2-65(a)所示图形,输入镜像命令。

操作步骤如下:

命令:_mirror	
选择对象:指定对角点:找到 11 个	//用合适的选择方式选择图 2-65(a)对象
选择对象:↙	//回车,结束选择
指定镜像线的第一点:	//点选点画线左端 A 点

指定镜像线的第二点：　　　　　　　　　　//点选点画线右端 *B* 点

要删除源对象吗？[是(Y)/否(N)]〈N〉：↙　//回车，默认"否"选项，结束

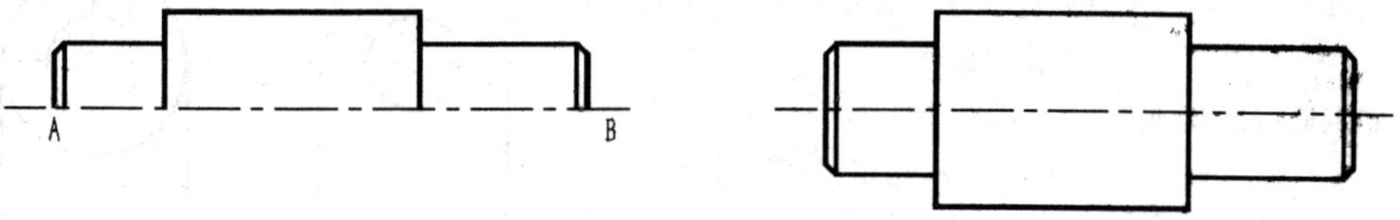

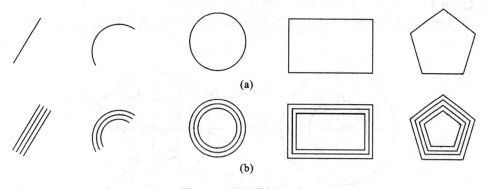

(a)　　　　　　　　　　　　　　　　**(b)**

图 2-65　镜像

3.2.4　偏移命令

可将选定的图形围绕同一中心点进行等距离复制，即绘制平行线。

命令执行方式：

下拉菜单：修改→偏移

工具栏：单击"修改"工具栏图标 ⬚

命令行：Offset(O)↙

【图例 1】应用偏移命令将图 2-66(a)修改为图 2-66(b)。

(a)

(b)

图 2-66　"偏移"命令(一)

使用直线、圆弧、圆、矩形和多边形等绘制命令画出如图 2-66(a)所示图形，输入偏移命令画出如图 2-66(b)。

操作步骤如下：

命令：_offset ↙　　　　　　　　　　　　//输入偏移命令，回车

当前设置：删除源＝否　图层＝源　OFFSETGAPTYPE＝0

指定偏移距离或[通过(T)/删除(E)/图层(L)]〈通过〉：5 ↙　//输入平行线间距 5，回车

选择要偏移的对象，或[退出(E)/放弃(U)]〈退出〉：　　//点选直线段

指定要偏移的那一侧上的点，或[退出(E)/多个(M)/放弃(U)]〈退出〉：

　　　　　　　　　　　　　　　　//单击直线段右侧一点指定偏移方向

依次类推，分别将直线段、圆弧、矩形、多边形等向内偏移距离 5，回车结束任务。

注意：与许多命令不同，偏移命令每次只能点取一个图形进行平行复制。

【图例 2】应用偏移命令将图 2-67(a)修改为图 2-67(b)。

命令：_offset

当前设置：删除源＝否　图层＝源　OFFSETGAPTYPE＝0

指定偏移距离或[通过(T)/删除(E)/图层(L)]〈5.0000〉:t
　　　　//输入 T,回车,选择通过项
选择要偏移的对象,或[退出(E)/放弃(U)]〈退出〉:
　　　　//点击小圆
指定通过点或[退出(E)/多个(M)/放弃(U)]〈退出〉:
　　　　//捕捉 A 点,指定偏移通过点
选择要偏移的对象,或[退出(E)/放弃(U)]〈退出〉:
　　　　//回车,结束命令

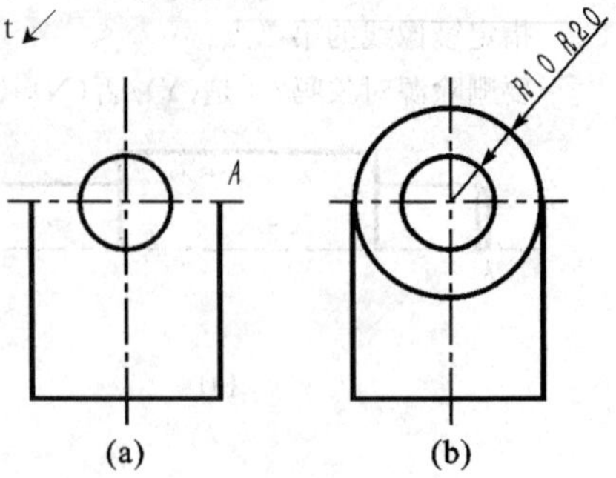

图 2-67　"偏移"命令(二)

3.2.5　阵列命令

　　可将选定的图形按照一定的排列方式(矩形和环形)进行多重复制。

　　命令执行方式:

下拉菜单:修改→阵列

工具栏:单击"修改"工具栏图标 ▦

命令行:Array(ar)

【图例 1】将图 2-68(a)用阵列命令编辑为图 2-68(b)。

使用直线和圆的绘图命令绘出如图 2-68(a)所示图形后,输入阵列命令。

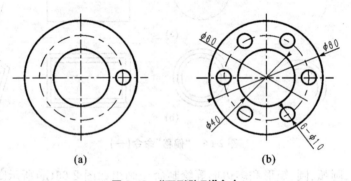

(a)　　　　　　　　　　(b)

图 2-68　"环形阵列"命令

操作步骤如下:

(1)输入阵列命令后,系统打开"阵列"对话框,如图 2-69 所示:

(2)在"阵列"对话框中,选中"环形阵列"单选按钮。

(3)确定环形阵列中心,单击输入框右边的"拾取中心点"按钮 ▣,切换到绘图区,捕捉 $\phi40$ 圆的圆心作为阵列中心点。

(4)在"阵列"对话框中,单击"选择对象"按钮 ▣,切换到绘图区,选择要阵列复制的 $\phi10$ 小圆,然后按回车键,返回"阵列"对话框。

(5)输入阵列项目总数 6(项目总数就是环形对象的复制个数,包括源对象)。

(6)输入阵列填充角度(默认 360°)。

(7)"项目间角度"表示阵列复制时所选对象旋转(正值表示逆时针旋转,负值表示顺时针旋转)。

(8)单击"确定"完成阵列操作,结果如图 2-68(b)所示。

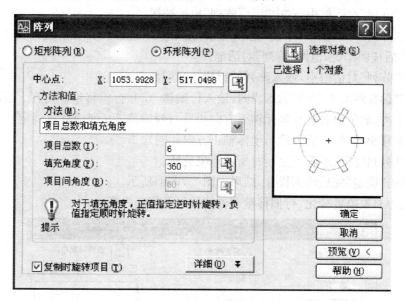

图 2-69　环形阵列设置

【图例 2】用矩形阵列命令绘出图 2-70(a)所示图形。

操作步骤如下:

(1)使用矩形和直线的绘图命令绘出图 2-70(b)所示图形(作图步骤略)。

(2)使用圆绘图命令绘出图 2-70(c)所示图形(作用步骤略)。

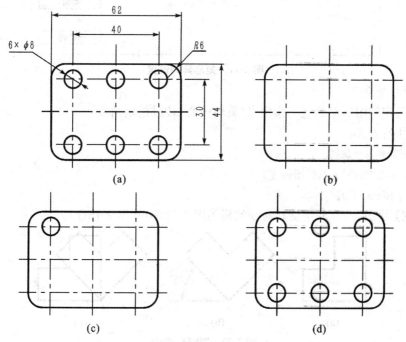

图 2-70　用矩形阵列画图

（3）输入阵列命令后，系统打开"阵列"对话框，如图 2-71 所示。

（4）在"阵列"对话框中，选中"矩形阵列"单选按钮。

（5）在"阵列"对话框中，单击"选择对象"按钮 📷，切换到绘图区，选择要阵列复制的 $\phi 8$ 小圆，然后按回车键，返回"阵列"对话框。

（6）在"阵列"对话框中，输入阵列的行数 2 和列数 3。

（7）在"偏移距离和方向"输入栏内，输入行偏移－30（行偏移量确定在 Y 轴方向阵列时的偏移距离，取负值表示与坐标轴正方向相反）；列偏移 20（列偏移量确定在 X 轴方向阵列时的偏移距离，取正值表示与坐标轴正方向相同）。

（8）"阵列角度"表示阵列复制时所选对象旋转。

（9）单击"确定"完成阵列操作，结果如图 2-70（d）所示。

注意：源对象位置变化，行偏移量和列偏移量数值随之变化。

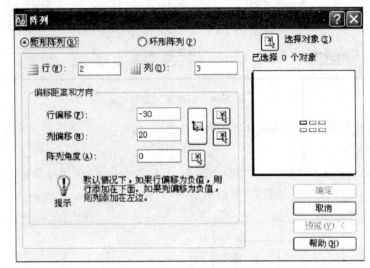

图 2-71　矩形阵列设置

3.2.6　旋转命令

可将选定的图形对象绕一指定点（旋转中心）转过指定角度。

命令执行方式：

下拉菜单：修改→旋转

工具栏：单击"修改"工具栏图标 ↻

命令行：Rotate（ro）↙

【图例】 将图 2-72（a）用旋转命令编辑为图 2-72（b）和图 2-72（c）。

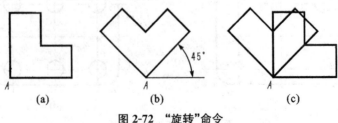

图 2-72　"旋转"命令

使用直线绘图命令绘出如图 2-72(a)图所示图形后,输入旋转命令。

操作步骤如下:

命令:_rotate✓

UCS 当前的正角方向:ANGDIR＝逆时针 ANGBASE＝0

选择对象:　　　　　　　　　　　　　　//拾取要选择的(a)图对象

指定对角点:找到 6 个

选择对象:✓　　　　　　　　　　　　//回车结束选择

指定基点:　　　　　　　　　　　　　//捕捉旋转基点 A

指定旋转角度,或[复制(C)/参照(R)]〈0〉:45✓　　　//输入旋转角度 45°,结果如图 2-72(b)

如果在指定角度前输入 C,选用复制选项,则旋转后图形仍保留原图形,结果如图 2-72(c)。

3.2.7　缩放命令

可将选定的图形绕一指定点(缩放中心)放大或缩小(向所有方向缩放)。

命令执行方式:

下拉菜单:修改→缩放

工具栏:单击"修改"工具栏图标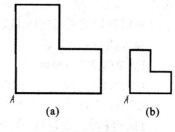

命令行:Scale(sc)✓

【图例】将图 2-73(a)用缩放命令编辑为图 2-73(b)。

使用直线绘图命令绘出如图 2-73(a)图所示图形后,输入缩放命令。

操作步骤如下:

命令:_scale✓

选择对象:　　　//拾取要选择的图 2-73(a)图对象

指定对角点:找到 6 个

选择对象:✓　//回车结束选择

指定基点:　　//捕捉缩放基点 A

指定比例因子或[复制(C)/参照(R)]〈1.0000〉:0.5✓

　　　　　//输入缩放比例 0.5,回车,结果如图 2-73(b)

图 2-73　缩放

3.2.8　拉伸(和压缩)命令

可将选定的图形实体向某一方向进行缩放。

命令执行方式:

下拉菜单:修改→拉伸

工具栏:单击"修改"工具栏图标

命令行:Stretch(s)✓

【图例】将图 2-74(a)用拉伸命令编辑为图 2-74(d)。

用直线命令绘出矩形及对角线后,输入拉伸命令,操作步骤如下:

命令:_stretch

以交叉窗口或交叉多边形选择要拉伸的对象……

选择对象:指定对角点:　　//依次拾取 A 点和 B 点,用交叉窗口框选择对象(选取框不包含水
　　　　　　　　　　　　　平点画线)

找到 6 个　　　　　　　//结果如 2-74(a)图

选择对象:✓　　　　　　//回车,结束选择,结果如 2-74(b)图

指定基点或[位移(D)]〈位移〉: //捕捉 C 点

指定第二个点或〈使用第一个点作为位移〉:

//鼠标向上拖拉点击 D 点,或输入 D 点坐标值,结果如 2-74(c),(d)图

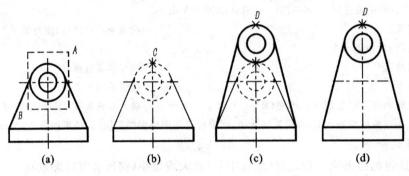

图 2-74　拉伸

注意:拉伸操作结果依赖于选取对象的方式。采用点选或窗口选择(鼠标从左向右拖拉)对象,结果是移动图形;用窗交选择(鼠标从右向左拖拉),若所选图形实体全部在窗口内,结果也是图形移动,如图 2-74(a)中两个圆;只有所选图形部分在交叉窗口内(即选择线段的端点部分),并使其产生位移,最后形成图形的拉伸和压缩效果,如图 2-74(c)中两斜线和竖点画线。

3.2.9　修剪命令

可将选定的图形实体部分剪掉。

命令执行方式:

下拉菜单:修改→修剪

工具栏:单击"修改"工具栏图标 ⊢

命令行:Trim(tr)↙

【图例】将图 2-75(a)用"修剪"命令编辑为图 2-75(d)。

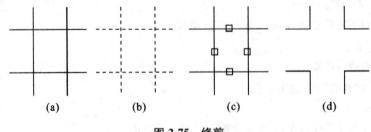

图 2-75　修剪

用直线命令绘出图 2-75(a)后,输入修剪命令,操作步骤如下:

命令:_trim

当前设置:投影=UCS,边=无　　　　　//提示当前的剪切状态

选择剪切边……　　　　　　　//选择剪切边界:用交叉窗口选择图 2-75(a)整个图形

选择对象或〈全部选择〉:指定对角点:找到 4 个

选择对象:↙　　　　　　　//回车,结束剪切边界的选择,结果如图 2-75(b)所示

选择要修剪的对象,或按住 Shift 键选择要延伸的对象,或[栏选(F)/窗交(C)/投影(P)/边(E)/删除(R)/放弃(U)]: //单击选择修剪对象,如图 2-75(c)所示

...

选择要修剪的对象,或按住 Shift 键选择要延伸的对象,或[栏选(F)/窗交(C)/投影(P)/边(E)/删除(R)/放弃(U)]:↙ //回车,结束命令,结果如图 2-75(d)所示

注意:选择剪切边界时,可用点选或窗口选择等合适选择方式,但被剪切对象只能用"点选"方式。

3.2.10 延伸命令

可将选定的图形延伸到指定边界。

命令执行方式:

下拉菜单:修改→延伸

工具栏:单击"修改"工具栏图标 --/

命令行:Extend(ex)↙

【图例】将图 2-76(a)用修剪命令编辑为图 2-76(d)。

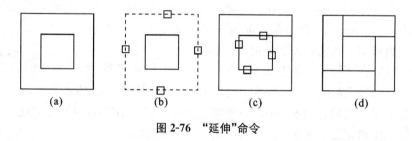

图 2-76 "延伸"命令

用直线命令绘出图 2-76(a)图后,输入延伸命令,操作步骤如下:

命令:_extend

当前设置:投影=UCS,边=无 //提示当前的延伸状态

选择边界的边…… //选择作为边界的对象:分别点选外面矩形的四条边

选择对象:找到 1 个,总计 4 个

选择对象:↙ //回车,结束延伸边界的选择,结果如图 2-76(b)所示

选择要延伸的对象,或按住 Shift 键选择要修剪的对象,或[栏选(F)/窗交(C)/投影(P)/边(E)/放弃(U)]: //单击选择延伸对象,如图 2-76(c)所示

...

选择要延伸的对象,或按住 Shift 键选择要修剪的对象,或[栏选(F)/窗交(C)/投影(P)/边(E)/放弃(U)]: //回车,结束命令,如图 2-76(d)所示

注意:①封闭线段不能延伸;

②选择延伸对象时,要从靠近延伸边界的一端点选,否则将无法延伸(若另一端也有边界,将反向延伸)。

3.2.11 倒角命令

可将两条非平行线段倒直角,即尖角削平。

命令执行方式:

下拉菜单:修改→倒角

工具栏:单击"修改"工具栏图标

命令行:Chamfer(cha)↙

【图例】用倒角命令编辑图 2-77。

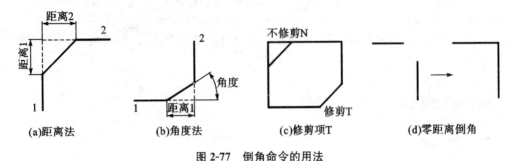

图 2-77　倒角命令的用法

命令:_chamfer

("修剪"模式) 当前倒角距离 1= 0.0000,距离 2= 0.0000

选择第一条直线或[放弃(U)/多段线(P)/距离(D)/角度(A)/修剪(T)/方式(E)/多个(M)]:

当前模式为"修剪",其倒角距离都为 0,其含义如图 2-77 所示。

倒角参数可用下列两种方法确定:

(1)距离法:在选择第一条直线之前输入 D 并回车,可设置"第一倒角距离"和"第二倒角距离":"距离 1"为所选第一条直线段切去的距离,"距离 2"为所选第二条直线段切去的距离。参数设置完后,分别点选第一和第二条直线段,完成倒角操作,如图 2-77(a)所示。如果倒角距离均为 0,则将两边相交,如图 2-77(d)所示。

(2)角度法:在选择第一条直线之前输入 A 并回车,可设置"距离 1"和"角度",然后同距离法操作,如图 2-77(b)所示。

其他选项说明:

(1)多段线 P:可对多段线(矩形、多边形等)的各顶点进行一次性倒角处理,可提高绘图速度。

(2)修剪 T:在选择第一条直线之前输入 T 并回车,进入修剪模式选项,系统提示:输入修剪模式选项[修剪(T)/不修剪(N)],如果改为不修剪 N,则倒角时保留原线段,如图 2-77(c)所示。

3.2.12　圆角命令

可将两条非平行线段倒圆角,即圆弧连接。

命令执行方式:

下拉菜单:修改→圆角

工具栏:单击"修改"工具栏图标

命令行:Fillet(f)↙

【图例】将图 2-78(a)用圆角命令编辑为图 2-78(b),(c)。

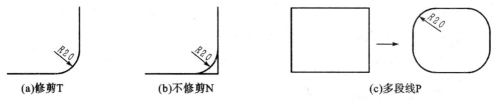

(a)修剪T   (b)不修剪N   (c)多段线P

图 2-78 倒圆角命令的用法

命令：_fillet

当前设置：模式＝修剪，半径 ＝0

选择第一个对象或[放弃(U)/多段线(P)/半径(R)/修剪(T)/多个(M)]：

表示当前模式为"修剪"，其圆角半径为0，其含义见图 2-78。

倒圆角命令的操作方法与倒角命令类似，只是以圆弧取代了倒角的斜线段。

3.2.13 打断命令

可将一条线段断为两段。

命令执行方式：

下拉菜单:修改→打断

工具栏:单击"修改"工具栏图标

命令行:Break(br)

【图例】将图 2-79(a)用打断命令从 AB 两点间打断为图 2-79(b)。

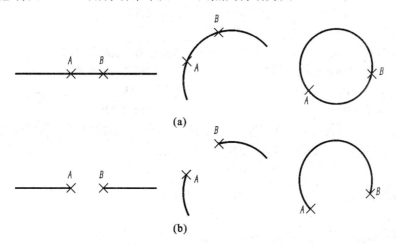

(a)

(b)

图 2-79 "打断"命令

命令：_break 选择对象：   //点选第一个打断点(直线上 A 或 B 点;圆弧上的 B 点;圆上的 A 点)

指定第二个打断点 或[第一点(F)]：   //点选第二个打断点。(直线上 B 或 A 点;圆弧上的 A 点;圆上的 B 点)

注意:①圆弧和圆上取点时,要按照逆时针顺序选择第一、第二打断点。

②使用打断命令时,最好将"对象捕捉"工具关闭,否则第二打断点常常被特征点捕捉替代。

3.2.14　合并命令

可将 Break 命令打断的两段线合并为一条线段。

命令执行方式：

下拉菜单:修改→合并

工具栏:单击"修改"工具栏图标 ➡

命令行:Join(j)↙

【图例】将图 2-80(a)用合并命令从 AB 两点间合并为图 2-80(b)。

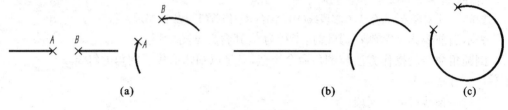

图 2-80　合并

(1)两条直线段合并：

命令:_join 选择源对象:　　　　　　　//点选第一段直线段 A

选择要合并到源的直线:找到 1 个　　　//点选第二段直线段 B

选择要合并到源的直线:↙　　　　　　//回车确认

已将 1 条直线合并到源　　　　　　　 //完成直线段合并

(2)两段圆弧合并：

命令:_join 选择源对象:　　　　　　　//点选第一段圆弧 B

选择圆弧,以合并到源或进行[闭合(L)]:　//点选第二段圆弧 A

选择要合并到源的圆弧:找到 1 个↙　　//回车确认

已将 1 个圆弧合并到源　　　　　　　 //完成圆弧合并

注意:圆弧合并时,也要按照逆时针顺序选择第一、第二段圆弧。如选择源对象时首选圆弧 A,再选圆弧 B,则合并结果如图 2-80(c)所示。

任务布置2

用计算机绘制综合平面图形。

问题引导

1.用计算机绘制较复杂平面图形的基本步骤是什么？

2.绘制图形之前分析要使用的绘图和编辑命令。

知识准备

用计算机 CAD 软件绘制平面图形,基本步骤是：

(1)绘图前的准备:设置图形界限、图层(包括颜色、线型、线宽设置)、文字样式、尺寸标注样式(在项目三中讲解)等,此步骤在项目一已经介绍(样板文件设置)。

（2）绘制平面图形：绘图顺序为定位线、已知线段、连接线段。

（3）标注尺寸（略）。

【图例】用 AutoCAD 软件绘制图 2-81所示图形。

任务的设计与实施

1 绘图前准备

方法如项目一。

（1）设置三个图层"粗实线层：颜色白、线型 continuous、线宽 0.7；

点画线层：颜色绿、线型 center、线宽 0.25；

细实线层：颜色黄、线型 continuous、线宽 0.25。

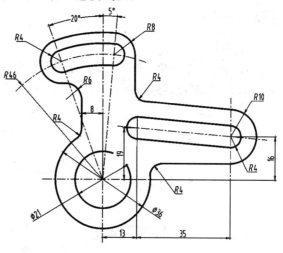

图 2-81　平面图形

（2）设置文字样式尺寸数字：gbenor。

（3）CAD 的绘图分析：在计算机中一般用 1∶1 的比例作图，根据所给图中的尺寸可以设置 210×150 绘图界限。按照项目一中建立样板文件的步骤，新建一个名为"平面图形"的图形文件，在此图形文件中绘制该图形即可。打开"极轴""对象捕捉""对象追踪"等绘图辅助工具，绘图过程中注意切换图层。

2 开始绘图

2.1 绘制定位基准线即点画线

选择当前层为点画线层，用 line 命令绘制水平点画线，再结合极轴角设置以 A 为中心绘出基准 AB、AC 线，用 Arc 圆弧（圆心、起点、端点）命令画出圆弧 L；用 line 命令以 A 为基点借助 From 捕捉绘出 DE 线，再用 Offset 偏移命令过 D、E 点作 AF 的平行线；最后用"夹点"操作调整个线段的长度。结果如图 2-81 所示。

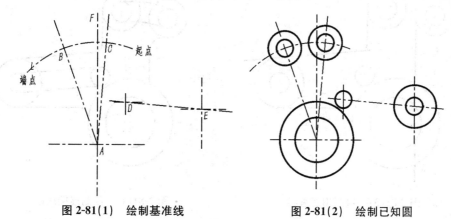

图 2-81(1)　绘制基准线　　　　图 2-81(2)　绘制已知圆

【知识补充】

1. 夹点

在待命状态下单击图形,就会在图形上出现如下图所示的点,这些图形对象上特殊的可编辑点(如端点、终点、圆心等)即夹点,如图 2-82 所示。

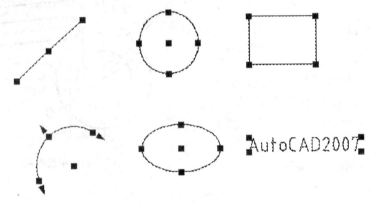

图 2-82　夹点的种类

2. 功能

鼠标在夹点上悬停,夹点变为绿色,称为悬停夹点;再单击需要编辑的夹点则可以将其激活为"热点"(一般显示为红色),并在命令行显示有关夹点操作的有关选项,主要包括对图形进行拉伸、复制、移动、旋转、偏移等操作,以达到快速改变图形位置和形状的目的。

2.2　绘制已知圆

选择当前层为粗实线层,用 Circle 圆命令绘制已知圆心位置和半径的圆或圆弧。4个半径为 R_4 的圆(圆弧)用复制命令更快捷,结果如图 2-81(2)所示。

2.3　绘制相切直线

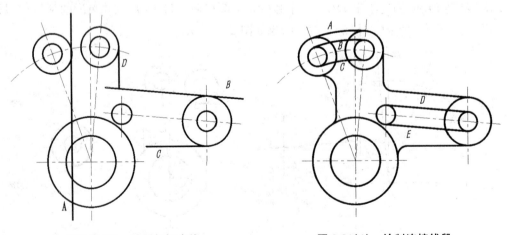

图 2-81(3)　绘制相切直线　　　图 2-81(4)　绘制连接线段

用偏移命令以基准点画线为偏移对象做出直线 A 和 B,注意切换图层到粗实线层;再用 Line 命令借助圆的象限点捕捉和 90°极轴追踪画出 D 和 C 线,结果如图 2-81(3)所示。

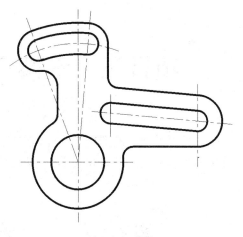

2.4 绘制连接线段

用修圆角命令画出各连接圆弧;用偏移或圆弧绘图命令画出公切圆弧 A,B,C;用偏移或直线绘图命令借助切点捕捉画出公切线 D 和 E,结果如图 2-81(4)所示。

2.5 修剪多余线段

用 Trim 修剪命令选择合适边界修剪多余线段,结果如图 2-81(5)所示。

图 2-81(5) 修剪多余线

任务的检查与考核

项目	评分标准	考核形式	分值	合计
图形	尺寸合适,图形标准,连接光滑 60 分(若不符合要求酌情扣分)	自评(20%)		
		他评(40%)		
		教师评价(40%)		
图线	线型规范标准,粗细均匀,浓淡一致 20 分 线型不规范酌情扣 1~10 分 粗细不均匀,浓淡不一致酌情扣 1~10 分	自评(20%)		
		他评(40%)		
		教师评价(40%)		
时间利用	在规定时间内完成 20 分,超时−5 分/5 分。	自评(20%)		
		他评(40%)		
		教师评价(40%)		

项目三 木模三视图的绘制与识读

木模可看做是模型化的零件,它是学习机械图样必不可少的铺垫。立体物体可以通过平面图形表达其形状和大小。本项目以木模为例介绍物体图形的绘制方法。

图 3-1 零件木模

任务 1 绘制物体图形的必要准备

能力目标

能通过三视图的投影特点识别物体表面的点、线、面空间位置。

学习目标

1. 了解投影法基本知识和图样的绘制原理、规律和方法。
2. 了解物体表面点、线、面的投影特点。

任务布置

认识物体三视图的形成过程。

问题引导

1. 三视图的由来是什么?
2. 三视图间有什么关系?
3. 如何绘制物体的三视图?
4. 组成物体的几何元素的三视图有什么特点?

知识准备

投影法知识、正投影特性、三视图的形成、物体几何元素的三视图特点。

1　立体物体与平面图形的转化媒介——投影法

1.1　投影的概念

我们接触的物体几乎都是三维形体(常称为物体或立体)。而人们描绘物体的方式通常是绘制在纸张上或其他平面上的图形。图形从本质上来讲是二维的(平面的)。那么，如何用二维的平面图形来准确、完整地表达三维形体呢?人们经过长期的观察发现，阳光或灯光照射物体时，在地面或墙面上会产生影子;而且注意到，这个物体的影子与物体存在着相互对应的关系。这种自然现象经过科学的抽象和总结，便形成了用二维图形表达三维物体的基本方法——投影法。

所谓投影法，就是投射线(如光线)通过物体向选定的面(如地面或墙面)投射，并在该面上得到图形(影像)的方法。

如图 3-2 所示，将光源用点 S 表示，称为投影中心;平面 P 称为投影面，$\triangle ABC$ 放在平面 P 和光源 S 之间，自 S 分别向 A,B,C 引直线并延长至与 P 面分别交于 a,b,c 三点。SAa,SBb,SCc 称为投射线;$\triangle abc$ 即是空间 $\triangle ABC$ 在平面 P 上的投影。

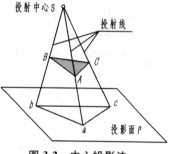

图 3-2　中心投影法

根据投影法所得到的图形称为投影图，简称投影。

1.2　投影法的分类

根据投射线之间的相对位置关系，投影法分为两类:中心投影法和平行投影法。

1.2.1　中心投影法

如图 3-2 所示，投射线汇交于一点的投影法，称为中心投影法，所得投影称为中心投影。中心投影的大小与物体和投影面的距离有关，一般不能反映物体的真实形状和大小，但立体感较强，常用于绘制建筑透视图，如图 3-3 所示。

图 3-3　房屋透视图

1.2.2　平行投影法

若将图 3-2 的投射中心 S 移到无穷远处，所有投射线就相互平行。这种投射线相互平行的投影法称为平行投影法，如图 3-4 所示。

根据投射线与投影面是否垂直，平行投影法又分为正投影法和斜投影法。

(1)正投影法:投射线垂直于投影面的平行投影法称为正投影法，所得投影称为正投影，如图 3-4(a)所示。

(2)斜投影法:投射线倾斜于投影面的平行投影法称为斜投影法，所得投影称为斜投影，如图 3-4(b)所示。

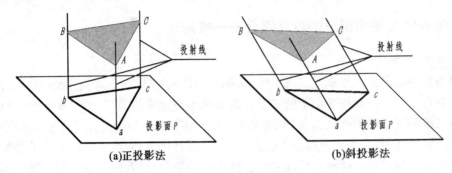

(a)正投影法　　　　　　　　　　(b)斜投影法

图 3-4　平行投影法

轴测投影图是采用平行投影法绘制的,图 3-5(a)为采用正投影法绘制的正轴测图,图 3-5(b)为采用斜投影法绘制的斜轴测图。轴测图可在一个图上同时反映物体长、宽、高三个方向的形状,直观性强但度量性差,在工程上常作为辅助图样使用。

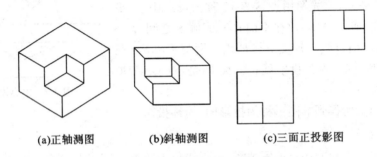

(a)正轴测图　　　　(b)斜轴测图　　　　(c)三面正投影图

图 3-5　轴测投影图与多面正投影图

多面正投影图是采用正投影法,将物体分别投射在几个相互垂直的投影面上所得到的,即采用多个正投影图同时表示同一物体。图 3-5(c)所示为物体的三面正投影图。这种投影图能完整、准确地表示物体的真实形状和大小,度量性好且作图简便,在工程图样中被广泛应用。本课程学习的主要内容即是正投影法。今后,除有特别说明,所述投影均指正投影。

实际绘图时,用正投影的方法,假设人的视线为一组平行且垂直于投影面的投影线,把图纸看做是投影面,将物体置于投影面和观察者之间,把看的见的轮廓用粗实线表示、看不见的轮廓用细虚线表示,这样画在纸上的投影称为视图。

2　正投影法的基本性质

以直线和平面的正投影来说明其投影特性,如图 3-6、图 3-7 所示。

(1)当直线或平面平行于投影面时,其投影反映直线(平面)的实长(实形)。这种性质称为真实性。

(2)当直线或平面垂直于投影面时,直线投影积聚成一个点;平面投影积聚成一条直线。这种性质称为积聚性。

(3)当直线或平面倾斜于投影面时,直线投影为一条缩短了的直线;平面投影为一个和原平面形状类似,但缩小了的图形。这种性质称为类似性。

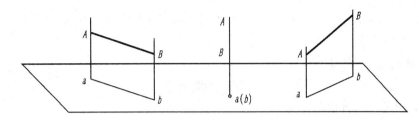

图 3-6 直线的投影

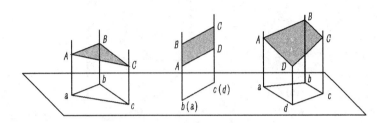

图 3-7 平面的投影

3 三视图的形成

空间物体具有长、宽、高三个方向的形状,而物体相对投影面正放时所得的单面正投影图只能反映物体两个方向的形状。如图 3-8 所示,三个不同物体的高和宽相同,侧面投影相同,没有反映出物体长度方向的差别。说明物体的一个视图不能完全确定其空间形状和大小。因此,工程制图中常采用多面正投影方法,几个视图互相补充,综合起来才能将物体的形状和大小表示清楚。在实际中常用三视图。

3.1 三投影面体系的建立

设置三个相互垂直的投影面,称为三面投影体系,如图 3-9 所示。

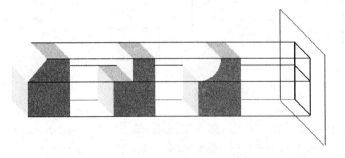

图 3-8 不同的物体具有相同的投影图

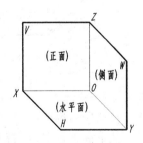

图 3-9 三面投影体系

直立在观察者正对面的投影面称为正立投影面,简称正面,用 V 表示。

处于水平位置的投影面称为水平投影面,简称水平面,用 H 表示。

右边分别与正面和水平面垂直的投影面称为侧立投影面,简称侧面,用 W 表示。

三个相互垂直的投影面的交线称为投影轴,它们分别是:

OX 轴(简称 X 轴),是 V 面与 H 面交线,代表长度方向和左右位置(正向为左);

OY 轴(简称 Y 轴),是 W 面与 H 面交线,代表宽度方向和前后位置(正向为前);

OZ 轴(简称 Z 轴),是 V 面与 W 面交线,代表高度方向和上下位置(正向为上);
三条投影轴相互垂直,其交点 O 称为原点。

3.2 三视图的形成过程

(1)将形体置于三面投影体系中,按照正投影法分别向 V、H、W 面投射,可得到形体的三视图,如图 3-10 所示。

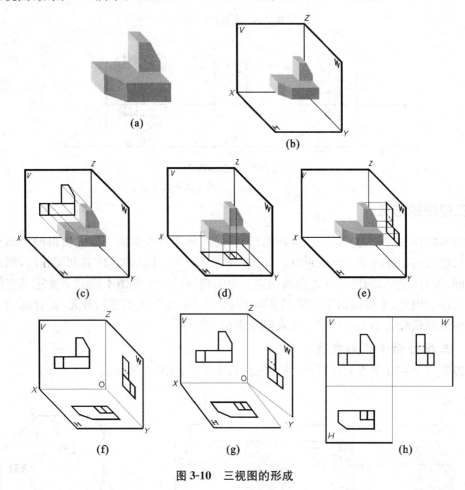

图 3-10 三视图的形成

从前向后投射,在 V 面上得形体的正面投影,称作主视图,如图 3-10(c)所示。

从上向下投射,在 H 面上得形体的水平投影,称作俯视图,如图 3-10(d)所示。

从左向右投射,在 W 面上得形体的侧面投影,称作左视图,如图 3-10(e)所示。

(2)为了把三视图画在一张图纸上,必须将三面投影体系展开,展开方法如图 3-10(f)~(h)所示。规定:V 面保持不动,将 H 面绕 X 轴向下旋转 $90°$,将 W 面绕 Y 轴向右旋转 $90°$。

(3)实际绘制形体的三视图时,不必画出投影面和投影轴。

由此可知,三视图之间的相对位置是固定的,即主视图定位后,俯视图在主视图正下方,左视图在主视图正右方,各视图名称不需要标注。

3.3　物体与三视图之间的对应关系

3.3.1　物体形状与三视图之间的对应关系

主视图：从物体前面向后看，主要看到物体前面轮廓，后面轮廓不可见。

俯视图：从物体上面向下看，主要看到物体上方轮廓，下面轮廓不可见。

左视图：从物体左面向右看，主要看到物体左面轮廓，右面轮廓不可见。

3.3.2　物体方位与三视图的关系

物体有左右、上下、前后六个方位，从三视图中可看出，每个视图只能反映物体的四个方位，每两个视图反映相同的两个方位，如图 3-11 所示，即：

主视图反映形体左、右和上、下位置；

俯视图反映形体左、右和前、后位置；

左视图反映形体上、下和前、后位置。

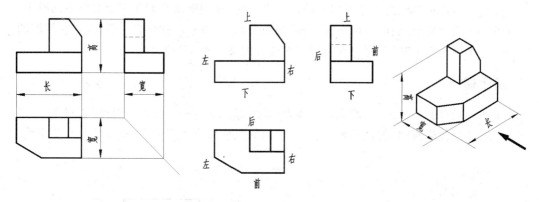

图 3-11　物体与三视图的对应关系

注意：物体的上、下与主、左视图的上、下是一致的；物体的左、右与主、俯视图的左、右也是一致的。画图及读图时，要特别注意俯、左视图的前后对应关系：俯、左视图远离主视图的一侧为物体的前面，靠近主视图的一侧为物体的后面，可简单记为"外前里后"。

3.3.3　三视图的投影规律

从物体投影过程可以看出，每一个视图都反映了物体两个方向的尺寸，如图 3-11 所示。

主视图——反映了物体的长度(X)和高度(Z)。

俯视图——反映了物体的长度(X)和宽度(Y)。

左视图——反映了物体的宽度(Y)和高度(Z)。

由此得出三视图之间的投影规律(简称"三等"规律)是：

主、俯视图长对正(等长)；主、左视图高平齐(等高)；俯、左视图宽相等(等宽)。

简言之，长对正，高平齐，宽相等。

注意：三视图投影规律非常重要，不仅反映在物体的整体上，也反映在物体的任意一个局部结构上。这一规律是画图和看图的依据，必须熟练掌握和使用。

子任务　画物体三视图

实际画物体的三视图时，并不需要真的将形体置于一个三面投影体系中进行投射，只要确定了物体的放置方位,再按相应的投射方向去观察物体,按照正投影特性和三视图对应关系画出物体轮廓,即可获得三视图。

任务的设计与实施

三视图的画图步骤一般如图 3-12 所示。

1 选择主视图

形体要放正,即应使其尽量多的表面与投影面平行或垂直;先选择主视图的投射方向,使之能较多地反映形体各部分的形状和相对位置。

2 画基准线和辅助线

先选定形体长、宽、高三个方向上的作图基准线,分别画出它们在三个视图中的投影。通常以形体的对称面、底面或端面为基准,如图 3-12(a)所示。初学者一般对俯、左视图的"宽相等"规律运用不熟练,可以在两视图对应方位画一条 45°辅助线。

3 画底稿

如图 3-12(b)(c)所示,一般先画主体,再画细部。这时一定要注意遵循"长对正、高平齐、宽相等"的投影规律,特别是俯、左视图之间的宽度尺寸关系和前、后方位关系要正确。

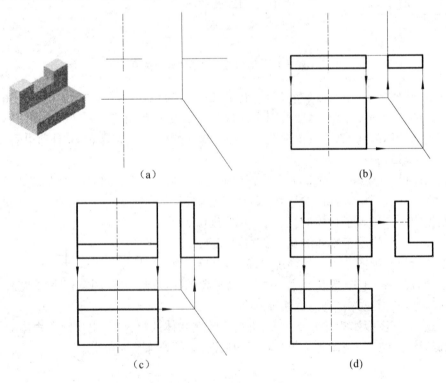

(a) (b) (c) (d)

图 3-12 三视图的画图步骤

4 检查、改错,擦去多余图线,描深图形[图 3-12(d)]

画三视图时还需注意遵循国家标准关于图线的规定,将可见轮廓线用粗实线绘制,不可见轮廓线用虚线绘制,对称中心线或轴线用细点画线绘制。如果不同的图线重合在一起,应按粗实线、虚线、细点画线的优先顺序绘制。

任务的检查与考核

项目	评分标准	考核形式	分值	合计
主视图方向	正确、合理 20 分(若不符合要求酌情扣分)	自评(20%)		
		他评(40%)		
		教师评价(40%)		
三等关系	符合 60 分 一处不等扣 5 分	自评(20%)		
		他评(40%)		
		教师评价(40%)		
图面质量	干净美观 20 分(若不符合要求酌情扣分)	自评(20%)		
		他评(40%)		
		教师评价(40%)		

【知识补充】

物体表面上点、线、面的投影。

尽管物体形状千差万别,画图时不外乎画出其表面上的点、线、面的投影。因此,掌握点、线、面的投影特点,对指导今后的绘图和识图将会具有普遍的意义。

1 物体表面上点的投影

图 3-13 所示为物体表面上点的投影。为讨论方便,规定物体表面上点用大写字母表示,如图中的点 A;其水平投影、正面投影和侧面投影分别用相应的小写字母 a,a' 和 a'' 表示。

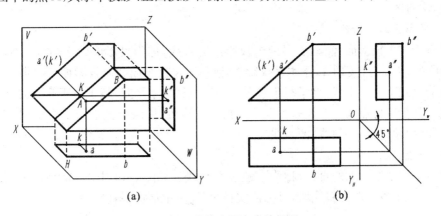

(a)   (b)

图 3-13 物体表面上点的投影

如图 3-13 所示,物体表面上的任一点向三投影面投影所得三视图,均具有如下投影关系。

点的三面投影,就是从该点出发分别向三个投影面所作垂线的垂足。

在三视图上,点的三面投影同样遵守"长对正、高平齐、宽相等"的原则,表现为点的三面投影处在"矩形"线框的角点上。换言之,即:

点的正面投影和水平投影的连线垂直于 OX 轴,即 $a'a \perp OX$;

点的正面投影和侧面投影的连线垂直于 OZ 轴,即 $a'a'' \perp OZ$;

过点的水平投影 a 垂直于 Y' 轴的水平线和过侧面投影 a'' 垂直于 Y' 轴的垂直线的交点必在过原点 O 的 $45°$ 辅助线上。

若两点处在同一条投影线上,叫做重影点。一般把投射方向后方的点叫做不可见点,其投影加括号,如 k'。

绘图时,若已知物体表面上某一点的两个投影,可利用这些关系求出该点的第三个投影。

2 物体表面上直线的投影

这里所说的直线一般均指线段。因为两点确定一直线,所以直线的投影也可看做是该直线两个端点在同一个投影面上的投影的连线。在三视图上,直线的三面投影同样遵守"长对正、高平齐、宽相等"的投影规律。

2.1 各种位置直线的投影特性

空间直线与投影面的相对位置有三种:垂直于一个投影面(投影面的垂直线)、平行于一个投影面(投影面的平行线)、倾斜于三个投影面(一般位置面)。前两种又称为特殊位置直线。

2.1.1 投影面的垂直线

垂直于一个投影面,与另两个投影面平行的直线,称为投影面的垂直线。如图 3-14 中的 BD 线,它垂直于侧投影面,平行于正投影面和水平投影面。习惯上将垂直于正面的直线称为正垂线,将垂直于水平面的直线称为铅垂线,将垂直于侧面的直线称为侧垂线。其投影特点为一个投影积聚为点,另两个投影平行于同一投影轴并反映实长(简单记忆:一个点,两直线)。

2.1.2 投影面的平行线

平行于一个投影面,倾斜于另两个投影面的直线,称为投影面的平行线。如图 3-14 中的 BC 和 CD 线,它们平行于水平投影面,倾斜于正投影面和侧投影面。习惯上将平行于正面的直线称为正平线,将平行于水平面的直线称为水平线,将平行于侧面的直线称为侧平线。其投影特点为一个投影为反映实长的斜线段,另两个投影为垂直于同一投影轴的直线段(简单记忆:一斜线,两直线)。

2.1.3 一般直线

倾斜于三个投影面的直线,称为一般位置直线。如图 3-14 中的 AB 和 AD 线,其投影特点是:三个投影均为斜线段,且都比实长短(简单记忆:三斜线)。

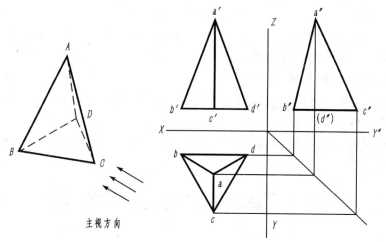

主视方向

图 3-14 物体表面上直线的投影

2.2 直线投影的基本特性

（1）直线的投影一般仍为直线，垂直于投影面时积聚为一点，此为直线投影的线性特征。

（2）直线上的任一点的投影，均在直线的同面投影上，即具有从属性。

（3）平行直线的同面投影一般仍然平行，既具有平行性。

3 平面的投影

物体的平（表）面在三视图上的投影，仍然遵守"长对正、高平齐、宽相等"的投影规律。相对于投影面的位置，平面也有三种不同情况。

3.1 各种位置平面的投影特性

3.1.1 投影面的平行面

平行于一个投影面，垂直于另两个投影面的平面，称为投影面的平行面。如图 3-15 中的 BCD 面，它平行于水平投影面，垂直于正投影面和侧投影面。

习惯上将平行于正面的平面称为正平面，将平行于水平面的平面称为水平面，将平行于侧面的平面称为侧平面。

其投影特点为一个投影为反映实形的线框，另两个投影积聚为垂直于同一投影轴的直线（简单记忆：两直线，一线框）。

3.1.2 投影面的垂直面

垂直于一个投影面，与另两个投影面倾斜的平面，称为投影面的垂直面。如图 3-15 中的 ABD 面，它垂直于侧投影面，倾斜于正投影面和水平投影面。习惯上将垂直于正面的平面称为正垂面，将垂直于水平面的平面称为铅垂面，将垂直于侧面的平面称为侧垂面。

其投影特点为一个投影积聚为斜线段，另两个投影为类似形，均小于实际面积（简单记忆：一斜线，两线框）。

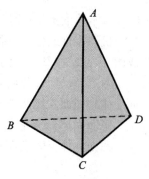

图 3-15 三棱锥

3.1.3 一般平面

倾斜于三个投影面的平面,称为一般位置平面。如图 3-15 中的 *ABC* 和 *ACD* 面,其投影特点是三个投影均为类似线框,均小于实际面积(简单记忆:三线框)。

3.2 平面投影的基本特性

(1)平面的投影一般仍为平面,垂直于投影面时积聚为一条直线。

(2)若点从属于平面内任一直线,则点从属于该平面。

(3)若直线通过平面内的两个点;或者通过平面内的一个点,且平行于该平面内任一直线,则直线属于该平面。

任务 2　基本体木模三视图的绘制

能力目标

1.能熟练绘制基本体三视图。

2.能识别基本体的三视图,判断基本体形状和位置。

学习目标

1.了解基本体三视图投影特点。

2.掌握基本体三视图画法。

任务布置

绘制基本体三视图。

问题引导

1.什么是基本体?

2.如何绘制基本体的三视图?

3.基本体的三视图有什么特点?

知识准备

基本体的定义;投影法知识;正投影特性;点、线、面的投影特点。

机器零件或化工设备,虽然形状各有不同,一般都可看做是由若干个基本形体组合而成的,因此掌握基本体的三视图画法、了解其特征很重要。

由点、线、面等几何元素组成的简单的立体一般称为基本体或几何体。几何体分为平面立体和曲面立体两类。

平面立体——完全由平面围成的立体,如棱柱、棱锥等。

曲面立体——表面有曲面的立体,如圆柱、圆锥、圆球等,又称为回转体。

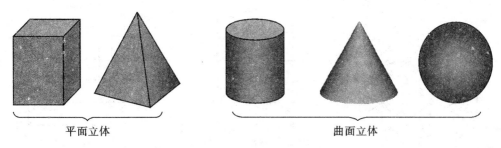

平面立体　　　　　　　　　　曲面立体

图 3-16　基本体

任务的设计与实施

1　绘制平面立体三视图

1.1　绘制棱柱体的三视图

常见的棱柱为直棱柱,其顶面和底面为全等且对应边相互平行的多边形,各侧面均为矩形,侧棱垂直于顶面和底面,顶面和底面为正多边形的直棱柱称为正棱柱。下面我们以正六棱柱为例加以分析。

画三视图的步骤如下:

(1)分析形体表面构成及位置,确定反映实形的特征视图。

图 3-17 为一正六棱柱的三视图。摆放成图 3-17(a)中位置的六棱柱上下两个底面平行于水平投影面,则俯视图反映其实形,正面和侧面投影积聚为水平直线;棱柱的前后两个侧面平行于正投影面,则主视图反映其实形,水平面投影积聚为水平直线,侧面投影积聚为竖直直线;其余四个侧面垂直于水平面,水平投影积聚为直线,和前后两个侧面的积聚投影正好围成六边形底面的边界。正六棱柱为轴对称立体,其轴线即顶面和底面两正多边形中心的连线,在视图中以细点画线绘制;六条侧棱均与轴线平行,都是垂直于水平面的铅垂线。

正六棱柱的特征形状就是正六边形,在绘图时一般先从特征视图开始画起。

(2)画基准线和辅助线。先绘出六棱柱长、宽、高三个方向上的作图基准——定位线。再画出联系俯、左视图的 45°辅助线,如图 3-17(b)所示。

(3)先画特征视图。画三视图时,先画六棱柱顶面和底面的水平投影:它们反映了六棱柱特征六边形的实形并重影,如图 3-17(c)所示。

(4)再画一般视图。六棱柱顶面和底面的正面和侧面投影都有积聚性,分别为平行于 X 轴和 Y_w 轴的直线;六条侧棱的水平投影都有积聚性,为六边形的六个顶点。它们的正面和侧面投影均平行于 Z 轴且反映了棱柱的高,如图 3-17(d)所示。

(5)检查描深。画完这些面和棱线的投影后,擦除多余线,描深可见轮廓,如图 3-17(e)所示。

想一想:

①六棱柱的位置改变(如两底面朝左右放置)后三视图怎么绘制?

②五棱柱体的三视图有什么特点?

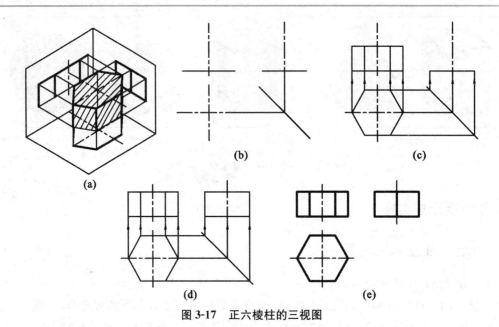

图 3-17　正六棱柱的三视图

1.2　绘制棱锥体的三视图

常见棱锥为正棱锥,其底面为正多边形,各侧面均为有公共顶点(锥顶)的等腰三角形,锥顶向底面投影与底面中心重合。下面我们以正三棱锥为例加以分析。

画三视图的步骤如下:

(1)分析形体表面构成及位置,确定特征视图。

图 3-18 所示为一正三棱锥的三视图。从图 3-18(a)中位置可以看出,三棱锥底面 $\triangle ABC$ 平行于 H 面,则俯视图反映其实形,正面和侧面投影积聚为水平直线;侧面 $\triangle SAB$ 垂直于 W 面,其侧面投影积聚为一条斜线,正面和水平面投影为类似性;侧面 $\triangle SAC$、$\triangle SBC$ 为一般平面(与三个投影面都倾斜),三面投影均为类似形。AB 为侧垂线(垂直于 W 面的直线),AC、BC 为水平线(平行于 H 面的直线),侧棱 SC 为侧平线,SA、SB 为一般位置线。它们的投影可自行分析。

(2)先画特征视图。

画三视图时,先画俯视图。因为三棱锥底面的水平投影反映了正三棱锥特征正三角形的实形,其中心即锥顶 S 的水平投影,锥顶与三角形各顶点的连线即三条侧棱 SA、AB、SC 的水平投影,如图 3-18(b)所示。

(3)再画一般视图。

三棱锥底面的正面和侧面投影都有积聚性,分别为平行于 X 轴和 Y_W 轴的直线;再按照棱锥高度求出锥顶的另两个投影,连接各顶点的同面投影可得三个侧面的投影,如图 3-18(c)所示。

(4)检查描深。

画完这些面和棱线的投影后,擦除多余线,描深可见轮廓,如图 3-18(d)所示。

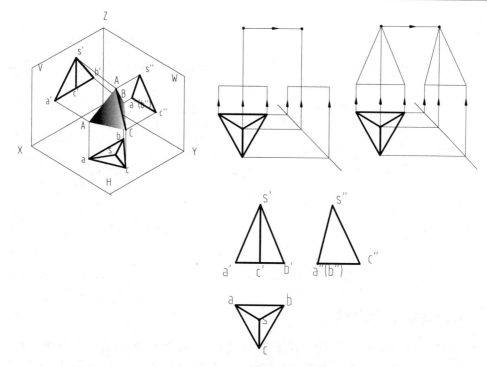

图 3-18　正三棱锥的三视图

想一想:

①三棱锥的位置改变(如锥顶朝左)后三视图怎么绘制?

②截头棱锥(棱台)的三视图有什么特点?

③四棱锥的三视图有什么特点?

总结提高: 平面立体三视图的特点

物体的基本组成大多可分解为简单的几何体,通过以上棱柱和棱锥三视图的绘制,掌握运用正投影原理绘制物体图形的方法是我们学习的一个内容,更重要的是要掌握基本体三视图的特点。这样,有助于学习同类结构物体的图形画法和识读,还可以为后面组合体的学习奠定基础。表 3-1 是平面立体三视图的特点分析与归纳。

表 3-1　　　　　　　　　　常见平面立体三视图

棱柱体		棱锥体	
三视图和立体图	三视图特征	三视图和立体图	三视图特征
四棱柱　主视方向	三视图都是矩形	四棱锥　主视方向	一个视图是带对角线的四边形,两个视图是三角形线框

（续表）

棱柱体		棱锥体	
三视图和立体图	三视图特征	三视图和立体图	三视图特征
三棱柱 主视方向	一个视图是三角形，两个视图是矩形	六棱锥 主视方向	一个视图是带对角线的六边形，两个视图是三角形线框
总结 棱柱体视图特征	一个视图是反映特征面实形的多边形，两个视图是矩形	总结 棱柱体视图特征	一个视图是带对角线的反映底面实形的多边形，两个视图是三角形线框

2 绘制曲面立体（回转体）

由一条母线（直线或曲线）绕一直线（轴线）回转而形成的表面，称为回转面。由回转面或回转面与平面所围成的立体称为回转体。常见的回转体有圆柱、圆锥、圆球等，下面分别加以介绍。

2.1 绘制圆柱体的三视图

画三视图的步骤如下：

（1）分析形体表面构成及位置，确定反映实形的特征视图：

圆柱由两个圆平面和一个圆柱回转面组成。圆柱面是由一条直线段 AB 绕与之平行的轴线 OO_1 回转而成的。OO_1 称为轴线，直线段 AB 称为母线，母线转至任一位置时称为素线（如 $A'B'$），也可以说，圆柱面是由无数条平行于轴线的素线组成的，如图 3-19 所示。

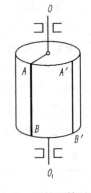

图 3-19　圆柱面的形成

按照图 3-20(a)所示位置，轴线 OO_1 穿过上下两底面圆心，垂直于水平面（铅垂线），所以圆柱面是铅垂面，俯视图为一个积聚性圆周，与上下端面的水平投影重合。在正面投影中，前、后两半圆柱面的投影重合为矩形，矩形的两条竖线是圆柱面前、后分界的转向轮廓线，也是圆柱面最左素线（AA_1）和最右素线（BB_1）的投影。在侧面投影中，左、右两半圆柱面的投影重合为矩形，矩形的两条竖线为圆柱面左、右分界的转向轮廓线，也是圆柱面最前、最后素线的投影。上下两底面圆平行于水平面，其俯视图反映实形，正面和侧面投影积聚为水平直线。所以，圆柱的特征形状就是圆形，在绘图时一般先从特征视图开始画起。

（2）画基准线和辅助线　先画圆柱体轴线和上下端面圆的中心线投影为定位线（用细点画线绘制），再画出联系俯、左视图的 $45°$ 辅助线，如图 3-20(b)所示。

（3）先画特征视图　有积聚性的圆的投影如图 3-20(c)所示。

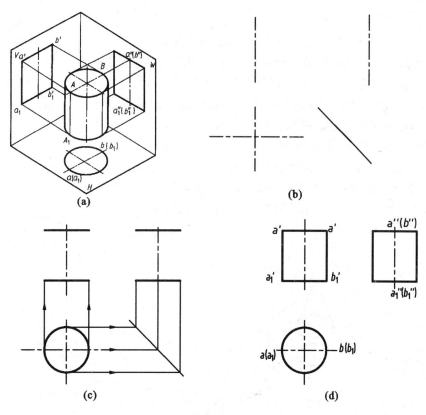

图 3-20　圆柱的三视图

(4)再画一般视图　根据圆柱体的两圆底间距和投影关系画出形状为矩形的其他两投影,如图 3-20(d)所示。

注意:由图 3-20(d)可知,圆柱上最左、最右素线 AA_1、BB_1 在侧面的投影与圆柱轴线的侧面投影重合;同样,圆柱上最前、最后素线在正面的投影与圆柱轴线的正面投影重合。

圆柱三视图的特点是:有一个视图为圆,其他两个视图为大小相等的矩形。

想一想:

①圆柱体的位置改变后三视图怎么绘制?

②1/2 或 1/4 圆柱体的三视图有什么特点?

2.2　绘制圆锥体三视图

画三视图的步骤如下:

(1)分析形体表面构成及位置,确定反映实形的特征视图。

圆锥体由一个圆锥面和一个圆底面围成。圆锥面是由一条直母线绕与之相交的轴线 SO 回转而成的。SO 称为轴线,直线段 SA 称为母线,母线转至任一位置时称为素线(如 SB、SC),如图 3-21 所示。

圆锥摆放如图 3-22(a)所示位置,轴线为铅垂线,底面为水平面,其俯视图为圆(反映实形不可见),正面和侧面投影积聚水平线。圆锥面的水平投影与底面的水平投影重合,在正面投影中,前、后两半圆锥面的投影重合为等腰三角形,两条腰是圆锥面最左素线

(SA)和最右素线(SB)的投影。圆锥面的正面投影落在三角形
线框内,以 $s'a'$、$s'b'$ 为界,前半圆锥面可见,后半圆锥面不可见,
所以作为边界的素线也叫做转向素线。两素线的侧面投影与轴
线的侧面投影重合,不应画出。圆锥的左视图请读者自行分析。

(2)画基准线和辅助线。先画圆锥体轴线和下端面圆的中
心线投影为定位线(用细点画线绘制)。再画出联系俯、左视图
的 45°辅助线,如图 3-22(b)所示。

(3)先画特征视图,有积聚性的圆的投影如图 3-22(c)所示。

(4)再画一般视图。根据锥顶到底面的距离和投影关系画
出形状为等腰三角形的其他两投影,如图 3-22(d)所示。

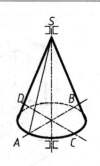

图 3-21   圆锥面的形成

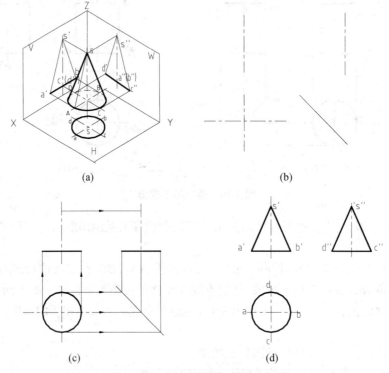

(a)	(b)
(c)	(d)

图 3-22   圆锥三视图

注意:由图 3-22(d)可知,圆锥上最左、最右素线 SA、SB 在侧面的投影与圆锥轴线的
侧面投影重合;同样,圆锥上最前、最后素线在正面的投影与圆锥轴线的正面投影重合。
而这四条转向素线的水平面投影都与圆的中心线重合。

圆锥体三视图的特点是有一个视图为圆、其他两个视图为大小相等的等腰三角形。

想一想:

①圆锥体的位置改变(如锥顶朝前)后三视图怎么绘制?

②截头圆锥体(圆台)的三视图有什么特点?

2.3　绘制圆球三视图

画三视图的步骤如下：

(1)分析形体表面构成及位置,确定反映实形的特征视图。

圆球体只有一个圆球面,圆球面是圆母线以它的直径为轴旋转而成,如图 3-23 所示。

圆球的三面投影都是与圆球直径相等的圆,主视图上的圆是平行于 V 面得圆素线(A)的投影,为前后半球的分界圆。同理,俯视图上的圆(C)为上下半球分界圆,左视图上的圆(B)为左右半球分界圆。这三条圆素线的其他两个投影,都与圆的对应中心线重合,如图 3-24 所示。

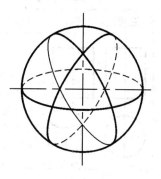

图 3-23　圆球面的形成

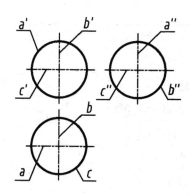
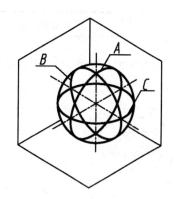

图 3-24　圆球三视图

(2)作图顺序:先画圆球体各投影圆的中心线(用细点画线绘制),再画三个直径相等(圆球的直径)的圆。

想一想:

①1/2 圆球体的三视图怎么绘制？位置改变后半球的三视图。

②截切圆球的三视图有什么特点？

总结提高: 曲面立体三视图的特点

通过以上圆柱、圆锥和圆球三视图的绘制,我们不只要掌握运用正投影原理绘制物体图形的方法,更重要的是要掌握基本体三视图的特点,为后面组合体的学习奠定基础。表3-2 是曲面立体三视图的特点分析与归纳。

表 3-2   常见曲面立体三视图

圆柱体			圆锥体		圆球体	
三视图和立体图		三视图特征	三视图和立体图	三视图特征	三视图和立体图	三视图特征
		一个视图是圆形，另两个视图是带轴线全等矩形	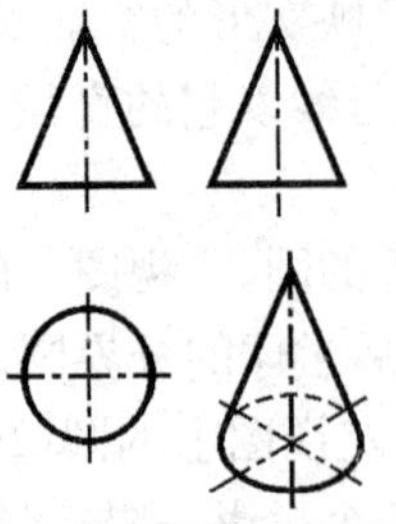	一个视图是圆形，另两个视图是带轴线等腰三角形	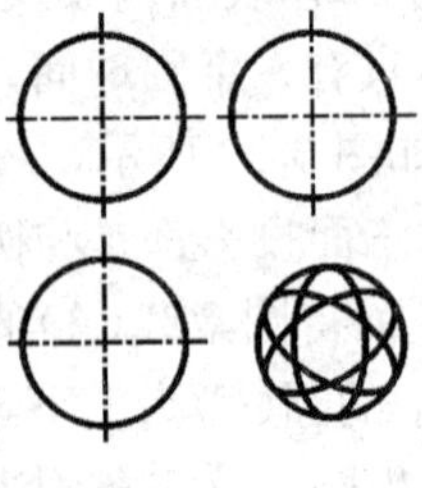	三个视图是直径与球直径相等的圆

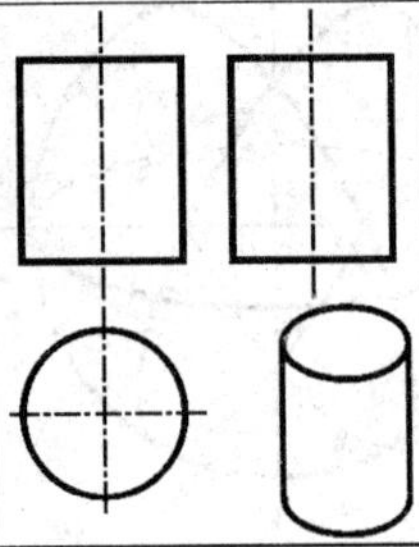

任务的检查与考核

项目	评分标准	考核形式	分值	合计
绘图准确	图形规范、准确 50 分（若不符合要求酌情扣分）	自评（20%）		
		他评（40%）		
		教师评价（40%）		
绘图速度	在规定时间完成 30 分 超时酌情扣分	自评（20%）		
		他评（40%）		
		教师评价（40%）		
图面质量	干净美观 20 分（若不符合要求酌情扣分）	自评（20%）		
		他评（40%）		
		教师评价（40%）		

任务 3　手工绘制组合体木模三视图并标注尺寸

能 力 目 标

1. 能绘制不同类型组合体三视图。
2. 能手工标注组合体视图尺寸。

学 习 目 标

1. 了解形体分析法和线面分析法在绘图中的运用。
2. 掌握手工绘制组合体三视图的方法和步骤。
3. 了解三视图尺寸标注的规则与方法。

子任务 1 手工绘制组合体三视图

任务布置

绘制各种类型组合体的三视图。

任务分析

绘制组合体木模的三视图,首先要分析组合体的组合形式,弄清组合体的结构及形体组成;然后根据其分类采用相应的分析法绘制三视图。

问题引导

　　1.什么是组合体?

　　2.组合体有几种类型? 其结构特点如何?

　　3.如何绘制组合体的三视图?

知识准备

　　熟练绘制和认识基本体三视图;了解形体分析法和线面分析法的含义与运用。

　　大多数机器零件均可看做是由基本体组合而成的组合体,这些基本体既可以是简单的叠加组合,如图 3-25(a)所示;也可以是不完整的基本体,如图 3-25(b)所示;更多的是两者的组合,如图 3-25(c)所示。由两个或两个以上基本体所构成的物体,或一个基本形体经过多次切割而形成的物体称为组合体。

(a)叠加类　　　　　　　(b)切割类　　　　　　　(c)综合类

图 3-25　组合体的分类

1　组合体的组合形式与形体分析

1.1　组合体的组合形式

　　组合体的组合形式可分为叠加和切割两种形式,而常见的是两种形式的组合即综合类组合体。

1.2　叠加类组合体的形体分析

　　形体之间的表面连接关系可分为平齐、不平齐、相切和相交等。搞清相邻形体间的表面连接形式,有利于分析接合处分界线的投影。

1.2.1　平齐和不平齐

当两形体的表面平齐时,两形体之间不应该画线,如图 3-26 所示;当两基本形体的表面不平齐时,两形体之间应有线隔开,如图 3-27 所示。

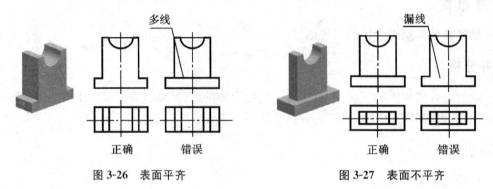

图 3-26　表面平齐　　　　　　　　图 3-27　表面不平齐

1.2.2　相切

两形体的表面相切时,在相切处两表面光滑过渡,不存在分界轮廓线。

图 3-28 所示为平面与圆柱面相切的情况。该形体由耳板和空心圆柱组成,耳板前后两平面和圆柱面相切。在水平投影中,它们的投影均具有积聚性,因此反映出了相切的特征。画图时,应首先画出这一投影,确定切点水平投影位置之后,再根据"三等"规律来定切点的另外两投影。

注意:在正面和侧面投影中,相切处不画分界线,但耳板的下表面必须画到相切处。

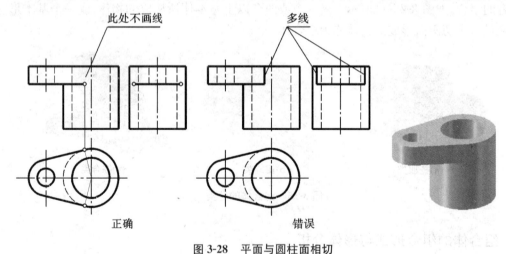

图 3-28　平面与圆柱面相切

图 3-29 为圆柱面与球面相切,同样注意相切处不要多画线。

1.2.3　相交

1.2.3.1　截交

平面与平面(或曲面)相交,称为截交。

图 3-30 所示为平面与圆柱面相交的情况。该形体与图 3-29 所示的形体类似,但耳板的前后两平面与圆柱面不是相切而是相交。画图时,同样要先画出相交的圆柱面与平

面,同时具有积聚性的水平投影,以确定交线的水平投影,再根据"三等"规律画其他视图相应部分。

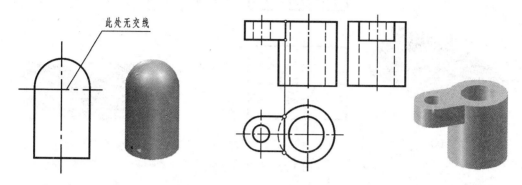

图 3-29　圆柱面与球面相切

图 3-30　平面与圆柱面相交

1.2.3.2　相贯

相贯:两回转体相交。

两形体相贯时,形体表面产生的交线称为相贯线。可见相贯线用粗实线绘制,不可见相贯线用细虚线绘制。在化工设备零件上经常会遇到两圆柱体正交相贯(两轴线垂直相交),如图 3-31 所示。

图 3-32(a)显示了相贯线的三面投影,因为该相贯线是大、小两个圆柱面的共有线,而在侧面和水平投影中,两个圆柱面都分别积聚为两个圆,所以相贯线的水平投影必重合在小圆柱的水平投影圆上,侧面投影必重合在大圆柱的侧面投影的一段圆弧上,因此只需作出相贯线的正面投影。由于相贯线是立体相贯时自然形成的表面交线,绘图时无须表示其真实投影,可采用近似画法,即以相交两圆柱中较大圆柱的半径为半径画弧即得,参见图 3-32(b)。

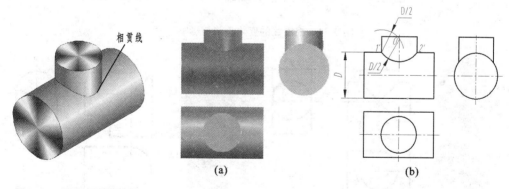

图 3-31　圆柱正交相贯

图 3-32　两圆柱正交相贯线近似画法

当两圆孔(如三通管)相贯时,圆孔内外表面均有相贯线,内相贯线画法与外相贯线相同,以大圆孔的半径为半径画弧即得。而圆孔与圆孔的相贯线不可见,故用虚线绘制,如图 3-33(b)所示。注意二圆孔直径相等,属相贯线的特殊情况,参见图 3-33(c)。

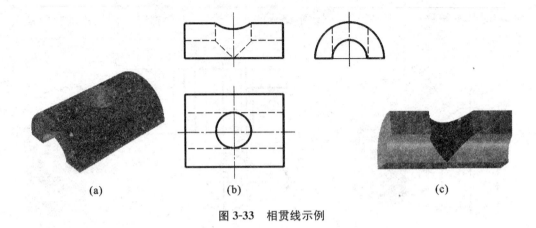

(a)　　　　　　　　　(b)　　　　　　　　　(c)

图 3-33　相贯线示例

采用这种近似画法可使作图大大简化,但需注意当两圆柱的直径相等或非常接近时,不能采用这种方法。

相贯线的特点是圆弧总是向大圆柱轴线弯曲,参看图 3-34。

相贯线的特殊情况:两回转体相贯时其相贯线一般为空间曲线,但在特殊情况下,也可能是平面曲线或是直线。

(1)等径相贯:两个等径圆柱正交,相贯线变为平面曲线——椭圆,如图 3-35 所示。此时,相贯线的正面投影积聚为直线。

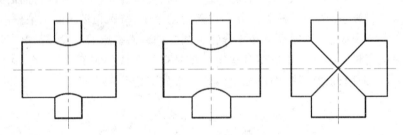

图 3-34　相贯线的变化趋势与影响因素

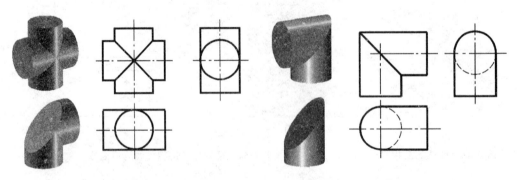

图 3-35　两等径圆柱正交

(2)共轴相贯:当两个相交的回转体具有公共轴线时,称为共轴相贯;其相贯线为圆,该圆所在平面与公共轴线垂直,如图 3-36 所示。这种情况下,相贯线的正面投影积聚为一直线。显然,任何回转体与圆球相贯,该回转体轴线通过圆球球心,即属于共轴相贯。

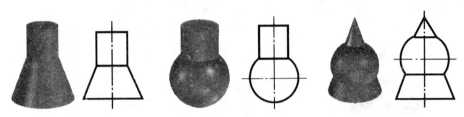

图 3-36　两回转体共轴相贯

任务的设计与实施

在绘制和识读组合体视图时,首先必须分析组合体的结构和组合形式。根据组合体的分类,对复杂组合体的三视图采用不同的画法。

1. 叠加型

画叠加型的组合体三视图时,一般采用"形体分析法",也就是"先分后合"的方法。画图时,可将组合体分解成若干个基本形体,然后按形体的主次及相对位置和组合形式逐个画出各基本形体的投影,最后综合起来就得到整个组合体的三视图。这样,就把一个复杂的问题分解成几个简单的问题来解决,如图 3-37 所示。

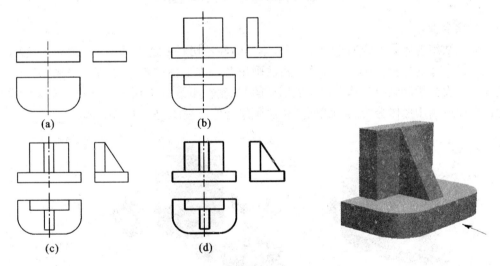

图 3-37　叠加型组合体三视图画法

2. 切割型

画切割型的组合体三视图时,一般采用"线面分析法",也就是"先整后零"的方法。画图时,一般先按挖切前的基本形体来画,然后再分析截切平面的位置及投影特性,从有积聚性的投影入手,按照"三等关系"依次画出各切平面的投影,同时注意擦掉切割去的轮廓线。

如图 3-38(a)所示形体,经还原基本体可知是长方体被切割掉三部分而形成的,如图 3-38(b)所示。画图时,可先画出完整长方体的三视图,然后逐个画出被挖切部分的投影,如图 3-38(c)～(e)所示。

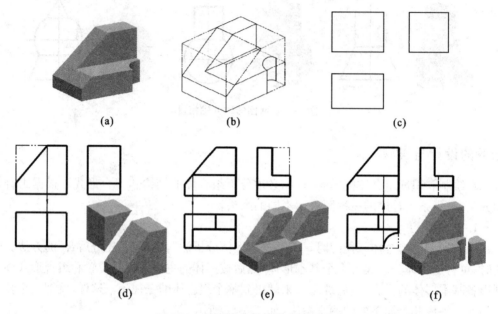

图 3-38　切割类组合体的三视图画法

3. 综合型

大多数组合体属综合型组合体,即基本形体经挖切后再叠加而成。画图时,一般先按叠加型组合体的分析方法——形体分析法画出各基本形体的投影,然后再按挖切型的画法——线面分析法画出各基本形体挖切后的截交线,如图 3-39 所示。下面以支架为例更为详细地说明用形体分析法和线面分析法画组合体三视图的方法和步骤。

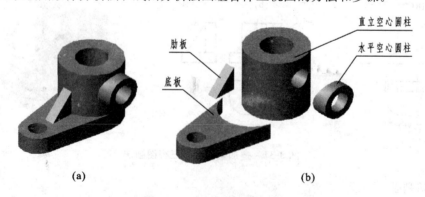

图 3-39　支架及其形体分析

(1)形体分析:如图 3-39(a)所示的支架可看成是由直立空心圆柱、水平空心圆柱、底板和肋板四个部分的叠加,而每一部分又是在基本形体的基础上挖切而成的,如图 3-39(b)所示。表面连接关系上,底板前后两侧面与直立空心圆柱相切;肋板两侧面与直立空心圆柱外表面相交,其交线为直线;水平空心圆柱与直立空心圆柱之间、两圆柱孔之间分别相贯,它们的相贯线是空间曲线。

(2)选择主视图:在三视图中,主视图是最主要的一个视图,因此应选取最能反映组合体形状和位置特征的视图作为主视图。同时,应使形体的主要平面(或轴线)平行或垂直于投影面,即形体要放正,以便使主要的或多数的面、线投影具有真实性或积聚性。此外,选择主视图还要兼顾使其他两个视图尽量避免虚线过多及合理利用图纸。图 3-40 所示为支架主视图选择的几种方案,比较之下,图 3-40(a)所示方案即底板朝左在下、水平圆筒朝前的位置较好。

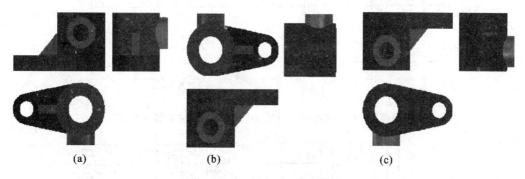

(a)   (b)   (c)

图 3-40　支架的主视图选择

(3)确定比例,选定图幅:根据物体的大小和复杂程度,选择适当的比例和图幅。所选图幅以视图不拥挤也不太空为原则(视图一般占图幅的 $70\%\sim80\%$)。图面布局时,根据组合体总长、总宽、总高,使视图之间、图与图框之间保持等距并留有足够空间,以便标注尺寸和画标题栏等。

(4)绘制底稿:

①画基准线,布置视图。

首先确定物体在长、宽、高三个方向上的作图基准,即各视图的轴线、对称中心线及主要轮廓线,分别画出它们在三个视图上的投影。这时,视图在图面上的位置也就随之确定了,如图 3-41(a)所示。

②运用形体分析法。

按照组合形式和相对位置,逐一地画出各基本体的视图,如图 3-41(b)~(e)所示。

必须注意以下几点:

● 画每一个基本体视图时,应先画反映该部分形状特征的视图,不一定都先画主视图。如图 3-41 所示支架中,直立圆筒和底板应从俯视图画起,水平圆筒和三角肋板则从主视图画起。

● 为保证投影关系准确,又能提高绘图速度,三个视图应同时画,而不是画完一个视图再画另一个视图,即主、俯视图上"长对正"的线和主、左视图上"高平齐"的线同时画出,而形体的宽度尺寸同时在俯视图和左视图上量出。

● 画图的先后顺序,形体选择应先大后小、先主要后次要。画某一部分时,先定位,再定形;先可见,后不可见;先画圆弧,后画直线;先画基本轮廓,后画细部结构和表面交线。

(5)检查描深:画完底稿后,应按照相邻形体间的表面连接关系逐个检查,擦去因叠加或挖切而被遮盖或"吃掉"的轮廓线,补充遗漏的交线,确认正确无误后,再按标准线型加深图形,如图 3-41(f)所示。

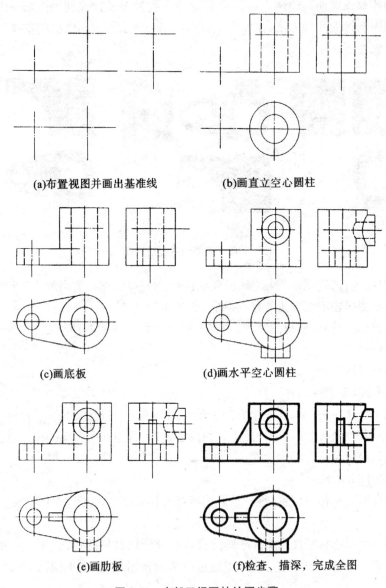

(a)布置视图并画出基准线　　(b)画直立空心圆柱

(c)画底板　　(d)画水平空心圆柱

(e)画肋板　　(f)检查、描深,完成全图

图 3-41　支架三视图的绘图步骤

任务的检查与考核

项目	评分标准	考核形式	分值	合计
图形	主视图选择准确,三视图尺寸合适,图形标准 60 分(若不符合要求酌情扣分)	自评(20%)		
		他评(40%)		
		教师评价(40%)		
图线	线型规范标准,粗细均匀,浓淡一致 20 分 线型不规范酌情扣 1～10 分 粗细不均匀,浓淡不一致酌情扣 1～10 分	自评(20%)		
		他评(40%)		
		教师评价(40%)		
图幅与比例	图幅比例选择合适 20 分,不合适酌情扣 5～10 分。	自评(20%)		
		他评(40%)		
		教师评价(40%)		

【知识补充】

1 轴测图的基本知识

在机械和化工图样中,主要是用正投影图来表达物体的形状和大小的。但三面正投影图缺乏立体感,因此在机械和化工图样中,常把一种富有立体感的轴测图作为辅助图样来使用。

图 3-43 所示的轴测图(正等轴测图)是依据图 3-42 所示的三视图绘制的。三视图是多面投影,每个视图只能反映物体长、宽、高三个尺度中的两个。轴测图是单面投影,它能同时反映出物体长、宽、高三个尺度,即在同一个投影面上同时反映物体的正面、顶面和侧面的形状,因此富有立体感。

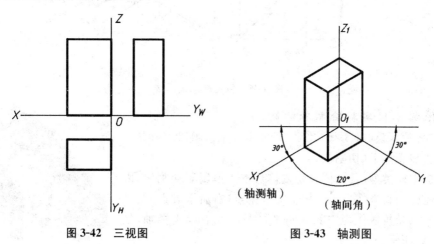

图 3-42 三视图   图 3-43 轴测图

(1)轴测图上的三根轴 O_1X_1,O_1Y_1 及 O_1Z_1(简称轴测轴)之间的夹角(称为轴间角)均

为 $120°$，且与投影轴 OX,OY,OZ 有一一对应的关系。

（2）物体上与空间坐标轴平行的线段，或者投影图中与投影轴平行的线段，在轴测图中，也都平行于相应的轴测轴（平行性原则）。

（3）在轴测图中，与轴测轴平行的线段，其长度都是在投影图中沿着相应投影轴直接量取的（度量性原则）。

依据上述分析、比较可知，依据三视图画轴测图时，只要掌握与投影轴平行的线段可沿轴向对应量取这一基本性质，轴测图就不难画出了。但需要指出，投影图中与投影轴倾斜的线段不可直接量取，只能通过确定该斜线段两端点的坐标，在轴测图中先定点、再连线。

2 正等轴测图画法

2.1 依据管道三视图画轴测图

已知管道 $ABCDEF$ 的三视图（图 3-44），试画出其正等轴测图。

画法步骤如下：

（1）在管道三视图中定出直角坐标的原点及坐标轴，如图 3-45(a)所示。

（2）画出正等轴测图的轴测轴，根据管道三视图上起

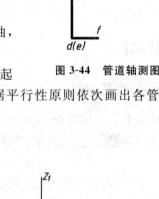

图 3-44 管道轴测图

点 A 的直角坐标，在轴测图上定出 A 点位置，然后依据平行性原则依次画出各管段的轴测图，加深图线，完成作图，如图 3-45(b)所示。

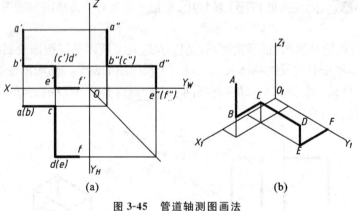

(a)   (b)

图 3-45 管道轴测图画法

2.2 依据木模实物绘制轴测图

2.2.1 测量木模（图 3-46）尺寸，画出其正等轴测图

画法步骤如下（切割法）：

分析木模类型（叠加体或切割体）：本木模属于切割体，因此形体还原为长方体。以木模上一个角点（右后下方点）及互相垂直的三条棱线作为空间直角坐标系的原点及坐标轴，如图 3-47(a)所示。

画出正等轴测图的轴测轴，根据长方体对应原点依据平

图 3-46 切割型木模

行性原则依次画出各棱线,完成长方体的轴测图,如图 3-47(b)所示。

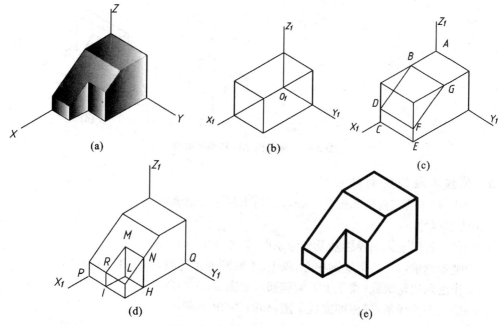

图 3-47　切割型木模轴测图画法

在木模实物上沿着与空间直角坐标轴平行方向的棱线量取尺寸。如图 3-47(c)所示,量取 AB,CD 线段长,在轴测图相应轴测轴上定出 B,D 点,然后依据平行性原则,作 Y_1 轴平行线定出 G,F 点,依次连接 $BDFG$,做出正垂切割面。

量取 PI,QH 线段长,在轴测图相应轴测轴上定出 I,H 点,然后依据平行性原则,作相应轴平行线定出 R,N,L,M 点,依次连接作出左前方的切块,如图 3-47(d)所示。

擦掉切割去的线条,加深可见轮廓(不可见轮廓在轴测图上不画),完成作图,如图 3-47(e)所示。

2.2.2　测量木模(图 3-48)尺寸,画出其正等轴测图

画法步骤如下(叠加法):

(1)分析木模类型(叠加体或切割体):本木模属于叠加体,因此将形体分解为三个基本体:长方体Ⅰ、Ⅱ和三棱柱Ⅲ,如图 3-48(b)所示。

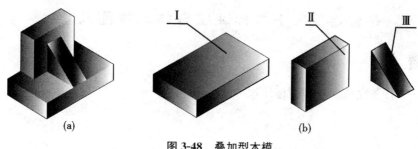

图 3-48　叠加型木模

（2）逐一地画出各基本体的轴测图，画法略，如图 3-49(c)，(d)，(e)，(f)所示。

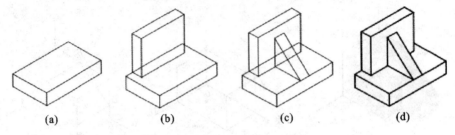

$$\text{图 3-49 \quad 叠加型木模轴测图画法}$$

2.3 依据三视图绘制轴测图

已知圆柱体的三视图如图 3-50(a)，试画出其正等轴测图。

画法步骤如下：

（1）在两视图上标出投影轴及坐标原点，如图 3-50(a)所示。

（2）画轴测轴，定上、下底圆中心，画上、下底圆的正等测，如图 3-50(b)所示。

（3）作出两边轮廓线（切于上下两椭圆），如图 3-50(c)所示。

（4）擦去多余线条，描深即完成全图，如图 3-50(d)所示。

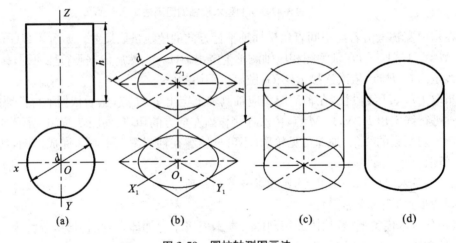

$$\text{图 3-50 \quad 圆柱轴测图画法}$$

子任务 2　手工标注组合体三视图尺寸

任务布置

给上一个任务完成的三视图标注尺寸。

问题引导

1. 尺寸标注的基本规则是什么？

2. 尺寸组成是什么？如何规定？

3.基本体尺寸如何标注?

4.组合体尺寸有哪些种类?如何标注?

任务分析

标注尺寸首先要了解国家标准对图样中尺寸注法的基本规定;了解尺寸的基本组成和规定;了解基本体视图的尺寸注法;熟悉和了解组合体视图中尺寸种类和标注要求也是必需的。

知识准备

尺寸要素组成中标准线型的规定,尺寸标注基本规定。

机件结构形状和相互位置需要用尺寸表示。尺寸是图样中的重要内容之一,是加工机器零件和装配机器、安装设备和管道的直接依据。因此,国家标准《技术制图》中对尺寸注法作了专门规定,在绘制、识读图样时必须遵守;否则,将会引起混乱,甚至给生产带来损失。

1 尺寸标注的基本规则

(1)图样上所注的尺寸数值均为机件的真实大小,且为机件的最后完工尺寸,与绘图的比例及绘图的准确度无关。

(2)图样中的尺寸以毫米为单位时,不需要标注单位符号(或名称);如采用其他单位,则应注明相应的单位符号。

(3)机件的每一尺寸,一般只标注一次,并应标注在反映该结构最清晰的图形上。

(4)标注尺寸时,应尽可能使用符号和缩写词以简化标注,前提是保证不致引起误解。

2 尺寸的组成

一个完整的尺寸由尺寸界线、尺寸线及终端和尺寸数字组成,如图 3-51 所示。

2.1 尺寸界线

尺寸界线表示尺寸的度量范围。一般用细实线绘制,并应由图形的轮廓线、轴线或对称中心线处引出,也可利用轮廓线、轴线或对称中心线作尺寸界线(图 3-51)。

2.2 尺寸线

尺寸线表示尺寸的度量方向,必须用细实线绘制,不能用图中的任何图线代替,也不得画在其他图线的延长线上。标注线性尺寸时,尺寸线应与所标注的线段平行。机械和化工图样中尺寸线终端一般用实心箭头表示,箭头画法如图 3-52 所示。

2.3 尺寸数字

尺寸数字表示机件的真实大小。数字的大小随图幅而定,在 A4 和 A3 图样中一般用3.5 号标准字体书写。图样中的尺寸数字必须清晰无误且大小一致。线性尺寸的尺寸数字一般注写在尺寸线的上方,也允许注写在尺寸线的中断处。

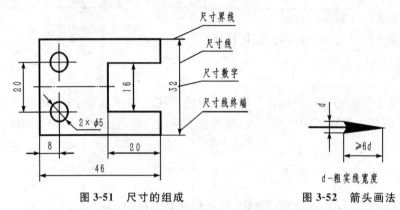

图 3-51 尺寸的组成   图 3-52 箭头画法

线性尺寸的书写方向如图 3-53(a)所示：水平尺寸字头朝上，竖直尺寸字头朝左(倾斜方向要有向上的趋势)，并尽可能避免在图示 30°范围内注尺寸；当无法避免时，可按图 3-53(b)所示注出。对于非水平方向的尺寸，其数字也允许一律水平地注写在尺寸线的中断处，如图 3-53(c)所示。

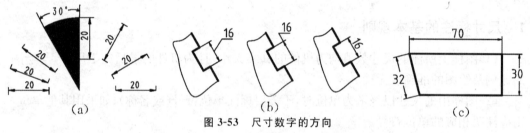

图 3-53 尺寸数字的方向

尺寸数字不能被任何图线通过，当不可避免时，必须把图线断开，如图 3-54 所示。

要避免一个尺寸的界线与另一尺寸的尺寸线相交。平行尺寸间距 7～10 mm，小尺寸在里，大尺寸在外，如图 3-55 所示。

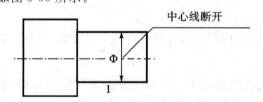

图 3-54 任何图线不能穿过尺寸数字

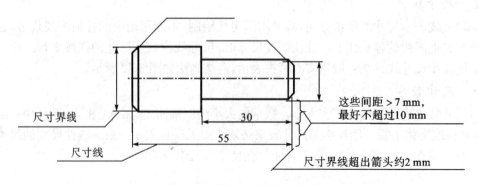

图 3-55 平行尺寸间距与分布

3 常用的尺寸注法(表 3-2)

表 3-2 常见尺寸的标注方法

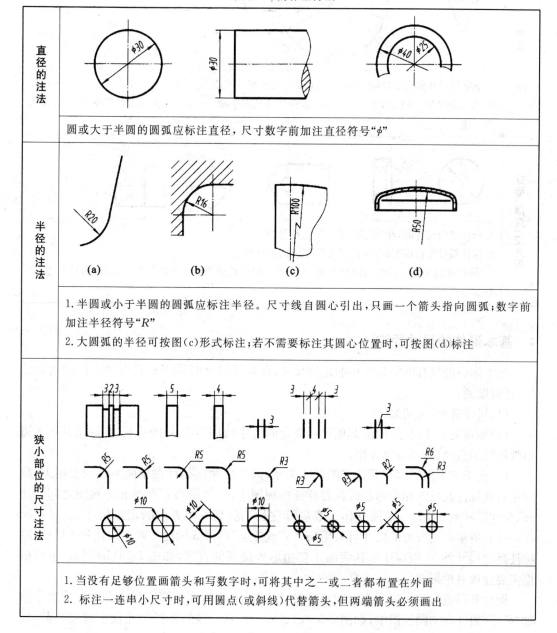

直径的注法	圆或大于半圆的圆弧应标注直径,尺寸数字前加注直径符号"ϕ"
半径的注法	1.半圆或小于半圆的圆弧应标注半径。尺寸线自圆心引出,只画一个箭头指向圆弧;数字前加注半径符号"R" 2.大圆弧的半径可按图(c)形式标注;若不需要标注其圆心位置时,可按图(d)标注
狭小部位的尺寸注法	1.当没有足够位置画箭头和写数字时,可将其中之一或二者都布置在外面 2. 标注一连串小尺寸时,可用圆点(或斜线)代替箭头,但两端箭头必须画出

（续表）

角度	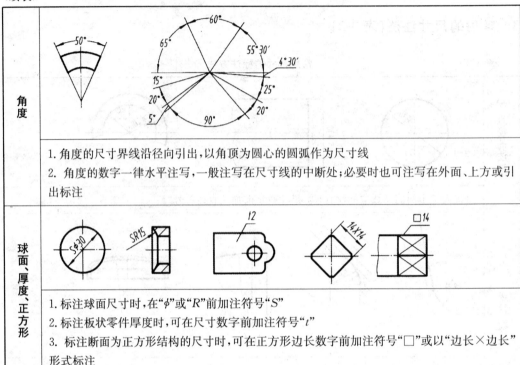
	1. 角度的尺寸界线沿径向引出，以角顶为圆心的圆弧作为尺寸线 2. 角度的数字一律水平注写，一般注写在尺寸线的中断处；必要时也可注写在外面、上方或引出标注
球面、厚度、正方形	
	1. 标注球面尺寸时，在"ϕ"或"R"前加注符号"S" 2. 标注板状零件厚度时，可在尺寸数字前加注符号"t" 3. 标注断面为正方形结构的尺寸时，可在正方形边长数字前加注符号"□"或以"边长×边长"形式标注

4 基本形体的尺寸标注

基本体一般只有确定其大小的定形尺寸，在标注尺寸时除必须符合国家标准的规定外，还应做到：

（1）尺寸齐全，无遗漏。

（2）不重复标注尺寸，能由其他尺寸决定的尺寸，如正多边形的边长，在注出其正多边形外接圆的直径后，不应再注出。

（3）由于三视图间存在着特定的尺寸关系，同一尺寸往往存在于两个不同视图上，应尽量将其标注在反映相应形状或位置特征的视图上，并尽量布置在两相关视图之间。此外，尺寸的排列要清晰。平面立体一般应标注长、宽、高三个方向的定形尺寸，如图 3-56（a）~（d）所示。正方形的尺寸可采用"$a \times a$"或"$\square a$"的形式标注。对正棱柱和正棱锥，除标注高度尺寸外，一般应注出其底面正多边形外接圆的直径，如图 3-56（b）所示，也可根据需要注成其他形式。

圆柱和圆锥应注出底圆直径和高度尺寸，圆台还应加注顶圆直径。直径尺寸数字前加"ϕ"，一般注在非圆视图中，如图 3-56（e）（f）（g）所示。球的直径尺寸数字前加"$S\phi$"，如图 3-56（h）所示。

5 标注组合体三视图尺寸

组合体是由基本体经过叠加或挖切后组合而成的，其尺寸标注相对繁多而且复杂。

在标注组合体尺寸时一定要进行形体分析,将组合体分解为若干个基本体或简单体,然后对各部分及整体标注尺寸。

5.1 尺寸标注的基本要求

正确——标注尺寸必须符合机械制图国标的规定。

完整——应把组成形体各部分的大小及相对位置的尺寸,不遗漏、不重复地标注在视图上。

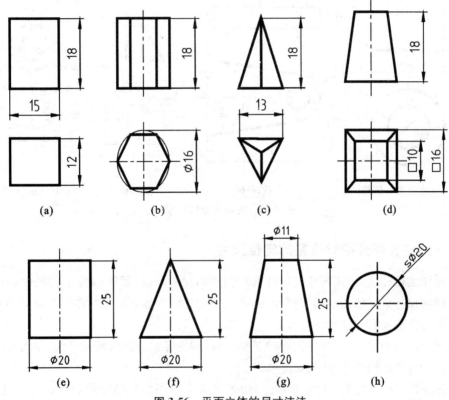

图 3-56 平面立体的尺寸注法

清晰——尺寸布置整齐清晰,便于读图。

5.2 尺寸种类

为将尺寸标注得完整,在组合体视图上一般需要标注下列几类尺寸。

定形尺寸:确定组合体各组成部分形状大小的尺寸。

定位尺寸:确定组合体各组成部分之间相对位置的尺寸。

总体尺寸:确定组合体外形总长、总宽、总高的尺寸称为总体尺寸。

图 3-57 支架立体图

任务的设计与实施

标注组合体尺寸的方法和步骤(以图 3-57 支架的三视图为例)。

1 分解组合体为若干部分,然后逐个标出定形尺寸

如图 3-58(a)所示,确定直立空心圆柱的大小,应标注外径 $\phi72$、孔径 $\phi40$ 和高度 80 三个尺寸。底板、肋板和水平空心圆柱的定形尺寸如图 3-58(b)～(d)所示。

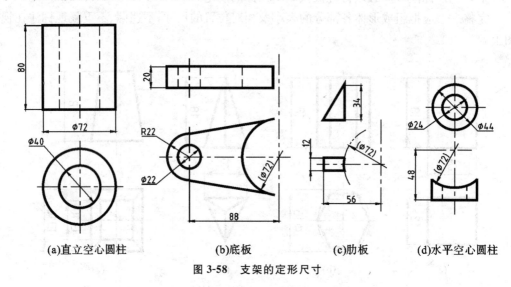

(a)直立空心圆柱 (b)底板 (c)肋板 (d)水平空心圆柱

图 3-58 支架的定形尺寸

2 标注确定各部分相对位置的定位尺寸

要标注定位尺寸,必须先选定尺寸基准。所谓尺寸基准,就是标注定位尺寸的起点,也就是确定尺寸位置所依据的一些面、线或点。由于组合体有长、宽、高三个方向的尺寸,每一个方向至少要有一个尺寸基准。

关于基准的确定,一般与作图时的基准一致,即选择组合体的对称平面、较大的底面、端面以及回转体的轴线等,作为尺寸基准。

如图 3-59 所示,支架的尺寸基准是:以通过直立空心圆柱轴线的侧平面为长度方向的基准;以前后对称面为宽度方向的基准;以底板、直立空心圆柱的底面为高度方向的基准。各方向上的主要定位尺寸应从该方向上的尺寸基准出发标注,则直立空心圆柱与底板、肋板之间在左右方向的定位尺寸应标注 88 和 56,水平空心圆柱与直立空心圆柱应标注在前后方向的定位尺寸 48 等。

但并非所有定位尺寸都必须以同一基准进行标注。为了使标注更清晰和方便,可以另选其他基准。例如,水平空心圆柱在高度方向的定位尺寸 28,就是以直立空心圆柱的顶面为基准标注的。这时通常将底面称为主要基准,而将直立空心圆柱的顶面称为辅助基准。

3 标注总体尺寸

一般情况下,总体尺寸应直接注出,但当组合体的端部为回转面结构时,通常注出回转面的圆心或轴线的定位尺寸,而总体尺寸由此定位尺寸和相关的直径(或半径)间接计算得到。图 3-60 中,支架的总高 80 直接注出(即直立空心圆柱的高度),而总长和总宽没

有直接注出。

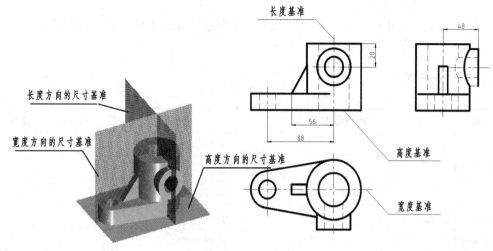

图 3-59　支架的定位尺寸

4　检查有无错误、遗漏或重复尺寸

为了保证所标注的尺寸准确、清晰,除严格按照国家标准的规定外,还需注意以下几点:

(1)各形体的定形尺寸和定位尺寸,要尽量标注在表达该形体特征最明显的视图上。如图 3-60 中,底板的高 20 尺寸注在主视图上比注在左视图上要好,而肋板的高 34 尺寸注在主视图上比注在左视图上要好。

(2)回转体的直径尺寸,特别是多个同圆心的直径尺寸,一般应注在非圆视图上,但半径尺寸必须标注在投影为圆弧的视图上。如图 3-60 中,竖直和水平空心圆筒的直径 $\phi72$、$\phi43$。

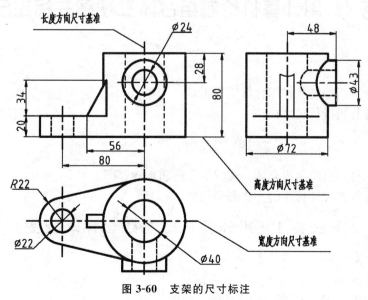

图 3-60　支架的尺寸标注

（3）应将多数尺寸布置在视图外面,个别较小的尺寸宜注在视图内部。与两视图有关的尺寸,最好注在两视图之间。

（4）尽量避免在虚线上标注尺寸。如图 3-60 中,竖直和水平空心圆筒的孔径分别为 $\phi40$、$\phi24$。

任务的检查与考核

项目	评分标准		考核形式	分值	合计
定形尺寸	准确、完整	40 分	自评(20%)		
			他评(40%)		
	错注、多注、漏注	5 分/1 处	教师评价(40%)		
定位尺寸	准确、完整	20 分	自评(20%)		
			他评(40%)		
	错注、多注、漏注	5 分/1 处	教师评价(40%)		
总体尺寸	准确、完整	20 分	自评(20%)		
			他评(40%)		
	错注、多注、漏注	5 分/1 处	教师评价(40%)		
效果	尺寸清晰、规范,层次均匀、美观 20 分		自评(20%)		
			他评(40%)		
	效果不好酌情扣 1~10 分		教师评价(40%)		

任务 4　用计算机绘制组合体三视图并标注尺寸

能力目标

1.能用计算机绘制各种组合体三视图。

2.会用计算机进行尺寸标注。

知识目标

1.熟悉用计算机绘制组合体三视图的方法和步骤。

2.掌握计算机尺寸标注的方法和步骤。

子任务 1　用计算机绘制组合体三视图

任务布置

用计算机绘制图 3-61 所示组合体的三视图。

知识准备

形体分析法和线面分析法的含义与运用;手工绘制组合体三视图的方法和步骤;计算机绘制平面图形的方法。

任务的设计与实施

1　绘制组合体的三视图

1.1　形体分析

从图 3-61 所给出的轴测图中可以看到,该组合体由四部分组成,分别是半圆筒、底板、立板和肋板。四部分组合形式均为叠加:半圆筒、底板和肋板均位于立板前方,半圆筒两侧的底板左右两侧分别与立板平齐,肋板位于半圆筒上方。该组合体是左右对称的,所以选左右对称线作为长方向的基准,选择组合体的后端面作为宽方向基准,另外选择组合体的底面作为高方向的基准。

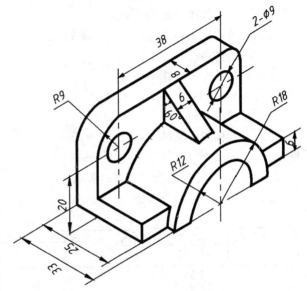

图 3-61　组合体轴侧图

1.2　CAD 的绘图分析

在计算机中一般用 1∶1 的比例作图。根据所给轴测图中的尺寸可以选用 4 号图纸,因此,选择项目一中所建立的 A4 样板文件新建一个名为"组合体"的图形文件,在此图形文件中绘制组合体三视图即可。设置粗实线、点画线和细实线等图层,设置颜色、线宽及线型,打开"极轴""对象捕捉""对象追踪"等绘图辅助工具,设置文字与尺寸标注样式。绘图过程中注意切换图层。

1.3　作图步骤

1.3.1　绘制作图基准线

在绘图区选择当前层为 0 层或点画线层,用 line 命令绘出三视图的作图基准线,即主、俯视图的左右对称中心线和俯、左视图的后端面轮廓线以及主、左视图的底面轮廓线,如图 3-62 所示。

1.3.2　绘制立板的三视图。

选择当前层为粗实线层,用相应的绘图命令和编辑命令画出所有轮廓。有圆角处先画出直角然

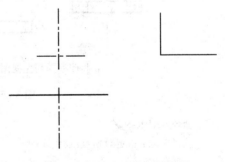

图 3-62　画对称中心线和基准线

后用 FILLET(修圆角)命令倒圆角。因为图形左右对称,在主视图和俯视图中可以先画出左半个视图。另一半用 MIRROR(镜像)命令复制。

左视图与主视图的投影关系是"高平齐"，左视图与俯视图的投影关系是"宽相等"。为反映这些投影关系，在主视图与左视图之间可以使用拉高度方向的平行线的方法，而在俯视图与左视图之间可采用对齐、偏移等几种不同的方法做到。下面介绍采用对齐的画法。

对齐命令：用对齐命令将俯视图旋转到左视图下方，以方便使用对象追踪工具，做到"宽相等"，结果如图 3-63(a)所示。

功能：将选择的对象进行移动或旋转处理。

命令执行方式：

下拉菜单：修改→三维操作→对齐

命令行：align(al)

操作过程如下：

(1)由主视图引辅助线，画出左视图的上、下轮廓线并画出一条定位线，如图 6-63(b)所示。

(2)复制俯视图，如图 3-63(c)所示。

(3)利用"对齐"命令将俯视图改变方向，如图 3-63(d)所示。

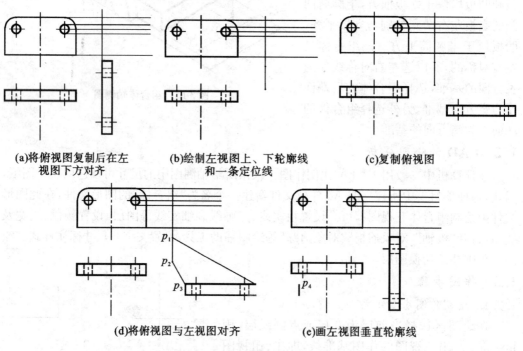

(a)将俯视图复制后在左 视图下方对齐　　(b)绘制左视图上、下轮廓线 和一条定位线　　(c)复制俯视图

(d)将俯视图与左视图对齐　　(e)画左视图垂直轮廓线

图 3-63　"对齐"命令(宽相等)

命令：ALIGN ↙

选择对象：指定对角点：找到 13 个　　　　　　　　　（选择俯视图）

选择对象：↙

指定第一个源点：　　　　　　　　　　　　　　　　（拾取 P3 点）

指定第一个目标点：　　　　　　　　　　　　　　　（拾取 P2 点）

指定第二个源点：　　　　　　　　　　　　　　　　（拾取 P4 点）

指定第二个目标点：　　　　　　　　　　　　　　　（拾取 P1 点）

指定第三个源点或〈继续〉：↵

是否基于对齐点缩放对象？［是(Y)/否(N)］〈否〉：↵

由改变方向后的俯视图引出垂直的辅助线，如图 3-63 (e)所示。

修剪、修改线型，完成作图，如图 3-64 所示。

1.3.3　绘制半圆筒的三视图

用 circle 和 line 等绘图命令以及 trim(剪切)等修改命令绘制出主俯视图，左视图绘制时采用对齐命令。操作步骤同上，如图 3-65 所示。

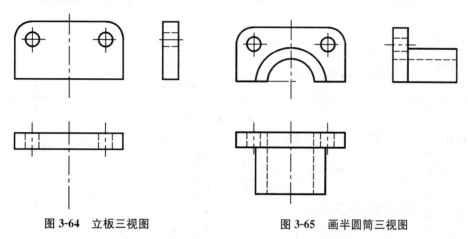

图 3-64　立板三视图　　　　　图 3-65　画半圆筒三视图

1.3.4　绘制底板的三视图

用 line 绘图命令借助对象追踪工具及 trim(剪切)等修改命令绘制三视图。可按照轴测图所给尺寸先绘制主、俯视图，左视图绘制时采用对齐命令，操作步骤同上。注意底板和立板左右两侧平齐，左视图要修剪立板原有轮廓，结果如图 3-66 所示。

1.3.5　绘制肋板的三视图

按照轴测图所给尺寸用 line 绘图命令先绘制主视图，再借助极轴设置和对象追踪工具及 trim(剪切)等修改命令绘制左视图。注意肋板左右侧面与半圆筒的交线比圆筒的最高素线略低，左视图要注意修剪原有素线轮廓。俯视图可利用对齐命令将左视图旋转到俯视图右方，以方便使用对象追踪工具，做到"宽相等"。操作步骤同立板，结果如图 3-67 所示。

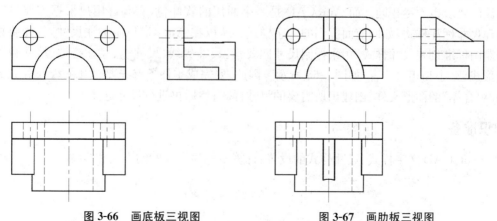

图 3-66　画底板三视图　　　　　图 3-67　画肋板三视图

1.3.6 检查无误,完成三视图

任务的检查与考核

项目	评分标准	考核形式	分值	合计
三视图图形	正确 40分 1处错误扣5分	自评(20%)		
		他评(40%)		
		教师评价(40%)		
文件操作 (打开样板、 换名保存)	样板选择正确10分 保存文件名称及位置正确10分	自评(20%)		
		他评(40%)		
		教师评价(40%)		
图形显示	整体效果好20分(效果不好酌情扣分)	自评(20%)		
		他评(40%)		
		教师评价(40%)		
实训表现	听讲认真,独立完成20分	自评(20%)		
		他评(40%)		
		教师评价(40%)		

子任务 2 用计算机标注组合体三视图尺寸

任务布置

用计算机给上一个任务完成的组合体三视图标注尺寸。

任务分析

工程图样中的尺寸必须符合制图标准。目前各国以及我国各行业的制图标准对尺寸标注的要求也不尽相同。而 AutoCAD 是一个通用的软件包,它允许用户根据需要自行创建尺寸标注样式,如同前面提到的文字样式。所以在 AutoCAD 中标注尺寸,首先要根据制图标准创建尺寸样式,用来控制尺寸四要素:尺寸界线、尺寸线、尺寸终端、尺寸数字的形式、大小和相对位置,如图 3-68 所示。因此,要完成本任务首先要打开上级任务完成的"组合体"的图形文件,创建出所需要的尺寸样式;然后再进行尺寸标注。

知识准备

AutoCAD 文字样式、尺寸样式的设置;计算机标注尺寸的的方法和步骤。

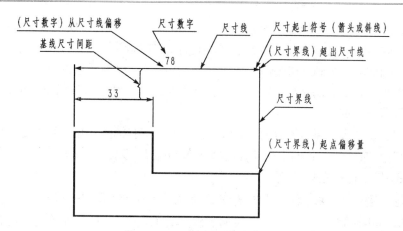

图 3-68 尺寸标注的构成要素

1 设置尺寸样式

　　创建和修改尺寸标注样式,并设置为当前尺寸标注样式。

　　AutoCAD 可以标注线性尺寸、角度尺寸、直径、半径尺寸以及公差尺寸。一般来说,用户可根据图样中的尺寸种类按需设置。

　　命令执行方式:

　　下拉菜单:格式→标注样式

　　命令行:Dimstyle

　　工具栏:单击图标

　　启动"标注样式"命令后,系统打开"标注样式管理器"对话框,如图 3-69 所示。

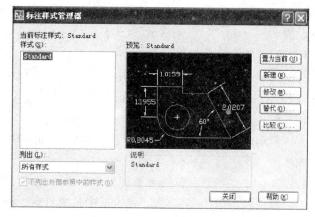

图 3-69 "标注样式管理器"对话框

　　设置步骤:以线性尺寸样式为例。

1.1 单击"新建"按钮,打开"创建新标注样式"对话框

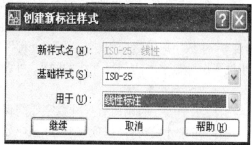

图 3-70 "创建新标准样式"对话框

　　在"新样式名"框中可以输入新标注样式名称,如"化工";也可使用系统默认名。

　　在"基础样式"列表中选择一种已有的相近样式作为新样式的基础(默认状态下,系统只有一种基础样式:"Standard"或者"ISO—25",新样式可以继承它的所有属性,用户只需根据需要修改与它不同的属性,而不必自己设置所有样式属性),故而下面的设置只讲改动部分的内容。

　　"用于"下拉列表中系统默认样式的适用范围为"所有标注",用户可指定新的范围,如"线性尺寸",则"新样式名"框中自动变为"Standard:线性"或者"ISO—25:线性",并在"新建标注样式"对话框标题栏处显示。

1.2　单击"继续"按钮,打开"新建标注样式"对话框[图 3-71(1)]

　　对话框中共有 7 个选项卡,用户根据需要选择有关选项进行新样式的设置,步骤如下。

1.2.1　"直线"设置

　　点选此选项卡后,便出现如图 3-71(1)所示对话框。本页内容主要是对"尺寸线"和"尺寸界线"的设置。根据制图尺寸标准,将"基线间距"设置为 5～7 mm;"超出尺寸线"设为 2～3 mm;"起点偏移量"设为 0。

1.2.2　"符号和箭头"设置

　　点选此选项卡后,便出现如图 3-71(2)所示对话框。此项用于设置尺寸线终端的样式和大小。根据制图标准只将"箭头大小"设置为 3～4(≈6d,粗线宽 d≈0.7)。

1.2.3　"文字"设置

　　点选此项后,打开如图 3-71(3)对话框。此项用于设置尺寸数字所用的文字样式及大小。

1.2.3.1　"文字外观"区:主要设置文字样式、颜色、高度等

　　默认状态下,"文字样式"列表框中系统只有一种文字样式"Standard",该样式不完全符合我国标准。若要创建新的或修改尺寸的文字样式,可点击右边的 [...] 按钮,打开"文字样式"对话框,如前面项目一文字样式设置的步骤,新建一种名为"尺寸"的字体"Isocp. shx"或"gbenor. shx",点击"应用""关闭"后,返回"新建标注样式"对话框,从"文字样式"列表框中选择适合于尺寸标注的文字样式即可。

1.2.3.2　"文字位置"区:主要设置尺寸数字在尺寸线的相对位置

　　系统默认"垂直"和"水平"位置都是"置中"。而根据制图标准,不同尺寸样式的尺寸数字位置不同,如"线性"和"直径""半径"尺寸数字一般应设置"垂直"位置为"上方",而"角度"尺寸数字应设置"垂直"位置为"外部","水平"位置不需改动。"从尺寸线偏移"框,用于设置尺寸数字底边与尺寸线的间隙,可设为 1～2 mm。

1.2.3.3　"文字对齐"区

　　选择"水平"选项,则所有尺寸数字始终保持水平标注,常用于角度尺寸和引线标注。

　　选择"与尺寸线对齐"选项,则尺寸数字始终与尺寸线平行,常用于线性尺寸标注。

　　选择"ISO标准"选项,则尺寸数字在尺寸界线内时,尺寸文字与尺寸线平行;尺寸数字在尺寸界线外时,字头始终朝上。常用于圆和圆弧的尺寸标注(直径和半径)。

1.2.4 "调整"选项

点选此项后,打开图 3-71(4)所示对话框。此项用于设置当尺寸界线之间空间受到限制时,如何调整尺寸数字、箭头的位置。

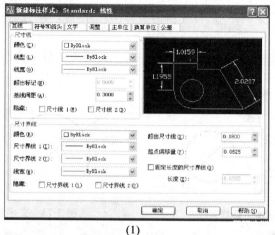

(1)

(2)　　　　　　　　　　　　　(3)

(4)　　　　　　　　　　　　　(5)

图 3-71 "新建标注样式"对话框

1.2.4.1 "调整选项"区

"文字或箭头(最佳效果)":根据尺寸界线间空间大小,系统自动将文字或箭头放在尺寸界线内或移出界线外,以达到最佳标注效果。一般"线性"尺寸选择此项。

"箭头"选项:如果空间不够,首先将箭头移出尺寸界线外。选择此项的圆弧尺寸效果如图3-72所示。

"文字"选项:如果空间不够,首先将文字移出尺寸界线外。选择此项的圆弧尺寸效果如图3-73所示。

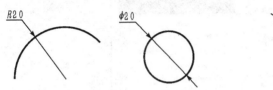

图3-72　箭头移出界线外

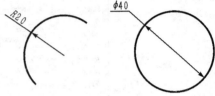

图3-73　文字首先移出界线外

1.2.4.2 "文字位置"区和"标注特征比例"区

此两项默认系统设置即可。

1.2.4.3 "优化"区:此两项可选

"手动放置文字"复选框:用于手工控制文字位置的标注。

"在尺寸界线之间绘制尺寸线"复选框:选择此项,即使箭头和文字在界线外,也始终在尺寸界线间绘制尺寸线。

1.2.5 "主单位"选项

点选此项后,打开图3-71(5)所示对话框。此项用于设置基本尺寸单位的格式和精度。

1.2.5.1 "线性标注"区

"单位格式"列表:设置线性基本尺寸的单位格式,一般选"小数"。

"精度"列表:根据图样反映的零件尺寸精度选择,一般机械零件尺寸精度选0.0。

其他选项默认即可。

1.2.5.2 "测量单位比例"区

"比例因子"框:设置线性尺寸测量值的缩放系数,该系数与尺寸测量值的乘积即为尺寸标注值。例如,将比例因子设为2,就会将10 mm的线段标注为20 mm。采用2:1的比例绘图时,需将比例因子设为0.5,才能在图样中标注出反映真实大小的尺寸数值。

1.2.6 "换算单位"和"公差"选项

由于使用不多,不作具体介绍。

1.3 设置完毕,单击"确定"按钮

这时会得到一个新的尺寸标注样式。以此类似方法设置"直径""半径""角度"等尺寸样式。

任务的设计与实施

2　标注组合体尺寸

计算机标注尺寸和手工标注尺寸方法上有所差异。手工标注尺寸一般采用形体分析法按照定形、定位、总体尺寸的顺序来标注，而计算机标注尺寸为了体现快捷、准确的特点，一般根据设置的尺寸样式来统一标注，如线性、直径、半径等尺寸。

2.1　尺寸标注的操作步骤

(1)将用于尺寸标注的图层置为当前图层。

(2)将要用的尺寸标注样式置为当前样式。在 AutoCAD2007 版中，只要如前分别设置了"STANDARD"的子样式，如"线性""直径"等，在输入相应尺寸标注命令后，该样式自动成为当前样式。

(3)设置常用的对象捕捉方式，以便快速而准确地拾取对象。

(4)输入相应的尺寸标注命令标注。

(5)对某些尺寸进行必要的编辑。

2.2　用于尺寸标注的各项命令

从"标注"下拉菜单、命令行、"标注"工具栏均可实现尺寸的标注。

图 3-74　"标注"工具栏

2.2.1　线性尺寸标注

标注图中 56,29,38,6 等尺寸，如图 3-75(a)所示。

功能：用于标注水平尺寸、垂直尺寸和指定角度的倾斜尺寸。

命令执行方式：

下拉菜单：标注→线性

工具栏：单击工具栏图标 ⊢⊣

命令行：DIMLINEAR 或 DLI

操作过程：以线性尺寸 56 为例。

命令：DIMLINEAR 或 DLI

指定第一条尺寸界线原点或〈选择对象〉：　　　　　　　　　（拾取 A 点）

指定第二条尺寸界线原点：　　　　　　　　　　　　　　　（拾取 B 点）

指定尺寸线位置或[多行文字(M)/文字(T)/角度(A)/水平(H)/垂直(V)/旋转(R)]：

(移动鼠标确定尺寸线位置，系统自动注出线性尺寸 56,尺寸值为系统测量值。)

标注文字＝56

其他线性尺寸为 38,29,6,标注方法同。

2.2.2　基线尺寸标注

标注图中 6,20 和 8,25,33 等尺寸，如图 3-75(b)所示。

功能:用于标注有一个共同基准的几个相互平行的尺寸。

命令执行方式:

下拉菜单:标注→基线

工具栏:单击工具栏图标 ⟷

命令:DIMBASELINE 或 DBA

操作过程:以基线尺寸 8,25,33 为例。

命令:DIMLINEAR 或 DLI↙(线性尺寸)

指定第一条尺寸界线原点或〈选择对象〉: (拾取 A 点)

指定第二条尺寸界线原点: (拾取 B 点)

指定尺寸线位置或[多行文字(M)/文字(T)/角度(A)/水平(H)/垂直(V)/旋转(R)]:

(移动鼠标确定尺寸线位置,系统自动注出基准尺寸 8,尺寸值为系统测量值。)

标注文字=8

命令:DIMBASELINE 或 DBA↙(基线标注)

指定第二条尺寸界线原点或[放弃(U)/选择(S)] (拾取 C 点)

标注文字=25

指定第二条尺寸界线原点或[放弃(U)/选择(S)] (拾取 D 点)

标注文字=33

指定第二条尺寸界线原点或[放弃(U)/选择(S)]↙

选择基准标注↙

其他基线尺寸为 6,20,标注方法同。

说明:要创建基线标注,先用 DIMLINER(线性尺寸)命令注出一个基准尺寸。Auto-CAD 将基准尺寸的第一条尺寸界线作为连续标注的起始点,然后选择第二条基准线的起点在基准标注的上面按一定的偏移距离创建第二个尺寸标注。

2.2.3 角度标注(如图 3-75(c)中 60°尺寸)

功能:用于标注圆、圆弧、两条非平行线段或三个点间的角度,尺寸线为弧线。

命令执行方式:

下拉菜单:标注→角度

工具栏:单击工具栏图标 △

命令:DIMANGULAR 或 DAN

操作步骤如下:

命令:Dimangular↙。

选择圆弧、圆、直线获〈指定顶点〉:(拾取线段 AB)

选择第二条直线:(拾取线段 AC)

指定标注弧线位置或[多行文字(M)/文字(T)/角度(A)]:

(移动鼠标确定尺寸线位置,系统自动注出角度尺寸 60°,尺寸值为系统测量值)

标注文字=60

在第一个提示中,如果拾取圆弧,则可标注圆弧的中心角,如图 3-76(a)所示;如果拾取圆,则拾取点作为圆弧的一个端点,再拾取圆上第二点,可标出圆上两点间的中心角,如图 3-76(b)所示;直接回车接受默认值,则可指定三点标注角度,第一点为顶点,另两点为两个边上的点,如图 3-76(c)所示。

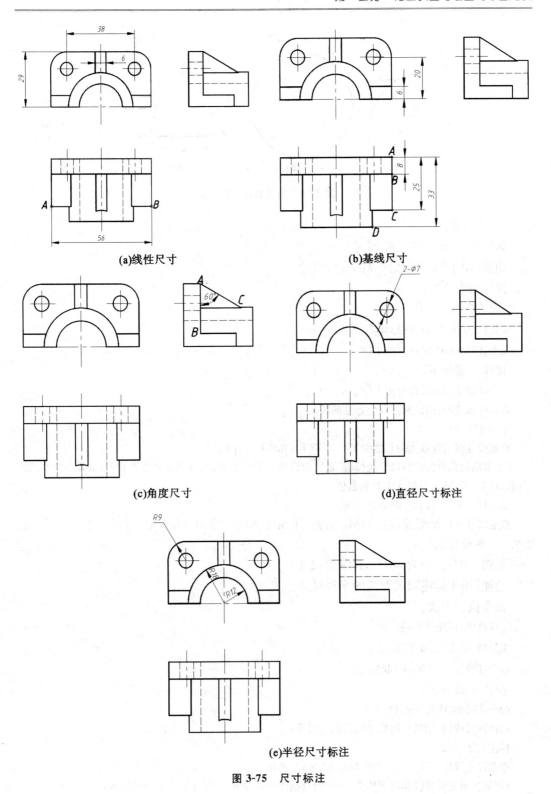

(a)线性尺寸

(b)基线尺寸

(c)角度尺寸

(d)直径尺寸标注

(e)半径尺寸标注

图 3-75　尺寸标注

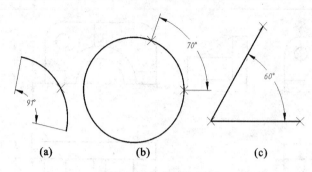

图 3-76 角度标注示例

2.2.4 直径标注

如图 3-75(d)中 2—ϕ7 尺寸。

功能:用于标注圆或圆弧的直径尺寸。

执行命令方式:

下拉菜单:标注→直径

工具栏:单击工具栏图标 ◉

命令:DIMDIAMETER 或 DDI

操作步骤如下:

命令:DIMDIAMETER 或 DDI ↙

选择圆弧或圆:用鼠标拾取要标注的圆

标注文字＝7

指定尺寸线位置或[多行文字(M)/文字(T)/角度(A)]:T ↙

(如果用鼠标直接确定尺寸线位置,系统会自动注出尺寸 ϕ7,尺寸值为系统测量值;如果不用系统测量值,可用 T 或 M 选项输入字符和数值)

输入标注文字〈7〉:2—ϕ7 ↙

指定尺寸线位置或[多行文字(M)/文字(T)/角度(A)]:用鼠标直接确定尺寸线位置

2.2.5 半径标注

如图 3-75(e)中 $R9$,$R12$,$R18$ 等尺寸。

功能:用于标注圆或圆弧的半径尺寸。

命令执行方式:

下拉菜单:标注→半径

工具栏:单击工具栏图标 ◉

命令:DIMRADIUS 或 DRA

操作步骤如下:

命令:DIMRADIUS 或 DRA

选择圆弧或圆:用鼠标拾取半圆筒的内圆弧

标注文字＝12

指定尺寸线位置或[多行文字(M)/文字(T)/角度(A)]:

(用鼠标确定尺寸线和数字位置,系统会自动注出尺寸 $R12$,尺寸值为系统测量值)

$R9$,$R18$ 等尺寸标注方法相同。

3　检查无误,完成组合体尺寸标注

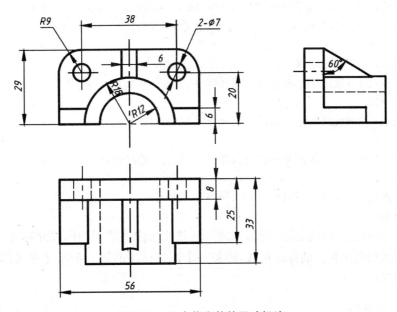

图 3-77　组合体完整的尺寸标注

【知识补充】

1　连续尺寸标注

如图 3-78 中 15,29,29,29 等尺寸。

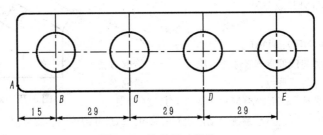

图 3-78　连续尺寸标注

功能:用于标注在同一方向上连续的线性尺寸。

命令执行方式:

下拉菜单:标注→连续

工具栏:单击工具栏图标 ⊬⊬⊬

命令:DIMCONTINUE 或 DCO

操作过程:

命令:DIMLINEAR 或 DLI↙　　　　　　（线性尺寸）

指定第一条尺寸界线原点或〈选择对象〉：　　　（拾取 A 点）

指定第二条尺寸界线原点：　　　　　　（拾取 B 点）

指定尺寸线位置或[多行文字(M)/文字(T)/角度(A)/水平(H)/垂直(V)/旋转(R)]：

（移动鼠标确定尺寸线位置,系统自动注出基准尺寸 15,尺寸值为系统测量值）

标注文字＝15

命令:DIMCONTINUE 或 DCO↙　　　　　　（连续标注）

指定第二条尺寸界线原点或[放弃(U)/选择(S)]〈选择〉:（拾取 C 点）

标注文字＝29

指定第二条尺寸界线原点或[放弃(U)/选择(S)]〈选择〉:（拾取 D 点）

标注文字＝29

指定第二条尺寸界线原点或[放弃(U)/选择(S)]〈选择〉:（拾取 E 点）

标注文字＝29

指定第二条尺寸界线原点或[放弃(U)/选择(S)]〈选择〉:↙

选择连续标注:↙

　　说明:连续标注与基线标注类似,不同的是基线标注是基于相同尺寸标注起点,而连续标注是一系列首尾相连的标注形式,即每一个连续标注的第二条尺寸界线作为下一个连续标注的起点。

2　对齐尺寸标注

　　如图 3-79 中 22,10,17 等尺寸。

　　功能:标注尺寸线与被注对象平行的线性尺寸,一般标注倾斜线段的尺寸。

　　命令执行方式:

　　下拉菜单:标注→对齐

　　工具栏:单击工具栏图标

　　命令:DIMALIGNED 或 DAL

　操作过程:

　　命令:DIMALIGNED 或 DAL↙

　　指定第一条尺寸界线原点或〈选择对象〉：　　　（拾取 A 点）

　　指定第二条尺寸界线原点：　　　　　　（拾取 B 点）

　　指定尺寸线位置或[多行文字(M)/文字(T)/角度(A)]：

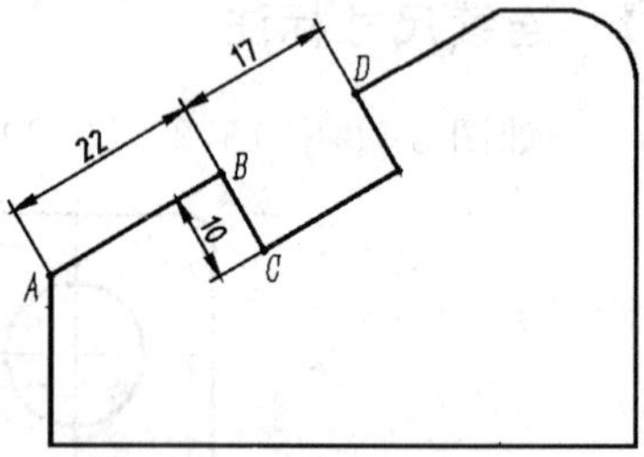

图 3-79　对齐尺寸标注

（移动鼠标确定尺寸线位置,系统自动注出对齐尺寸 22,尺寸值为系统测量值。）

　　标注文字＝22

（与线性标注相同,拾取两个点或选择要标注的对象）

　　其他对齐尺寸 10,17 标注方法同。

3　"折弯"半径尺寸标注

　　如图 3-80 中 R70。

　　功能:用于标注替代圆心位置的圆弧的半径尺寸。

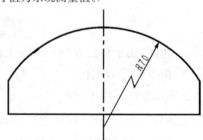

图 3-80　折弯半径尺寸标注

命令执行方式:

下拉菜单:标注→折弯

工具栏:单击工具栏图标

命令:DIMJOGGED 或 DJO

操作过程:

命令:DIMJOGGED 或 DJO↙

命令:_dimjogged

选择圆弧或圆:　　　　　拾取圆弧

指定中心位置替代:　　　　在点画线上点击圆心替代位置

标注文字＝70↙　　　　　系统自动测量出圆弧半径数值,回车

指定尺寸线位置或[多行文字(M)/文字(T)/角度(A)]:　　在适当位置点击,确定尺寸线位置

指定折弯位置:　　　　在适当位置点击确定折弯位置

　　说明:"折弯"半径标注中"指定中心位置替代:"不能点击圆弧真正圆心位置,否则和半径标注方法一样。

任务的检查与考核

项目	评分标准	考核形式	分值	合计
尺寸样式设置	正确　30 分 1 处错误扣 5 分	自评(20%)		
		他评(40%)		
		教师评价(40%)		
尺寸标注	与样板图样一致　40 分 1 处错误扣 5 分	自评(20%)		
		他评(40%)		
		教师评价(40%)		
整体效果	好 10 分(效果不好酌情扣分)	自评(20%)		
		他评(40%)		
		教师评价(40%)		
实训表现	听讲认真,独立完成 20 分	自评(20%)		
		他评(40%)		
		教师评价(40%)		

任务5　识读组合体三视图

能力目标

能熟练运用读图方法识读各种类型的组合体视图。

知识目标

1. 了解读图基本要领；
2. 了解读图时的几个注意问题；
3. 掌握组合体的读图方法。

说明：我们已研究了组合体三视图的画图方法和步骤。从某些方面来说，读图是画图的逆过程。如图 3-81(a)显示了画图的投射过程。如图 3-81(b)图所示，让正投影面保持不动，将水平投影面和侧投影面按箭头所指方向旋回到三个投影面相互垂直的原始位置，然后由各视图向画图投射时的反方向引投射线，则同一点的三条投射线必相交。图中由 a'、a、a'' 所引的投射线相交于点 A。同理，可以把形体上所有的点，通过其三个投影所引的返回空间的投射线汇交而得到复原。由于这种投射的可逆性，视图上各点的"旋转归位"，就使整个形体的形状"再造"出来了。（这个过程要借助头脑的立体想象和空间思维能力，并在掌握一定的绘图原理和经验后才能完成）

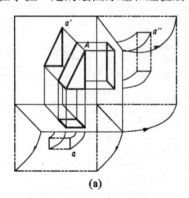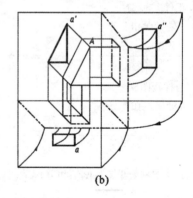

(a)　　　　　　　　　　　　　(b)

图 3-81　画图与读图过程分析

由此可见，画图是运用投影规律，将物体各部分在某一方向的相对位置关系积聚后形成视图的过程；而读图则是把画图时被积聚了的各部分空间相对位置复原回来，是根据视图想象物体形状的过程。画图和读图是本课程的两个主要任务。明确二者之间的内在关系，有利于正确掌握读图方法和步骤。

任务布置1

识读图 3-82 所示组合体的三视图，想象其立体形状及尺寸关系，回答问题。

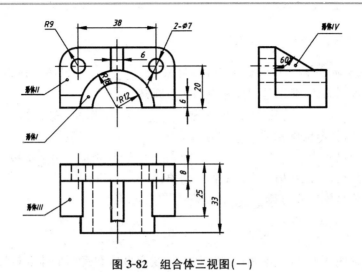

图 3-82 组合体三视图(一)

问题引导

1.该组合体属于_____类组合体,可采用_____法识图。该组合体可分为_____个基本几何体。

2.形体 I 的几何体原型是_____,其定形尺寸是_____、_____和_____。

3.形体 II 原型是定形尺寸为长_____、宽_____、高_____的_____体;在该形体上挖切了两个直径为_____的小孔,其定位尺寸为_____和_____。

4.形体 IV 的原型是_____体,其定形尺寸为_____和_____。

任务布置 2

识读图 3-83 所示组合体的三视图,想象其立体形状及尺寸关系,回答问题。

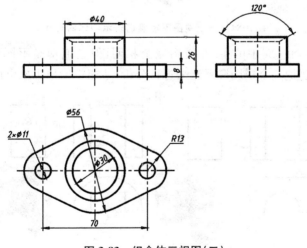

图 3-83 组合体三视图(二)

问题引导

1. 该组合体属于 _____ 类组合体,可采用 _____ 法识图。该组合体可分为 _____ 个基本几何体,分别是腰圆底板和空心圆筒。

2. 底板厚 _____,前后面是直径为 _____ 的圆弧面,左右钻了两个直径是 _____ 的小孔,其定位尺寸是 _____。

3. 圆筒定形尺寸为 _____、_____ 和 _____;在该形体上端挖切了一个倾斜角度为 _____ 的锥孔,该结构在机件上称为倒角。

4. 该组合体总体尺寸为长 _____、宽 _____、高 _____。

知识准备

基本体三视图特点;轴测图知识;读图要领、注意事项和运用形体分析法和线面分析法识读组合体三视图的方法和步骤。

1 读图的基本要领

1.1 要把几个视图联系起来进行分析

正投影图是多面投影图,一个投影只能表示三维形体的两个方向上的形状和相对位置。因此,单独的一个不加任何标注的视图,是不能表达清楚空间形体的。如图 3-84 所示,同一个主视图,可以理解为形状不同的许多形体。

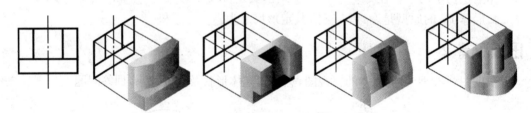

图 3-84 一个视图不能确切表示物体的形状

又如图 3-85(a)和(b)中的主、左视图完全相同,但它们却是不同形状物体的投影。因此,看图时必须要把几个视图联系起来进行分析,才能正确地想象出该形体的形状。

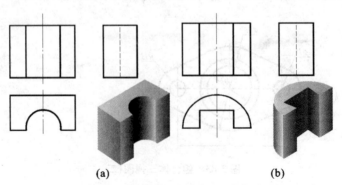

(a)   (b)

图 3-85 几个视图联系起来进行分析

1.2　要善于找出特征视图

所谓特征视图,就是指反映特征最充分的视图。而特征是指物体的形状特征和位置特征。

(1)形状特征视图是反映物体形状特征最明显的视图。如图3-85所示,从图中可以看出俯视图是反映形状特征最充分的视图,而主、左视图的高度方向均为平行线,我们把这类形体称为柱状(或板状)形体。想象这类形体的形状时,有一个简单的方法,就是在其特征视图的基础上假想拉出一定的厚度,称为"外拉法"。

(2)位置特征视图是最能反映物体位置特征的视图。如图3-86(a)所示,主视图中线框1′和2′是两个在同一个大线框中包围的小线框。它们表示的结构,如果只看主、俯视图,哪个凸出、哪个凹进无法确定。如果将主、左视图配合起来看,则不仅形状容易想清楚,而且形体Ⅰ凹进、形体Ⅱ凸出的位置特点也确定了。显然,左视图反映了其位置特征。

读图时,分析组成组合体的每一部分的形状,要以反映该部分形状特征最明显的特征视图为主。而分析组合体各部分之间的相对位置和组合关系时,则要从反映各形体间的位置特征最明显的视图来分析。只要抓住特征视图,并从特征视图入手,再配合其他视图,就能较快地将物体的形状想象出来。

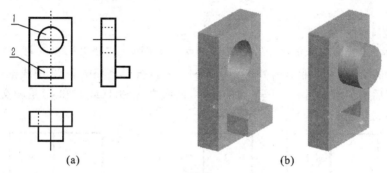

图3-86　位置特征的分析

1.3　了解视图中的点、线和线框的含义

对视图中的点、线和线框所可能表示的空间含义有一个全面的认识,从而避免狭隘的理解,这对于由视图想象空间形状具有重要意义。下面以图3-87为例来说明。

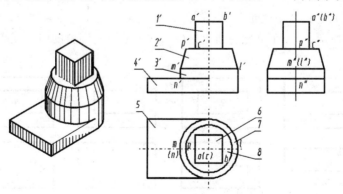

图3-87　点、线、线框的空间含义

1.3.1 视图中点的含义

(1)线与线交点的投影,如图中的 a',p' 等点。

(2)直线的投影,如图中的 $a(c)$,$a''(b'')$,$m(n)$ 等点。

1.3.2 视图中线的含义

(1)面与面的交线的投影。这种交线有直线、平面曲线或空间曲线,如图 3-87 中 $a'c'$ 为直线,$m'l'$ 为平面曲线。

(2)表示曲面的外轮廓素线,如图中 $p'm'$ 为圆锥面最左素线,$m'n'$ 为圆柱面最左素线。

(3)有积聚性的面的投影。当该表面处于垂直于投影面的位置时,其对应投影积聚为线,如俯视图中四边形的各条边线表示四棱柱的四个侧面。

1.3.3 视图中的一个封闭线框的含义

封闭线框是指由轮廓线组成的封闭区域。

(1)表示形体上的平面。如图中的 $1'$ 和 6 等线框。

(2)表示形体上的曲面。如图中的线框 $2'$ 和 7 分别表示圆锥台曲面的 V 面投影和 H 面投影。

(3)表示形体上曲面与曲面相切或曲面与平面相切,如主视图中的 $3'$ 和 $4'$ 所构成的线框。

1.3.4 相邻的封闭线框

相邻的封闭线框表示形体上位置不同的两个面(相交或错开),两个线框的公共边可能是两个面的交线,也可能是另外第三个面的积聚性投影。如图 3-88 中线框 1 和 2 的公共边表示前后两个面之间一个积聚面的投影,而线框 3 和 4(或 5 和 6)是相交的两个面,其公共边是其交线。

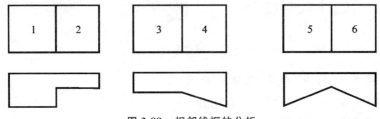

图 3-88　相邻线框的分析

1.3.5 大线框内包围的小线框

如图 3-89 所示,一个面可能是凸出的(1)、凹下的(2)、倾斜的(4),或者是具有打通的孔(3)。

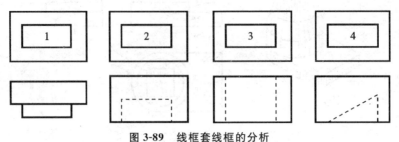

图 3-89　线框套线框的分析

分析视图中的线或线框的含义,需要在相应几个视图上找到对应投影才可辨别。读图的第一要领"几个视图联系起来分析"要贯彻在读图的每一步中。

1.4 注意图中虚实线变化,分析可见性,区分不同形体

读图时,遇到组合体视图中有虚线时,要注意形体之间表面连接关系,抓住"三等"规律,认真仔细分析,判别其可见性。

图 3-90(a)的主视图中,三角肋板与底板及侧立板的连接线是虚线,说明它们的前面平齐,因此,依据俯视图和左视图可以肯定三角肋板前后各有一块。而图 3-90(b)的主视图中,三角肋板与底板及侧立板的连接线是实线,说明它们的前面不平齐,因此,三角肋板是在底板的中间。

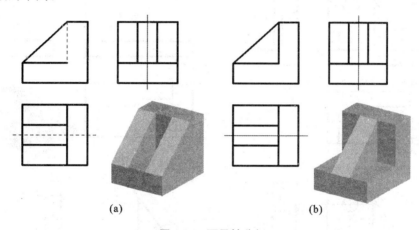

(a)   (b)

图 3-90　可见性分析

任务的设计与实施

2 读图的方法和步骤

读组合体视图的方法有形体分析法和线面分析法,而形体分析法是最常用的和主要的方法。

2.1 形体分析法

形体分析法是绘图和标注尺寸的基本方法,也是读图的主要方法。它主要适用于叠加和综合型组合体。运用形体分析法读图,关键在于掌握分解复杂图形的方法。只有将复杂图形分解为几个简单图形(基本体图形),通过对简单图形识读(得出基本体),再根据它们的相对位置和组合关系加以综合,最终想象出组合体的整体形状。下面以图 3-91(a)所示三视图为例,具体说明形体分析法读图的方法和步骤。

2.1.1 划线框,分形体

首先粗略浏览组合体的三个视图,大致了解形体的基本特点,从主视图入手,结合俯、左视图,按照大的封闭线框,将组合体分解为几个部分,并对每个线框编号,如图 3-91(a)所示。

2.1.2　对投影，识形体

对于分解开来的每一部分，抓住能反映该部分形状特征的特征视图，一般按照先主后次、先大后小、先易后难的顺序，逐一地根据"三等"对应关系，分别找出它在其他两视图上所对应的投影，并想象出它们的形状，如图 3-91(b)～(e)所示。

2.1.3　合起来，想整体

分析出各组成部分的形状后，再根据三视图分析各形体之间的相对位置和组合形式，最后综合想象出该物体的整体形状，如图 3-91(f)所示。

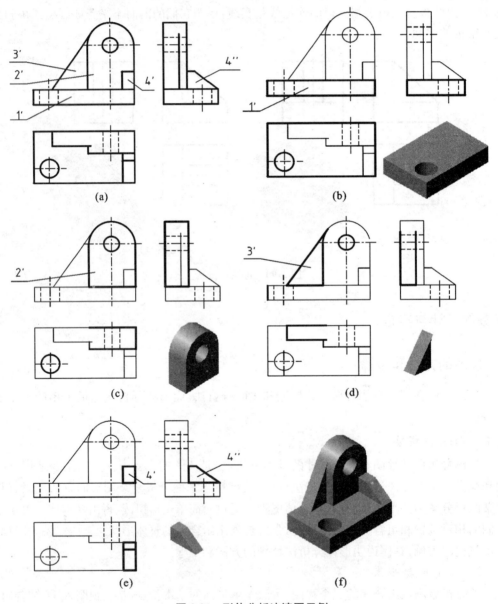

图 3-91　形体分析法读图示例

2.1.4　线面分析攻难点

在一般情况下,对于组合关系清晰的组合体,用形体分析法读图就能解决问题。然而,对于一些较复杂或挖切结构较多的物体,视图中一些局部的复杂的投影较难看懂,单用形体分析法还不够,需要采用线面分析法通过深入分析某些线或面来攻破难点。

2.2　线面分析法

用线面分析法读图,就是运用投影规律,通过分析形体上的线、面等几何要素的形状和空间位置,最终想象出形体的形状。对于以挖切为主形成的组合体,读图时主要采用线面分析法。

下面以压块为例来说明用线面分析法读挖切体视图的一般方法,如图 3-92 所示。

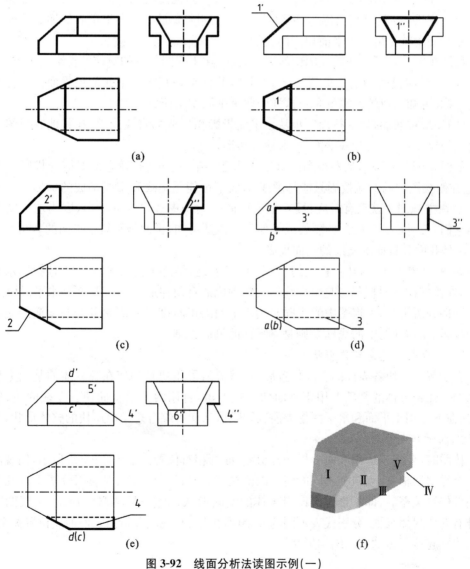

图 3-92　线面分析法读图示例(一)

2.2.1 粗看视图,还原基本体

虽然压块的三个视图图线较多,但它们基本上都是长方形,所以可以认为它的基本形体是长方体,即压块是在长方体的基础上经多个面挖切而成的。

2.2.2 分析被切面的空间位置

从压块视图上的每一个线框入手,按"三等"关系找出其对应的另外两个投影,从而分析每一被切面的空间位置(平行、垂直或一般位置);必要时,还可进一步分析面与面的交线的空间位置。

(1)如果被切面是"垂直面",从该平面投影积聚成的直线入手,在其他两视图上找出对应的线框:一对边数相等的类似形。

如图 3-92(b)所示,从主视图中斜线 1′看起,在俯视图找到它的对应投影应是梯形框 1,结合左视图,找到对应投影为梯形线框 1″。因此,Ⅰ面是垂直于正面的梯形平面。长方体的左上角就是由这个平面切割而成的。

如图 3-92(c)所示,从俯视图中斜线 2 看起,在主视图找它的对应的投影七边形 2′,结合左视图,对应投影为七边形线框 2″。因此,Ⅱ面是垂直于水平面的铅垂面。结合图形前后对称,可知压块的左端就是由这样的两个平面切割而成。

(2)如果被切面是"平行面",也从该平面投影积聚成的直线入手,在其他两视图上找出对应的投影:一直线和一平面(反映该面实形)。

如图 3-92(d)所示,从左视图的直线 3″看起,结合主视图,找它的对应的投影长方形 3′,它在俯视图中的对应投影只能是虚线 3,而不可能是虚线和实线围成的梯形。如果这样,c 点在主视图上就没有对应投影,也不可能是两条虚线之间的矩形,因为左视图上没有和它们"长对正、高平齐"的斜线或类似形。由此可知,Ⅲ面是平行于正面的截切面。线段 a′b′ 是Ⅱ面和Ⅲ面的交线的正面投影。

如图 3-92(e)所示,从左视图的水平直线 4″看起,结合主视图,找它的对应投影水平直线 4′,在俯视图的对应投影是由虚线和实线围成的直角梯形 4,可知Ⅳ面是水平截切面。

同样分析可知,主视图中的线框 5′为正平面的正面投影,c′d′ 是Ⅱ面与Ⅴ面的交线的正面投影,而左视图中的线框 6″ 则是侧平面的侧面投影。

2.2.3 综合起来想像整体形状

在了解了压块各表面的空间位置后,也就搞清了压块是如何在长方体的基础上切割出来的。在长方体的基础上用正垂面切去左上角,再用两个铅垂面切去左端的前、后两角,又在下方用正平面和水平面挖去前、后两块,从而可综合想象出压块的整体形状,如图 3-92(f)所示。

读图时,要善于运用线面分析法分析线、面的相对位置。如图 3-93(a)所示,俯视图上有 5 个封闭线框,代表 5 个不同的面。以俯视图为基础,结合主、左视图分析出这五个面的高低位置关系后,即不难想出该组合体的空间形状;又如图 3-93(b)所示,主视图除通孔外有 6 个封闭线框,分别代表不同的 6 个面,由俯、左视图分析出它们前后位置关系后,即可建立起该形体的空间结构形状。

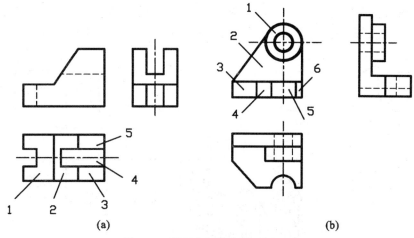

(a)　　　　　　　　　　　　　　　　(b)

图 3-93　线面分析法读图示例(二)

任务的检查与考核

项目	评分标准	考核形式	分值	合计
看图回答问题（填空）	正确、完整 60 分(若不符合要求酌情扣分)	自评(20%)		
		他评(40%)		
		教师评价(40%)		
看图选出对应轴测图	10 分	自评(20%)		
		他评(40%)		
		教师评价(40%)		
看图画出立体轴测图	正确 30 分(若不符合要求酌情扣分)	自评(20%)		
		他评(40%)		
		教师评价(40%)		

3　识图和绘图联系

　　补漏线和补视图将识图与绘图结合起来,是培养和检验读图能力的一种有效方法。一般可分两步进行:第一步应根据已知视图运用形体分析法或线面分析法基本分析出形体的形状;第二步根据想象的形状并依据"三等"关系进行作图,同时进一步完善形体的形象。

3.1　补漏线

　　【例1】　读图 3-94(a)所示组合体的三视图,补画视图中所缺的图线。

　　该组合体是叠加与挖切相接结合的组合体。通过分析可知,主视图上 $1'$、$2'$、$3'$ 三个线框表示三个形体,都是在主视图上反映形状特征的柱状形体。$1'$ 在后,$2'$ 在前,两部分叠加而成,它们的上表面为同一圆柱面,左、右及下表面不平齐。$3'$ 则是在 $1'$、$2'$ 两部分的中间从前向后挖切的一个上方下圆的通孔,如图 3-94(b)。对照各组成部分在三视图中的投影,不难看出在左视图中 $1'$、$2'$ 两部分的结合处有缺漏图线,这两部分顶部的圆柱面与两个不同位置的侧平面产生的交线也未画出。将漏线补上后,如图 3-94(c)所示。

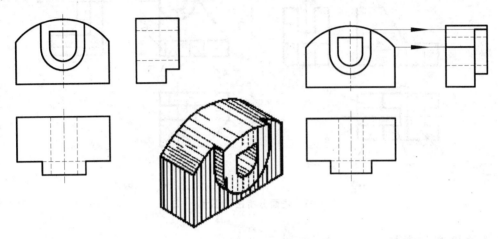

图 3-94 补画视图中缺漏的图线

3.2 补第三视图

【**例 2**】 已知组合体的主视图和俯视图,如图 3-95(a)所示,补画左视图。

运用形体分析法分析主、俯视图,可知该组合体大致由底板和两块立板叠加而成,底板和二立板又各有挖切,如图 3-95(b)所示。

补画左视图时也应按照形体分析法,逐一画出每一部分,最后检查描深,如图 3-95(c)所示。

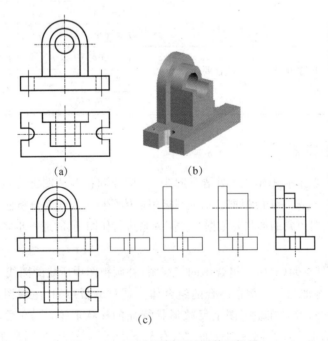

(a)   (b)

(c)

图 3-95 由已知两视图补画第三视图

任务的检查与考核

项目	评分标准		考核形式	分值	合计
阅读图形	正确	100 分	自评(20%)		
			他评(40%)		
完成填空	每错一个扣 5 分		教师评价(40%)		

第二部分

基于工作过程的

项目化学习任务

项目四 零件图的绘制与识读

化工生产中的装置是由化工机器和化工设备组合而成的。机器和设备都是许多零部件的组合。阅读零件图和装配图可帮助人们了解机器和设备的结构特点及一些技术问题。

任务1 认识零件和零件图

能力目标

1. 能认识各类零件，了解其结构特点及功用。
2. 能认识零件图，掌握其表达方法的选择及作用。

知识目标

1. 了解零件、装配体及其关系，熟悉零件图的作用和内容。
2. 了解零件图与木模三视图的异同。

任务布置

认识图4-1、图4-2、图4-3、图4-4、图4-5所示的零件，并用适当方法表达其形状结构。

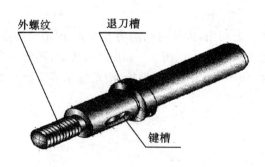

图4-1 轴

图4-2 端盖

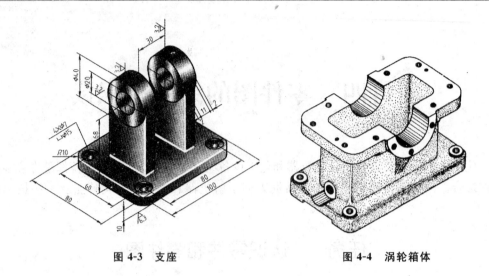

图 4-3 支座　　　　　　　　　　　图 4-4 涡轮箱体

问题引导

　　1.什么是零件？典型零件的种类有哪些？各类零件的形状结构有什么特点？

　　2.零件图的内容及作用是什么？

　　3.零件的表达方法有哪些？如何表达典型零件的图形？

知识准备

　　零件就是具有一定的形状、大小和质量,由一定材料按预定的要求制造而成的基本单元实体。制造机器时,必须先制造出合格的零件,再将零件装配成部件或机器。为叙述方便,我们将机器、设备或部件统称为装配体。显然,零件与装配体是局部与整体的关系。图 4-5 表示了装配体减速箱及其零件组成。

1　零件的基本类型

　　零件的形状繁多,但按照其结构形状及功用,大体可归纳为五大类,即轴套类零件、轮盘类零件、叉架类零件、箱体类零件,如图 4-1、图 4-2、图 4-3 和图 4-4 所示;还有一类为常用标准件,即各种机器设备常用的零件,如图 4-5 中螺栓、齿轮、滚动轴承等。每一类零件具有相似的结构特点及功用。

2　零件图的作用及内容

2.1　零件图的作用

　　一台机器或设备是由多个零件组合而成。制造机器时,首先要制造出全部零件。表示零件结构、大小和技术要求的图样称为零件图。零件图用于指导零件的加工制造和检验,是生产中的重要技术文件之一。

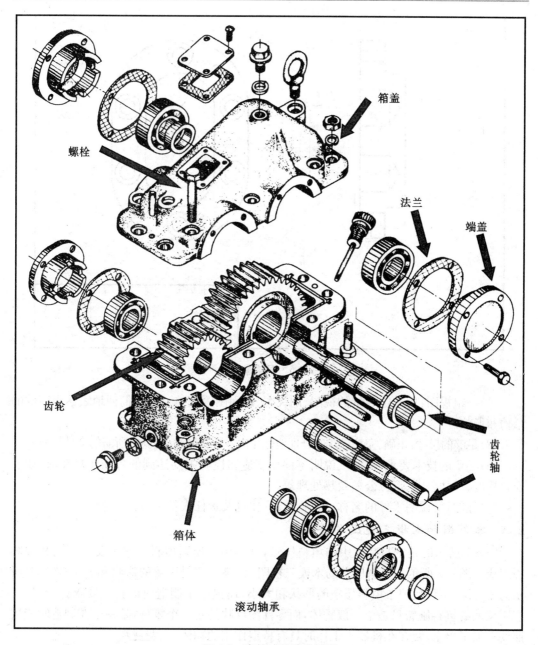

箱盖

螺栓

法兰

端盖

齿轮

齿轮轴

箱体

滚动轴承

图 4-5　齿轮减速箱分解图

2.2　零件图的内容

图 4-6 是泵盖的零件图,它表达了泵盖的结构形状、大小和要达到的技术要求。制造该零件时要经过铸造、切削及热处理等加工过程,每道工序中都要依据该零件图进行,最后还要依据零件图对零件进行质量检验。因此,零件图应反映零件在生产过程中的全部要求。一张完整的零件图应包括如下内容:

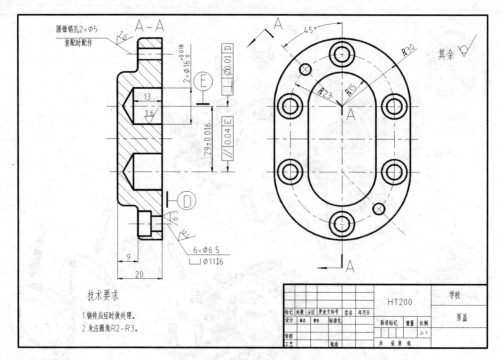

图 4-6 泵盖零件图

(1)一组视图:用一定数量的视图、剖视图、断面图等完整、清晰、简便地表达出零件的结构和形状。

(2)足够的尺寸:正确、完整、清晰、合理地标注出零件在制造、检验中所需的全部尺寸。

(3)必要的技术要求:标注或说明零件在制造和检验中要达到的各项质量要求,如表面粗糙度、尺寸公差、形位公差及热处理等。

(4)标题栏:说明零件的名称、材料、数量、比例及责任人签字等。

2.3 零件图和木模三视图的异同

图 4-7 所示的是密封装置中的填料压盖,其作用是压紧填料。它主要有圆筒和腰圆板组成。图 4-8 所示为填料压盖的木模三视图,反映了填料压盖的形状和大小;图 4-9 所示为零件图,不仅反映了填料压盖的形状和大小,还提出了制造时的技术要求。所以,三视图反映的填料压盖只是个一般物体,而零件图反映的是一个零件,是一个在制造时能按照要求加工出来,装在在机器上工作时具有特定作用的物体。

找出三视图和零件图的区别,是为了更好地在学习三视图基础的基础上进一步学习零件图。

提示:两者的区别要从以下几个内容进行分析:

①图形表达方法。

②尺寸标注。

③技术要求:尺寸、加工质量等。

④标题栏格式与内容。

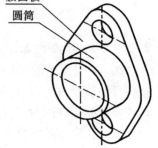

图 4-7 填料压盖

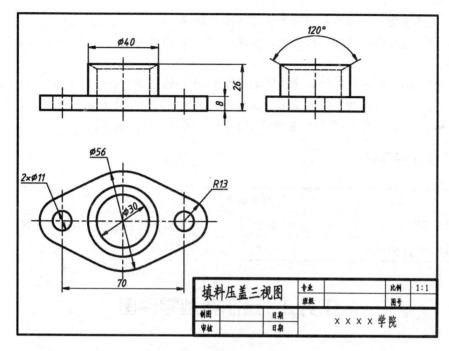

图 4-8　填料压盖三视图

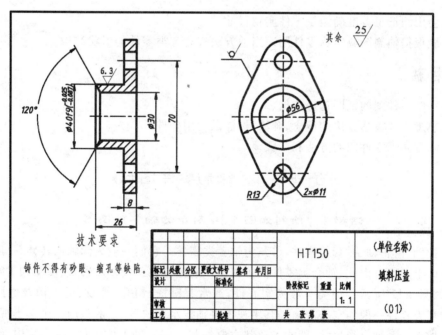

图 4-9　填料压盖零件图

零件图中的图形主要用来反映零件的内外结构形状。如图 4-9 所示,填料压盖由腰圆板和圆筒组成。对于腰圆板,左视图能反映其形状,主视图反映其厚度;对于圆筒,左视图能反映其圆形,主视图反映其厚度。填料压盖上的孔都为不可见轮廓,将主视图采用剖视图,即假想地用剖切面沿着左视图的对称面剖开,再向投影面投影,把内部结构假想变为可见轮廓,这样内部结构一目了然。所以,用两个视图就能完整地表达填料压盖的内外形状。

一般来讲,在对零件形状表达清楚地前提下,图形数量越少越好。因为要简单、完整、清晰地表达零件结构,所以仅仅使用三视图无法满足不同形状零件的表达需求。一般零件的表达方法包括视图、剖视图、断面图、局部放大图及简化画法等。

任务的检查与考核

项目	评分标准	备注
三视图与零件图的共同点	20分/个	教师公布正确答案,自评与他评结合,总分值100分
三视图与零件图的不同点	20分/个	

任务2 绘制典型零件图

能力目标

1. 会用测量工具准确测量零件实物尺寸。
2. 能根据轴测图或实物零件用适当的方法表达各类零件的形状结构。

知识目标

1. 了解零件图的视图选择依据。
2. 熟悉零件表达方法的概念、画法、标注及使用条件。
3. 掌握测绘零件图的方法和步骤。

子任务1 绘制零件图形

活动1 绘制如图4-10所示的轴零件图形

各种轴、齿轮轴、衬套等零件,可归为轴套类零件。它们一般为同轴回转体,一般在车床或磨床上加工。因此,轴套类零件的主视图一般按照加工位置放置,以便于加工时看图方便,如图4-11所示。轴类一般为实心件,通常有键槽、销孔、螺纹、退刀槽及倒圆等结构。衬套类零件一般为空心套筒。其主视图将轴线水平放置,一般只用一个基本视图(主视图),加上一系列直径尺寸,就能表达其主要形状。实心轴上的键槽、通孔结构、倒圆等结构,辅以适当的其他表达方法,如局部剖视、移出断面、局部放大图等。空心套筒则采用适当的剖视图表达内部结构,截面形状不变而又较长的的部分,可采用断开缩短方法表达。

图 4-10 轴类零件

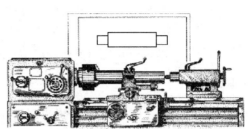

图 4-11 车床加工位置

绘图步骤

1. 分析轴的结构形状

该轴为四段同轴圆柱回转体,左端有螺纹结构,尺寸为 M16－6g,与相邻 ϕ24 圆柱间有退刀槽(尺寸 6×1);ϕ24 圆柱右端与 ϕ32 圆柱间有退刀槽(尺寸 2×1);其前方有一处键槽,尺寸为长 20、宽 8、深 3;轴的左端有倒角尺寸为 C1;右端倒角尺寸为 C2。

2. 确定主视图方向,绘制主视图

一般将键槽或者销孔朝向前方或者上方,在此处选择键槽朝前位置为主视方向。根据轴测图上标注的各种尺寸绘制出轴的主视图,如图 4-12 所示。

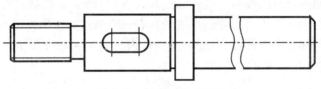

图 4-12 绘制轴的主视图

知识准备

1 倒角

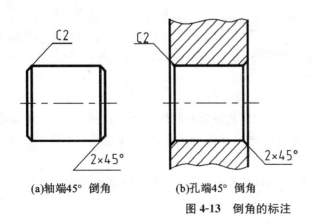
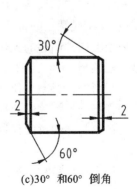

(a)轴端45° 倒角　　　　　(b)孔端45° 倒角　　　　　(c)30° 和60° 倒角

图 4-13 倒角的标注

为了便于装配和操作安全,在轴端或孔口常常加工出倒角。倒角通常为 45°,必要时可采用 30°或 60°。45°倒角采用"宽度× 角度"的形式标注在宽度尺寸线上或从 45°角度线引出标注,45°倒角可用符号"C"表示,如"C1"表示 1×45°倒角;但非 45°倒角必须分别直接注出角度和宽度,如图 4-13(a)～(c)所示。

2 退刀槽

在进行切削加工时,为了便于退出刀具并为了在装配时能与相关零件靠紧,常在待加工表面的台肩处预先加工出退刀槽。退刀槽一般可按"槽宽×直径"或"槽宽×槽深"的形式标注,如图 4-14 所示。

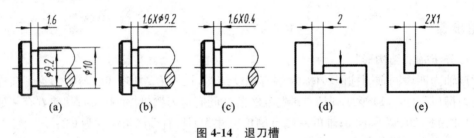

图 4-14 退刀槽

3 螺纹结构

螺栓、螺母、垫圈、螺柱、螺钉等俗称螺纹连接件,是因为它们都具有螺纹结构。螺纹是在圆柱(或圆锥)表面上沿着螺旋线形成的具有相同断面形状的连续凸起和沟槽。加工在圆柱外表面上的螺纹称为外螺纹,加工在圆柱内表面上的螺纹称为内螺纹。内外螺纹成对旋合使用,可以起到连接或传动的功用。

3.1 螺纹加工方法

加工螺纹的方法有许多种。图 4-15 所示为在车床上加工内、外螺纹的方法。夹在三爪卡上的工件作匀速旋转运动,车刀沿工件轴向作等速直线运动,其合成运动的轨迹是螺旋线,刀尖在工件表面上切出的螺旋线沟槽就是螺纹。

3.2 螺纹五要素

螺纹的结构和尺寸是由牙型、直径、旋向、线数、螺距和导程等要素决定的。

(1)牙型是螺纹的特征要素。在通过螺纹轴线的断面上,螺纹牙齿的轮廓形状称为牙型。牙型上向外凸起的尖端称为牙顶,向里凹进的槽底称为牙底 (图 4-16)。常见的螺纹牙型有三角形、矩形、梯形和锯齿形等(表 4-1)。

(2)直径有大径、中径、和小径。

大径指与外螺纹的牙顶或内螺纹的牙底相重合的假想圆柱面直径(图 4-16 中 d,D)

小径指与外螺纹的牙底或内螺纹的牙顶相重合的假想圆柱面直径(图 4-16 中 d_1,D_1)。

中径指在大径和小径之间的假想圆柱面直径,该圆柱的母线通过牙型上沟槽和凸起宽度相等的地方(图 4-16 中 d_2,D_2)。

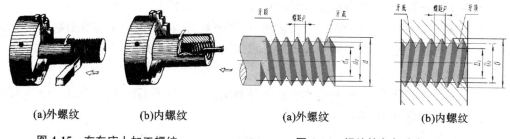

(a)外螺纹   (b)内螺纹   (a)外螺纹   (b)内螺纹

图 4-15 在车床上加工螺纹   图 4-16 螺纹的各部分名称

表 4-1   常用标准螺纹种类代号及牙型

牙型放大图	60°	55°	30°	3° / 30°
螺纹作用	连接和紧固用螺纹	管用螺纹	传动螺纹	
螺纹种类	普通螺纹(代号 M)	管螺纹	梯形螺纹(Tr)	锯齿形螺纹(代号 B)
	粗牙 / 细牙	G / R / Rc / Rp		

　　米制螺纹的公称直径一般指螺纹大径的基本尺寸。

　　(3)线数有单线和多线之分。沿一条螺旋线形成的螺纹为单线螺纹,沿两条或两条以上且在轴向等距分布的螺旋线所形成的螺纹为多线螺纹,如图 4-17(a)(b)所示。

　　(4)螺距与导程。同一条螺旋线上相邻两牙在中径线上对应两点间的轴向距离称为导程(S);相邻两牙在中径线上对应两点间的轴向距离称为螺距(P)。导程(S)和螺距(P)关系是:对单线螺纹,$S=P$;对多线螺纹(线数为 n),$S=nP$,如图 4-17 所示。

　　(5)螺纹的旋向分左旋和右旋。顺时针旋入的螺纹为右旋,逆时针旋入的螺纹为左旋。将外螺纹轴线垂直放置,右旋螺纹的可见螺旋线具有左低右高的特征,而左旋螺纹则有左高右低的特征,如图 4-18 所示。

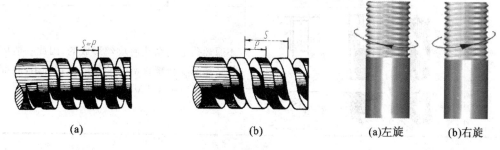

(a)   (b)   (a)左旋   (b)右旋

图 4-17 螺纹的线数、导程和螺距   图 4-18 螺纹的旋向

　　只有当外螺纹和内螺纹的上述五个结构要素完全相同时,内外螺纹才能旋合在一起。在螺纹要素中,国家标准对牙型、直径与螺距的数值作出了统一规定。符合国家标准

的螺纹称为标准螺纹,不符合国家标准的螺纹称为非标准螺纹。

标准螺纹中,用于连接的螺纹有普通螺纹、管螺纹等,用于传动的螺纹有梯形螺纹和锯齿形螺纹。普通螺纹、梯形螺纹和锯齿形螺纹又通称为米制螺纹。

3.3 螺纹的画法

由于螺纹的形状较复杂,其真实投影不易画出。国家标准 GB/T 4459.1—1995 对螺纹的画法作了简化规定,见表 4-2。

表 4-2 螺纹规定画法

分类		图例	说明
基本规定		(1)牙顶圆的投影用粗实线表示 (2)牙底圆的投影用细实线表示,在垂直于螺纹轴线的投影面的视图中,表示牙底圆的细实线只画约 3/4 圈 (3)螺纹终止线用粗实线表示 (4)在剖视图或断面图中,剖面线一律画到粗实线	
单个螺纹	外螺纹	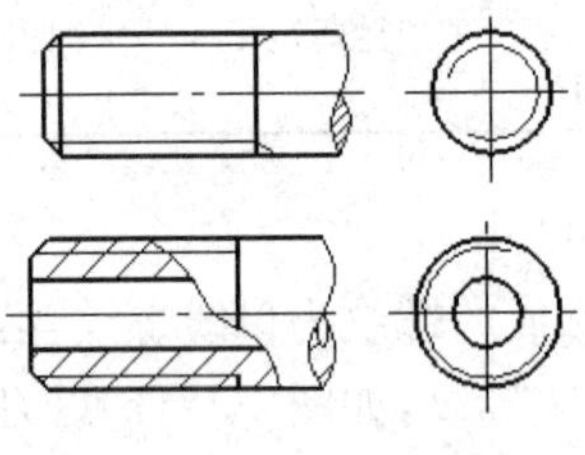	(1)外螺纹大径画粗实线,小径画细实线 (2)小径通常按大径的 0.85 倍绘制 (3)牙底线在倒角(或倒圆)部分也应画出;在垂直于螺纹轴线的投影面的视图中画出牙底圆时,倒角的投影省略不画 (4)螺尾部分一般不必画出,当需要表示螺尾时,该部分用与轴线成 30°的细实线画出
	内螺纹	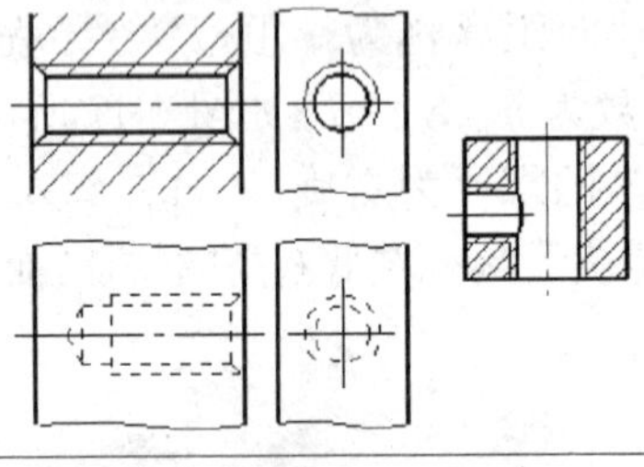	(1)可见内螺纹的小径画粗实线,大径画细实线 (2)不可见螺纹的所有图线用虚线绘制 (3)螺孔的相贯线仅在牙顶处画出
	不通螺孔	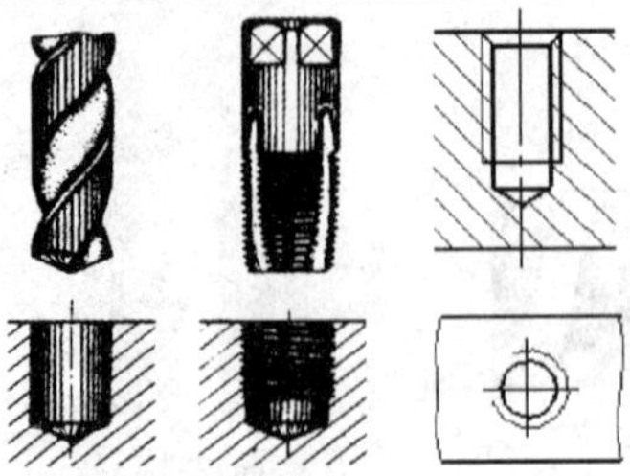	不通螺孔是先钻孔后攻丝形成的,因此一般应将钻孔深度与螺纹部分的深度分别画出,底部的锥顶角应画成 120°

（续表）

分类	图例	说明
螺纹连接画法		以剖视图表示内外螺纹的连接时，其旋合部分应按外螺纹的画法绘制，其余部分按各自的画法表示 注意表示内外螺纹牙底和牙顶的粗、细线必须对齐

3.4　螺纹的标注

由于螺纹都采用的是规定画法，它不能表示出螺纹的基本要素和种类，这就需要通过螺纹的标注来区分。国家标准规定了螺纹的标记和标注方法。

3.4.1　普通螺纹的规定标记格式

$\underbrace{\underbrace{\text{螺纹特征代号}\quad\text{公称直径}\times\text{螺距}\quad\text{旋向}}_{\text{螺纹代号}}\quad\underbrace{\text{中径公差带}\quad\text{顶径公差带}}_{\text{公差带代号}}\quad\underbrace{\text{旋合长度代号}}_{\text{旋合长度代号}}}$

【例1】解释 M20—5g6g—S 的含义。

表示：粗牙普通外螺纹，大径为 20 mm，螺距为 2.5 mm（查表可得），右旋，中径公差带为 5 g，顶径公差带为 6 g，短旋合长度。

（1）粗牙普通螺纹不标注螺距，因为其螺距与公称直径是一一对应的，参看教材附表1。

（2）米制螺纹以螺纹大径为公称直径。

（3）左旋螺纹用代号"LH"表示旋向，而应用最多的右旋螺纹不标注旋向。

（4）螺纹公差带代号由表示螺纹公差等级的数字和表示基本偏差的字母（外螺纹为小写字母，如5g；内螺纹为大写字母，如6H）表示，应分别注出中径和顶径的公差带代号，二者相同时则只标注一次。

（5）旋合长度分为长、中、短三种，分别用代号 L，N，S 表示，应用最多的中等旋合长度可省略 N。

3.4.2　用螺纹密封的管螺纹的标记格式

标记格式如下：螺纹特征代号　尺寸代号　旋向代号

【例2】解释 $Rc\ 3/4$ 的含义。

表示：用螺纹密封的右旋圆锥内螺纹，尺寸代号为3/4。

（1）各种管螺纹的特征代号：Rc 表示圆锥内螺纹，Rp 表示圆柱内螺纹，R 表示圆锥外螺纹。

（2）各种管螺纹的公称直径是管子的公称直径，并且以英寸（"）为单位，代表着某管子上的螺纹尺寸，用尺寸代号1/2，3/4，1，1½表示。管螺纹的大、中、小径要通过查阅相关国标才能确定，参看教材附表2。

（3）左旋螺纹用代号"LH"表示旋向；而应用最多的右旋螺纹不标注旋向。

（4）各种管螺纹仅有一种公差带，故不注公差带代号。

3.4.3 非螺纹密封的管螺纹

标记格式如下:螺纹特征代号　尺寸代号　公差等级代号　旋向代号。

【例3】 解释 G1½ A 的含义并查表确定螺纹大径和螺距。

表示:非螺纹密封的右旋圆柱外螺纹,尺寸代号为 1½,公差等级代号为 A。根据教材附表 2,可查表确定大径为 47.803,螺距为 2.309。

(1)螺纹的特征代号用 G 表示。

(2)螺纹公差等级代号,对外螺纹分 A,B 两级标记;因内螺纹仅有一种公差带,故不加标记。

【例4】 解释 G1½—LH 的含义。

表示:非螺纹密封的左旋圆柱内螺纹,尺寸代号为 1½。

3.4.4 螺纹的标注方法

3.4.4.1 米制螺纹

将螺纹的标记直接注在大径的尺寸线或其引出线上,如图 4-19(a)所示。对于不通螺孔,还需注出螺纹深度,钻孔深度仅在需要时注出,如图 4-19(b)所示;也可采用旁注法引出标注,如图 4-19(c)所示。

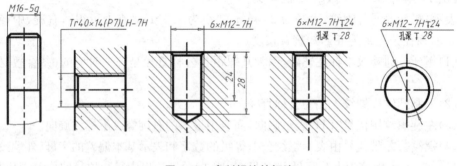

图 4-19　米制螺纹的标注

3.4.4.2 管螺纹

其标记一律注在引出线上,引出线应由大径处引出或由对称中心线处引出,如图 4-20 所示。

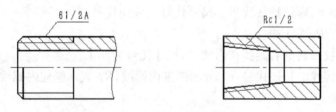

图 4-20　管螺纹的标注

4　折断缩短画法

较长的机件(轴、杆、型材、连杆等)沿长度方向的形状一致或按一定规律变化时,可断开后缩短绘制,但标注尺寸时,要标注尺寸的实长,如图 4-21 所示。断裂边界可用波浪线、双折线、细双点画线绘制。在化工设备图中,由于设备总长(高)尺寸与其他结构悬殊,故常采用此画法。

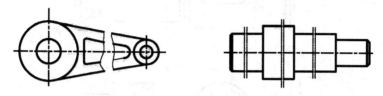

图 4-21　折断缩短画法

活动 2　绘制轴的其他视图

主视图已按照尺寸画出四段同轴圆柱回转体,包括倒角、退刀槽、键槽和螺纹结构。退刀槽(尺寸 2×1)尺寸偏小,应再补充一处局部放大图以反映其细节结构。主视图只反映了 $\phi24$ 圆柱前方键槽的特征形状和长 20、宽 8 的尺寸,深 3 的尺寸未反映出来。应采用一处移出断面图以补充。结果见图 4-22 所示。

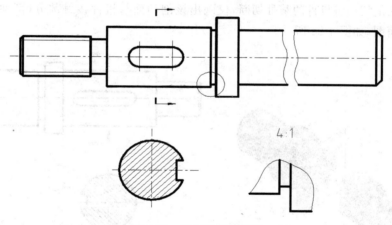

图 4-22　绘制轴其他视图

知识准备

1　局部放大图——细小结构的表示法

将机件的部分结构,用大于原图形所采用的比例画出的图形称为局部放大图。局部放大可画成视图,也可画成剖视图、断面图,它与被放大部分的表示方式无关,如图 4-23 所示。局部放大图应尽量配置在被放大部位附近。

画局部放大图时,用细实线圈出(直径 10 mm)被放大部位。当同一机件上有几个被放大的部分时,应用罗马数字依次地标明被放大的部位,并在局部放大图上方标注出相应的罗马数字和所采用的比例,如图 4-23 所示。局部放大图的比例,是指该图形中机件要素的线性尺寸与实际机件相应要素的线性尺寸之比,而与原图形所采用的比例无关。

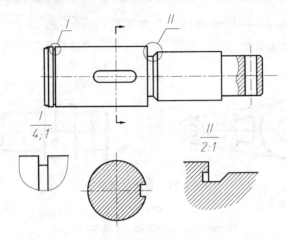

图 4-23　局部放大图

2　断面图

2.1　概念

　　假想用剖切面将机件的某处切断,仅画出该剖切面与机件接触部分(剖面区域)的图形称为断面图,如图 4-24 所示。

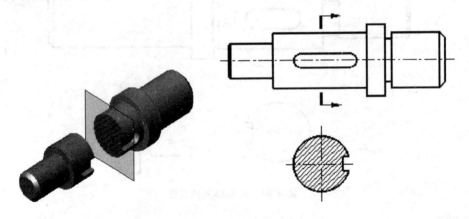

图 4-24　移出断面图

　　断面图图形简洁,重点突出,常用来表达轴上的键槽、销孔等结构,还可用来表达机件的肋、轮辐,以及型材、杆件的断面形状。

2.2　断面图画法步骤

　　(1)在视图上用剖切符号标出剖切位置,表明投影方向。

　　(2)按照箭头所指方向将断面轮廓投影旋转 90°画在规定位置。

　　(3)在剖面区域内画出剖面符号。

　　剖切符号:与机件轮廓垂直的两条粗短画,长度约为 $6d$,线宽($1 \sim 1.2$)d(d 为粗实线宽度)。

　　剖面符号(剖面线):假想用剖切面剖开机件,剖切面与机件的接触部分称为剖面区域。国家标准规定在剖面区域内画出与物体材料相对应的图形符号(剖面符号)。不需要在剖面区域中表示材料的的类别时或在机械图样中,采用通用剖面线表示。

通用剖面线用一组等间隔的平行细实线绘制,一般与主要轮廓或剖面区域的对称线成45°角。同一机件的各个剖面区域,其剖面线画法应一致。

若需在剖面区域中表示材料的类别时,应采用特定的剖面符号表示(大部分材料的剖面线在国标中有规定)。非金属材料一般采用正负45°交叉的网状线表示。

2.3　断面图的分类与画法

按绘制位置的不同,断面图分为移出断面图和重合断面图。

2.3.1　画在视图轮廓之外的断面图称为移出断面图

移出断面图的轮廓线用粗实线绘制,通常配置在剖切线的延长线上,如图 4-25(b)(c)所示;也可配置在其他适当的位置,如图 4-25(a)(d)所示。当断面图形对称时,可画在视图的中断处,如图 4-26 所示。

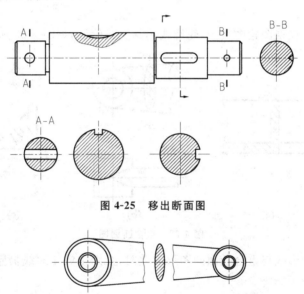

图 4-25　移出断面图

图 4-26　画在视图中断处的移出断面图

移出断面图的一般标注方法如图 4-25 所示。当移出断面图配置在剖切线的延长线上时,可省略字母,如图 4-25(b)(c)所示。当移出断面图形对于剖切线对称或按投影关系配置时可省略箭头,如图 4-25(a)(d)所示。对称的移出断面画在剖切线的延长线上时,只需要用细点画线画出剖切线表示剖切位置,如图 4-25(b)所示。配置在视图中断处的对称移出断面不必标注,如图 4-26 所示。

画移出断面图时要注意以下几个问题:

(1)当剖切平面通过回转面形成的孔或凹坑的轴线时,则这些结构按剖视图要求绘制,如图 4-25(a)(d)所示。图中应将孔(或坑)口画成封闭。

(2)当剖切平面通过非圆孔,会导致出现完全分离的两个断面时,这些结构应按剖视图要求绘制,如图 4-27 所示。

（3）由两个或多个相交的剖切平面剖切得出的移出断面，中间一般应断开，如图 4-28 所示。

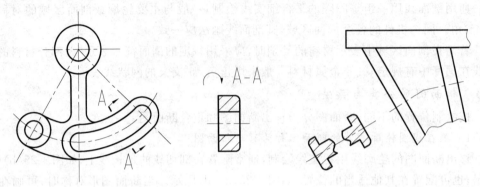

图 4-27　按剖视绘制的断面图　　　　　图 4-28　两相交平面切得的断面图

2.3.2　重合断面图

重合断面图画在视图轮廓线内，轮廓线用细实线绘制，如图 4-29 所示。

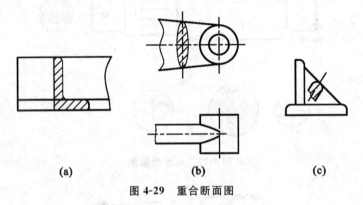

（a）　　　　　　　（b）　　　　　　　（c）

图 4-29　重合断面图

当视图中的轮廓线与重合断面的图形重叠时，视图中的轮廓线仍应连续画出，不可间断，如图 4-29(a)所示。

配置在剖切符号上的不对称重合断面应标注剖切符号和箭头，如图 4-29(a)所示。对称重合断面不必标注，如图 4-29(b)(c)所示。

3　平面的示意画法

当回转体机件上的平面在图形中不能充分表达时，可用两条相交的细实线表示这些平面，如图 4-30 所示。

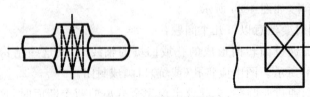

图 4-30　平面示意画法

活动 2 测绘盘类零件图形

各种阀盖、端盖、齿轮、手轮、带轮、法兰盘、管板等零件，均属于轮盘类零件。这类零件主要起压紧、密封、支承、连接、分度及防护作用，基本形状是扁平的盘状，常带有一些孔、槽、肋和轮辐等结构，主要在车床上加工。它们的主视图一般按照加工位置放置，轴线水平放置。但当零件直径很大或基本形状不是回转体时，将改变加工位置，将轴线放成铅垂位置。此类零件一般选用 1～2 个基本视图并按内外结构形状的需要，作适当剖视和简化画法，细部结构可采用局部放大图。

图 4-31 端盖

任务的设计与实施

1. 画图前的准备

（1）了解零件名称、用途、结构形状及相应的加工方法，以便考虑零件表达方案。

此端盖零件主要起压紧、密封等作用。主要分为圆筒和圆板，基本形状是同轴圆柱体，有中心孔和四个连接孔，一般以车削加工为主。

（2）确定零件的视图表达方案。

此零件基本形状是同轴空心回转体，可采用两个基本视图表达。主视图应将轴线水平放置以符合加工位置，并采用全剖视以表达内部结构；再采用一个左视图以反映连接孔的分布情况。

2. 画图的方法和步骤

（1）定图幅：根据测量零件大小和视图数量选择比例和图幅。

（2）画出图框、标题栏：按照国标规定格式画出图框线和标题栏。

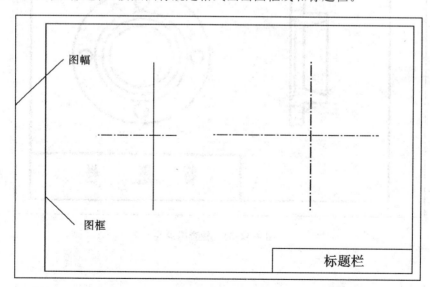

图 4-32(1) 画图框、标题栏

（3）布置视图：画出各视图基准线以合理布置图面,画图基线包括：对称线、轴线、某一基面的投影线。注意：各视图之间要留出标注尺寸的位置。

（4）画底稿。运用形体分析法按投影关系,逐个画出各个形体。步骤是：先画主要形体,后画次要形体；先定位置,后定形状；先画主要轮廓,后画细节。

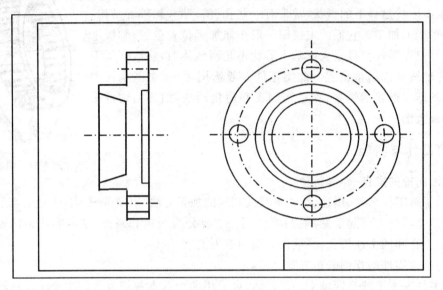

图 4-32(2) 布置视图

（5）加深：检查无误后,加深并画剖面线。

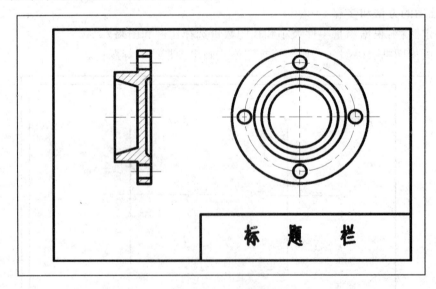

图 4-32(3) 检查描深

知识准备

1　常用测量尺寸的工具(图4-33)

(1)钢直尺用来直接测量精度要求不高的直线尺寸,如长度、高度、厚度、深度等。

(2)卡钳分外卡钳和内卡钳,分别用于测量回转面的外径和内径。测后需要借助直尺读取测量值。

(3)游标卡尺用于测量较精密的回转体直径及直线尺寸。

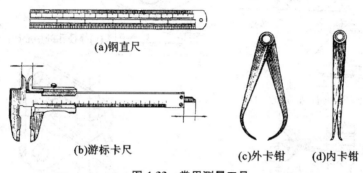

(a)钢直尺

(b)游标卡尺　　　　(c)外卡钳　　(d)内卡钳

图4-33　常用测量工具

2　常用测量工具的使用方法

2.1　直线尺寸的测量

直线尺寸一般可直接用钢直尺测量,对精度较高的尺寸则用游标卡尺测量。

2.2　直径的测量

用内、外卡钳或游标卡尺测量,如图4-34所示。

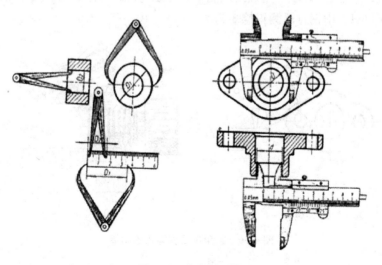

图4-34　直径的测量

2.3 间接测量法

零件上的壁厚、孔间距、中心高等尺寸可能很难直接测准,甚至无法直接量取,则需采用间接测量方法,如图 4-35 所示。

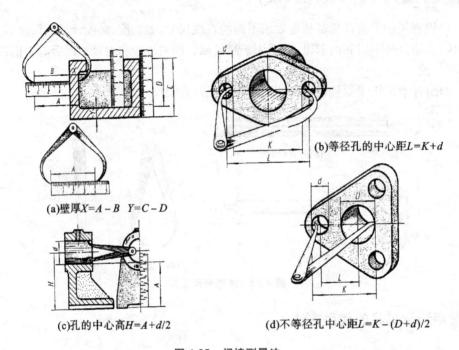

(a)壁厚$X=A-B$ $Y=C-D$

(b)等径孔的中心距$L=K+d$

(c)孔的中心高$H=A+d/2$

(d)不等径孔中心距$L=K-(D+d)/2$

图 4-35　间接测量法

2.4 圆角半径和螺纹螺距的测量

圆角半径可使用圆角规直接测量,如图 4-36(a)所示,对于精度不高的铸造圆角通常目测确定。普通螺纹的螺距可用螺纹规测量。无螺纹规时可用钢直尺量取数个螺距后取平均值,图 4-36(b) 中钢直尺测得螺距为 $P=L/6=10.5/6=1.75$。

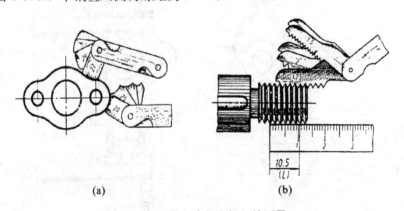

(a)

(b)

图 4-36　圆角半径和螺距的测量

注意:①测绘零件图一般采用徒手绘制,俗称"草图",但绝不是潦草的图,因为它是绘制零件工作图的依据,应具备零件图的完整内容。绘制时应按照前面所讲徒手绘图方法,认真细致,做到图形正确、比例匀称、线型分明、图面整洁。

②对于零件制造中的缺陷或使用过程中造成的磨损、变形等,在绘草图时应予以纠正和复原。而对零件的工艺结构如倒角、圆角、退刀槽等,都应完整表达。

③测量尺寸一般圆整为整数。标准结构如螺纹、键槽等尺寸,测量后要查找相关标准进行确定。有配合要求的尺寸,其基本尺寸和极限偏差应与相配零件的相应部分协调。

3 零件基本形状的常用表达方法

3.1 视图

主要用于表达机件的外部结构形状,根据国家标准《技术制图 图样画法 视图》(GB/T 17451—1998)的规定,视图有基本视图、向视图、局部视图和斜视图。

3.1.1 基本视图

当物体的形状复杂时,为了完整、清晰地表达物体的各面形状,在原有三个投影面的基础上各增加一个与之平行的投影面,构成一个正六面体。以正六面体的六个面作为基本投影面,将机件置于六面体中,分别向六个基本投影面投射,得到六个视图。图 4-37(a)所示为形成三视图的三个投影面(V、H、W 面)。除主、俯、左视图外,还有后视图(自后向前投射)、仰视图(自下向上投射)和右视图(自右向左投射),如图 4-37(b)所示。

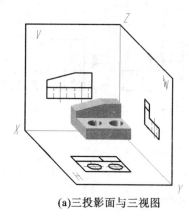 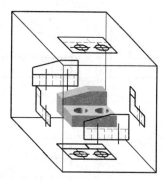

(a)三投影面与三视图   (b)六个基本投影面与基本视图

图 4-37 基本投影面与基本视图

基本投影面的展开方法如图 4-38 所示,即正面不动,其他投影面按照箭头所示旋转到与正面共处于同一个平面。展开后的六个视图,按图 4-39 的形式配置时,称为按投影关系配置,一律不注图名。这六个视图称为基本视图。六个基本视图仍遵循"三等"规律,即主、俯、仰视图长对正,主、左、右、后视图高平齐,俯、左、仰、右视图宽相等。对于方位关系,应注意俯、左、仰、右视图都反映形体的前后关系,远离主视图的一侧为形体的前面,靠近主视图的一侧为形体的后面;后视图反映左右关系,但其左边为形体的右面,右边为形体的左面。

在绘制工程图样时,一般并不需要将物体的六个基本视图全部画出,而是根据物体结构特点和复杂程度选择适当的基本视图,一般优先选用主、俯、左视图。

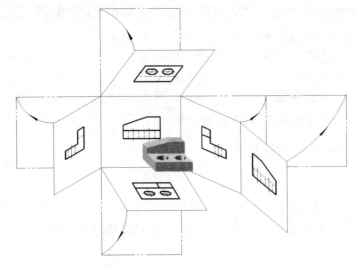

图 4-38　六个基本投影面的展开方法

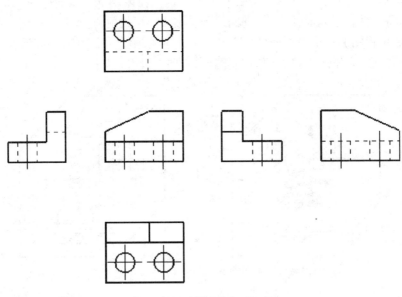

图 4-39　六个基本视图的配置

3.1.2　向视图

向视图是指可自由配置的基本视图。在实际绘图过程中,有时难以将六个基本视图按图 4-39 的形式配置,此时可采用向视图的形式配置。如图 4-40 所示,机件的右视图、仰视图和后视图没有按投影关系配置而成为向视图。此时,必须在其上方用大写的拉丁字母标注视图的名称,在相应视图附近用箭头指明投射方向并标注相同的字母。

向视图是基本视图的一种表达形式,它们的主要区别在于视图的位置配置不同。

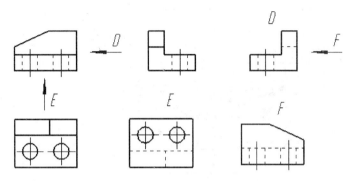

图 4-40　向视图的配置和标注

3.1.3　局部视图

将机件的某一部分向基本投影面投射所得的视图称为局部视图。

图 4-41 所示的机件，主、俯视图没有把圆筒上左侧凸台和右侧拱形槽的形状表达清楚，若为此画出左视图和右视图，则大部分表达内容是重复的，因此，可只将凸台及开槽处的局部结构分别向基本投影面投射，即得两个局部视图。

局部视图的断裂边界应以波浪线（或双折线）表示，当所表示的局部视图的外形轮廓成封闭时，则不必画出其断裂边界线，如图 4-41 所示。

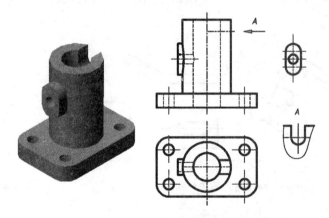

图 4-41　局部视图的画法和标注

局部视图应按照向视图的配置形式配置并标注，如图 4-41 中的局部视图 A。当局部视图按基本视图的配置形式配置，中间又没有其他图形隔开时，可省略标注，如图 4-41 中表示左侧凸台的局部视图。

3.1.4　斜视图

机件向不平行于基本投影面的平面投射所得的视图称为斜视图。

如图 4-42 所示，机件右侧的倾斜结构在各基本投影面上都不能反映实形，为此，增设一个与倾斜部分平行的正垂面作为辅助投影面，将倾斜结构向辅助投影面投射，即可得到反映该部分实形的视图，即斜视图。

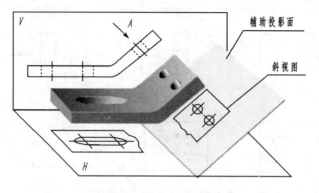

图 4-42　斜视图的形成

　　图 4-43(a)所示为该机件的一组视图,在主视图基础上,采用斜视图清楚地表达出了其倾斜部分的实形;同时,采用局部视图代替俯视图,避免了倾斜结构在视图上的复杂投影。

　　斜视图断裂边界的画法与局部视图相同。斜视图通常按向视图的配置形式配置并标注,如图 4-43(b)所示。必要时,允许将斜视图旋转配置(将图形转正),但须标上旋转符号(画法如图 4-44 所示),且视图名称的大写拉丁字母应靠近旋转符号的箭头端,箭头所指方向应与实际旋转方向一致,如图 4-43(b)所示,也允许将旋转角度标注在字母之后。

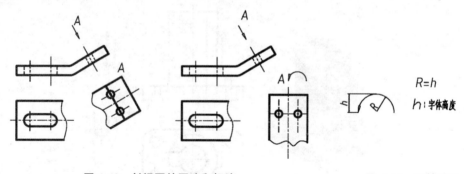

图 4-43　斜视图的画法和标注　　　　　　　　　　图 4-44　旋转符号

3.2　剖视图

　　当机件的内部结构较复杂时,视图中就会出现很多虚线,这给画图、读图及标注尺寸增加了困难。为了清晰地表达机件的内部形状,国家标准规定了剖视图的画法。

3.2.1　剖视图的概念和画法

3.2.1.1　剖视图的概念

　　假想用剖切面剖开机件,将处在观察者和剖切面之间的部分移去,而将其余部分向投影面投射所得的图形称为剖视图,简称剖视。如图 4-45(a)所示机件,若采用图 4-45(b)所示的视图表达方案,则其上的孔、槽结构在主视图中均为虚线。

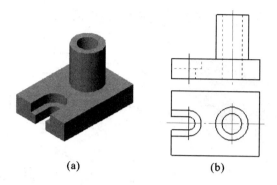

(a)   (b)

图 4-45 机件的视图表达

如果采用剖视的方法,即用过机件前后对称面的剖切面剖开机件,将其前半部分移去,并将后半部分向 V 面投射如图 4-46(a)所示,这样,不可见的孔和槽变为了可见的,视图上的虚线在剖视图中变为了实线,如图 4-46(b)所示。

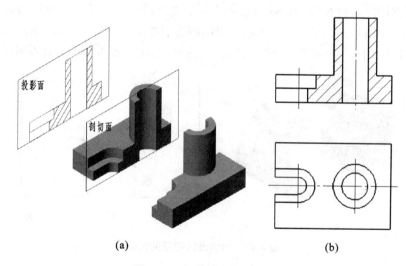

(a)   (b)

图 4-46 机件的剖视图表达

3.2.1.2 剖视图与断面图的区别

如图 4-47 所示,断面图与剖视图的不同之处是:断面图仅画出物体被切断面的图形,是"面"的投影,而剖视图则要求除了画出物体被切断面的图形外,还要画出剖切面以后的所有部分的投影,是"体"的投影。

3.2.1.3 画剖视图要注意的问题

(1)剖视图剖开机件是假想的。当机件的一个视图画成剖视图后,其他视图不受影响,如图 4-46(b)所示的俯视图。

(2)选择剖切面的位置时,应通过相应内部结构的轴线或对称平面,以完整地反映它的实形。剖切面可以是平面,也可以是曲面(圆柱面),还可以是多个面的组合,但应用最多的是采用与基本投影面平行的平面作为剖切面。

(3)作图时需分清机件的移去部分和剩余部分,仅画剩余部分;还需分清机件被剖切部位的实体部分和空心部分,剖面线仅在实体部分,即剖面区域画出。

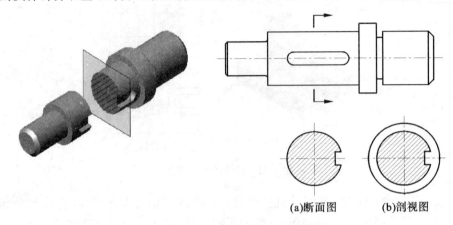

(a)断面图　　　(b)剖视图

图 4-47　断面图与剖视图的区别

(4)剖视图是机件被剖切后剩余部分的完整投影,所以,凡是剖切面后的可见轮廓线应全部画出,不得遗漏,如图 4-48 所示。而剖切面后的不可见轮廓,若已在其他视图中表示清楚时,图中的虚线应省略不画。还需注意的是,剖面区域内部不会有粗实线存在。

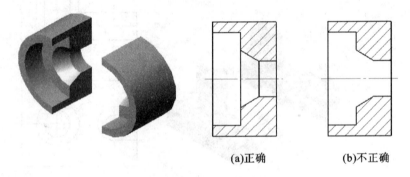

(a)正确　　　　　(b)不正确

图 4-48　剖切面后的可见轮廓

3.2.1.4　剖视图的标注

一般应在剖视图的上方用大写的拉丁字母标出剖视图的名称"×－×"。在相应视图上用剖切符号表示剖切位置,用箭头表示投射方向并标注相同的字母,如图 4-49 所示。

当剖视图按投影关系配置,中间又没有其他图形隔开时,可省略箭头。

当单一剖切平面通过机件的对称面或基本对称面且剖视图按投影关系配置、中间又没有其他视图隔开时,不必标注。因此,图 4-49 中的标注可以省略,如图 4-46 所示。

3.2.2　剖视图的种类

按剖切面剖开机件的范围的不同,剖视图分为全剖视图、半剖视图和局部剖视图。

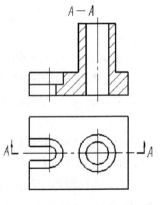

图 4-49　剖视图的标注

3.2.2.1 全剖视图

用剖切面完全地剖开机件所得的剖视图称为全剖视图。

前面各例中的剖视图,均为全剖视图。全剖视图主要用于表达机件整体的内部形状。

3.2.2.2 半剖视图

当机件具有对称平面、向垂直于对称平面的投影面上投射所得的图形,可以对称中心线(细点画线)为界,一半画成剖视图,另一半画成视图,这种组合的图形称为半剖视图。

半剖视图适用于内、外形状均需表达的对称机件或基本对称机件。

如图 4-50(a)所示,由于机件左右对称,主视图可画成半剖视图,即以左右对称线为界,一半画成剖视图,另一半画成视图。这样,就能用一个图形同时将这一方向上机件的内、外形状表达清楚,既减少了视图数量,又使得图形相对集中,便于画图和读图。采用半剖视图的表达方案如图 4-50(b)所示,由于机件前后也对称,俯视图以前后对称线为界也画成了半剖视图。

半剖视图中,视图与剖视图的分界线应是细点画线而不应画成粗实线。由于图形对称,机件的内部结构已在半个剖视图中表达清楚,因此另一半视图中,表达内部结构的虚线应省略不画。

半剖视图的标注方法与全剖视图相同。在图 4-50(b)中,由于剖得主视图的剖切平面与机件的前后对称面重合,故可省略标注。而剖得俯视图的剖切平面不是机件的对称面,故需要标出剖切符号和字母,但可省略箭头。

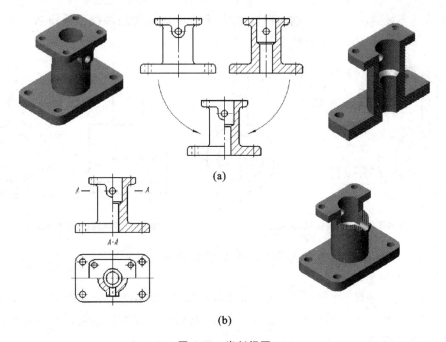

(a)

(b)

图 4-50 半剖视图

3.2.2.3 局部剖视图

用剖切面局部地剖开机件所得的剖视图称为局部剖视图。

局部剖视图也是一种内外形状兼顾的剖视图,但它不受机件是否对称的限制,其剖切位置和剖切范围可根据表达需要确定,是一种比较灵活且应用广泛的表达方法,如图 4-51 所示。

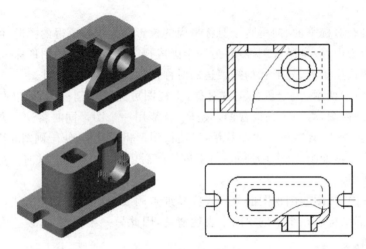

图 4-51 局部剖视图

局部剖视图用波浪线(或双折线)分界,波浪线表示机件实体断裂面的投影,不能超出图形,不能穿越剖切平面和观察者之间的通孔、通槽,并不得和图形上其他图线重合,如图 4-52 所示。当被剖切的局部结构为回转体时,允许将该结构的轴线作为局部剖视与视图的分界线,如图 4-53 所示的主视图。

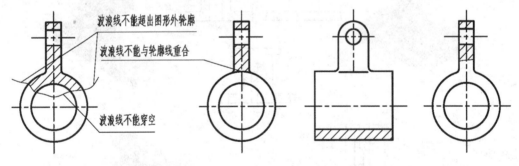

图 4-52 波浪线错误画法   图 4-53 以轴线代替波浪线

采用单一剖切平面的局部剖视图,剖切位置明显时通常省略标注。

3.2.3 剖视图的其他规定

(1)对于机件的肋、轮辐及薄壁等,如按纵向剖切,这些结构的剖面区域内不画剖面线,而用粗实线将它和相邻部分分开,如图 4-54 所示的主视图。但当这些结构被横向剖切时,仍应按正常画法绘制,如图 4-54 所示的 $A-A$ 剖视图。

(2)带有规则分布结构要素(如肋、轮辐、孔等)的回转零件,可将这些结构要素旋转到剖切平面上画出,如图 4-55 所示。

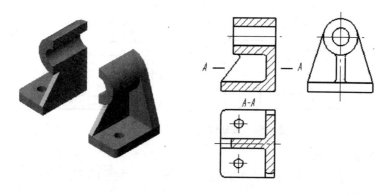

图 4-54 肋板的剖切画法

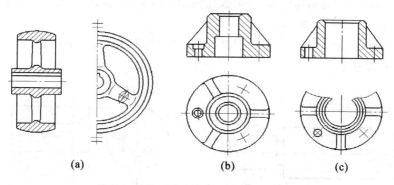

(a) (b) (c)

图 4-55 规则分布结构要素的剖切画法

3.3 简化画法

简化画法包括规定画法、省略画法、示意画法等图示画法。GB/T 16675.1—1996 规定了一系列简化画法,目的是减少绘图工作量,提高制图效率及图形清晰度,适应技术交流的需要。

3.3.1 省略画法

若干直径相同且成规律分布的孔(圆孔、螺孔、沉孔等),可以仅画出一个或少量几个,其余只需用细点画线表示其中心位置,如图 4-56 所示。

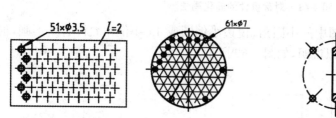

图 4-56 按规律分布孔的简化画法

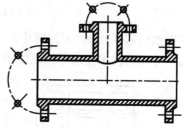

图 4-57 法兰上均匀分布的孔

当机件具有若干相同的结构(齿、槽等),并按一定规律分布时,只需要画出几个完整的结构,其余用细实线连接,在图中则必须注明该结构的总数,见图 4-58 所示。

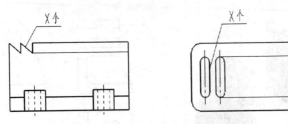

图 4-58　按规律分布分布齿槽的画法

3.3.2　法兰孔示意画法

圆柱法兰和类似零件上均匀分布的孔,可按图 4-57 所示的方法表示其分布情况。

3.3.3　局部视图简化画法

机件上对称结构的局部视图,可配置在视图上所需表达局部结构的附近,并用细点画线将两者相连,如图 4-59 所示。

在需要表示位于剖切平面前的结构时,这些结构按假想投影的轮廓线即用双点画线绘制,如图 4-60 所示。

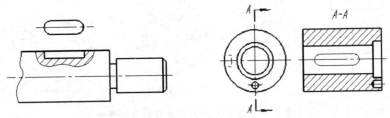

图 4-59　局部视图的简化画法　　　图 4-60　剖切平面前面结构的简化画法

对称机件的视图可只画一半或 1/4,并在对称线的两端各画两条与其垂直的平行细实线,如图 4-61 所示。

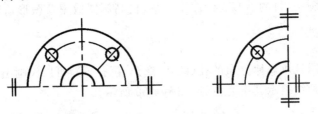

图 4-61　对称机件的简化画法

在不致引起误解时,零件图中的小圆角、锐边小倒圆或 45°小倒角允许省略不画,但需注明尺寸或在技术要求中加以说明,如图 4-62 所示。

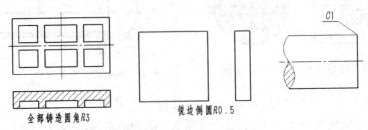

全部铸造圆角R3　　　锐边倒圆R0.5

图 4-62　细小结构的简化画法

【知识补充】剖切面类型

根据机件的结构特点,可选择以下剖切面剖开机件:单一剖切面、几个平行的剖切平面和几个相交的剖切面(交线垂直于某一投影面)。

1. 单一剖切面

单一剖切面一般是单一剖切平面,也可以是单一柱面。单一剖切平面又分为平行于基本投影面和不平行两种情况。以上所示剖视图均属于平行于基本投影面的单一剖切平面,俗称"单一剖"。

当机件有倾斜的内部结构要表达时,宜采用不平行于任何基本投影面的单一剖切平面,俗称"斜剖"。如图 4-63 所示的机件,采用了正垂面剖切,得到 $A-A$ 剖视图。该剖视图既能将凸台上圆孔的内部结构表达清楚,又能反映顶部方法兰的实形。

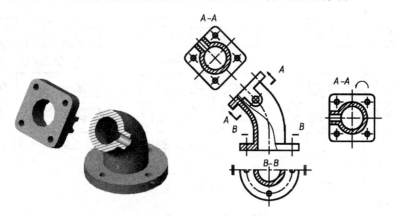

图 4-63 不平行于任何基本投影面的单一剖切平面

这时的剖视图必须完整标注。与斜视图相同,采用不平行于任何基本投影面的单一剖切平面剖切得到的剖视图应尽量配置在投射方向上,如图 4-63 中的 $A-A$,也可将其平移或旋转,如图 4-63 中的 $A-A$ ↷。

2. 几个平行的剖切平面

当机件的内部结构处在几个相互平行的平面上时,可采用几个平行的剖切平面,俗称"阶梯剖",如图 4-64 所示。

采用几个平行的剖切平面时,必须标注剖视图名称和剖切位置,若剖视图按投影关系配置,中间又没有其他图形隔开时,允许省略箭头,如图 4-64 所示。

对于几个平行的剖切平面的转折,应注意:在剖视图中不应画出转折平面的投影;不应在图形的轮廓线处转折;转折平面应与剖切平面垂直;应避免不完整的要素(图 4-65)。

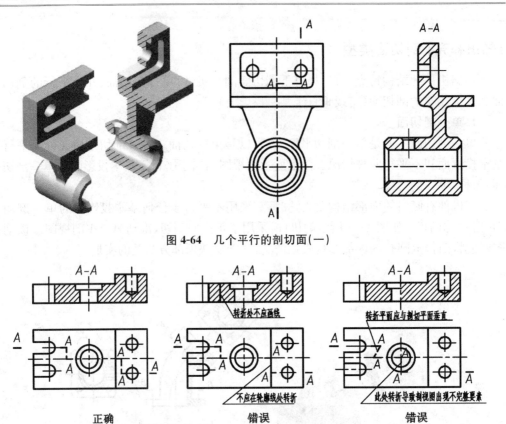

图 4-64　几个平行的剖切面(一)

正确　　　　　　　　错误　　　　　　　　错误

图 4-65　几个平行的剖切面(二)

3. 几个相交的剖切面(交线垂直于某一投影面)

对于整体或局部具有回转轴线的形体,可采用几个相交的剖切面剖切,如图 4-66 采用了两个相交的剖切平面。用两个或更多个相交的剖切平面获得的剖视图应旋转到一个投影平面上。采用这种方法画剖视图时,先假想按剖切位置剖开机件,然后将被剖切平面剖开的倾斜结构及其有关部分绕轴线旋转到与选定的投影面平行再进行投射,即"先剖、后转、再投射",故俗称"旋转剖"。

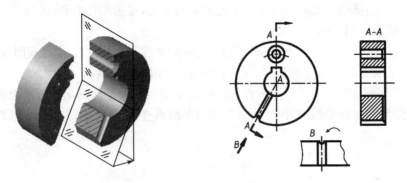

图 4-66　两个相交的剖切面

任务的检查与考核

项目	评分标准		考核形式	分值	合计
主视图 投影方向	好	20分	自评(20%)		
	较好	10分	他评(40%)		
	不好	5分	教师评价(40%)		
表达方法 选择	好	30分	自评(20%)		
	较好	20分	他评(40%)		
	不好	10分	教师评价(40%)		
图形质量	画法规范、符合投影关系、尺寸准确50分 1处错误扣2分		自评(20%)		
			他评(40%)		
			教师评价(40%)		

【知识扩充】

了解其他典型零件表达方法。

1. 支架类零件

连杆、拨叉、支座等属于叉架类零件,如图 4-67 所示。此类零件在装配体中主要用于支承或夹持零件,结构形状随零件作用而定,一般内形简单,外形结构比较复杂且往往带有倾斜结构,所以需经不同机械加工,加工位置多变且分不出主次。在选择主视图时,主要考虑工作位置和形状特征,如图 4-68 所示。一般需要两个图形,除主视图外,通常采用一些斜视图、局部视图及断面图。

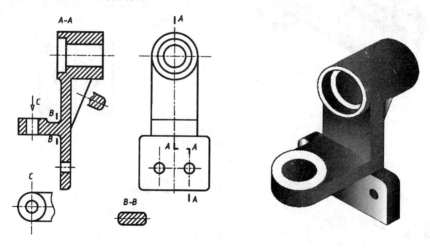

图 4-67　支架的视图表达

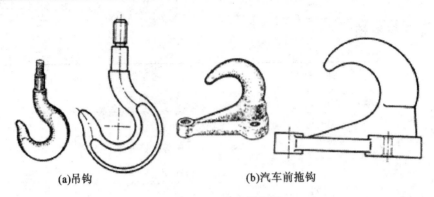

(a)吊钩   (b)汽车前拖钩

图 4-68   工作位置原则

2. 箱体类零件

箱体类零件包括阀体、箱体、泵体等,如图 4-69 所示。箱体类零件是用来支承、包容、保护运动零件的机架。这类零件内部具有空腔和孔等结构,形状一般较复杂,制造这类零件时,既要加工起定位、连接作用的底面,又要加工侧面和顶面以及孔和凸台等表面,所以加工位置多变,选择主视图时常以工作位置和形状特征为依据,一般至少需要三个基本视图,并配以剖视图和断面图等图样画法才能完整、清晰地表达其结构,如图 4-69 所示。

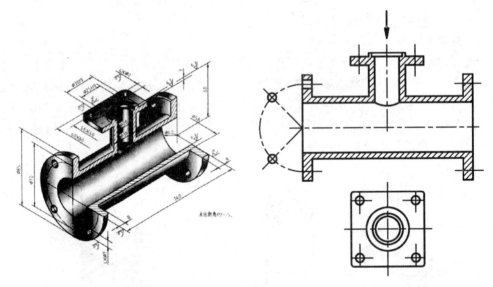

图 4-69   阀体

子任务 2   标注零件图的尺寸

能力目标

能给各类零件图形标注正确、完整的尺寸。

知 识 目 标

1. 理解零件图尺寸标注的设计要求和工艺要求,了解零件上的常见结构。
2. 理解尺寸基准的类型及确定方法,掌握在零件图尺寸标注的方法。

任 务 布 置

给任务二中所绘轴零件图和端盖零件标注上完整的尺寸。

问题引导

1. 零件图中的尺寸标注的基本要求是什么?
2. 标注零件图的尺寸基准如何选择?
3. 零件的尺寸标注要求与方法?

知识准备

1　零件图的尺寸标注的基本要求

零件图上的尺寸是零件加工、检验时的重要依据,是零件图主要内容之一。在零件图上标注尺寸除了满足"正确、完整、清晰"的基本要求外,还必须满足合理性的要求。

2　合理选择尺寸基准

尺寸基准,就是标注、度量尺寸的起点。根据基准的作用不同一般可分为设计基准和工艺基准。

2.1　设计基准

设计基准是根据零件在机器中的作用和结构特点,为保证零件的设计要求而选定的基准。

一般是确定零件位置的接触面、对称面和回转面的轴线。所谓设计要求,指零件按规定的装配基准正确装配后,应保证零件在装配体中获得准确的预定位置、必要的配合性质、规定的运动条件或要求的连接形式,从而保证产品的工作性能和装配精确度,保证机器的使用质量。

2.2　工艺基准

工艺基准是指满足工艺要求的基准,用于装夹定位、测量、检验零件已加工完的表面。

一般是零件上的端面、轴线和中心点。所谓工艺要求,是指零件在加工过程中要便于加工、测量。

零件图尺寸的合理性,是指所注尺寸应符合设计要求和满足工艺要求,因此最好使设计基准和工艺基准重合。如果不重合时,所注尺寸应在保证设计要求的前提下,满足工艺要求。

2.3　主要基准和辅助基准

零件的长、宽、高三个方向,每一方向至少应有一个尺寸基准。若有几个尺寸基准,其中必有一个主要基准,其余为辅助基准,并注意主要基准和辅助基准之间要有一个联系尺寸,决定零件在装配体中的理论位置,且首先加工或画线确定的对称面、装配面(底面、端面)以及主要回转面的轴线等常作为主要基准。

如图 4-70 所示的轴承座,其底面决定着轴承孔的中心高,而中心高是影响工作性能的主要尺寸。由于轴一般是由两个轴承座来支承的,为使轴线水平,两个轴承座的支承孔必须等高。同时,轴承座底面是首先加工出来的,因此在标注轴承座的高度方向尺寸时,应以底面作为主要基准。而轴承座上部螺孔的深度是以上端面为基准标注的。这样标注便于加工时测量,因此是工艺基准。长度方向和宽度方向以对称面为基准,对称面通常既是设计基准,又是工艺基准。

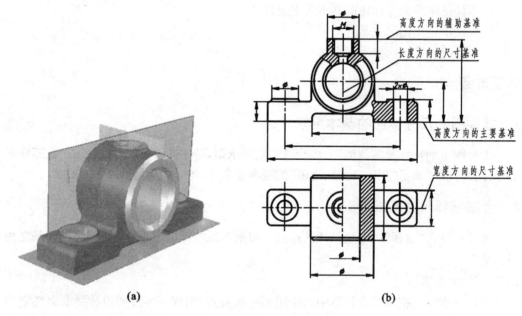

图 4-70 尺寸基准的选择

3 标注尺寸注意事项

3.1 功能尺寸必须直接注出

功能尺寸或称主要尺寸,是指那些影响产品的工作性能、精确度及互换性的重要结构尺寸。功能尺寸所确定的是零件上的一些主要表面,这些表面通常和其他零件的主要表面构成装配结合面,装配体就是通过这些主要表面来保证其工作质量和性能的。正因为如此,这类尺寸通常需要按较高的准确度制造,在零件图上这类尺寸必须直接注出。

例如,图 4-71 中轴承孔的高度 a 是影响轴承座工作性能的主要尺寸,加工时必须保证其加工精度,所以应直接以底面为基准标注出来,而不能将其代之为 b 和 c。因为在加工零件过程中,尺寸总会有误差,如果注写 b 和 c,由于每个尺寸都会有误差,两个尺寸加在一起就会有积累误差,不能保证设计要求。同理,轴承座底板上二螺栓孔的中心距 L 应直接注出,而不应注 e。

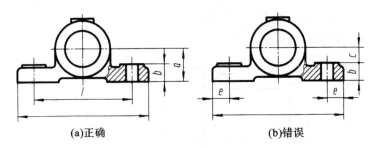

(a)正确　　　　　　　　　　　(b)错误

图 4-71　功能尺寸应直接注出

3.2　避免出现封闭的尺寸链

零件同一方向的尺寸首尾相接,构成一个封闭状链称为封闭尺寸链。如图 4-72 长度方向尺寸 b 和 c,e,d 构成封闭尺寸链,由于加工时,尺寸 c,d,e 都会产生误差,这样所有的误差都会积累到尺寸 b 上,不能保证尺寸 b 的精度要求。

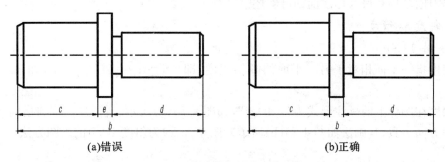

(a)错误　　　　　　　　　　　(b)正确

图 4-72　避免出现封闭的尺寸链

3.3　便于加工测量

除了主要尺寸必须直接标出外,其他尺寸标注时,应尽量与加工顺序一致,并要便于测量。

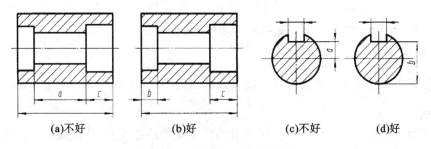

(a)不好　　　　(b)好　　　　(c)不好　　　　(d)好

图 4-73　标注尺寸应便于测量

4　零件上的常见结构及其尺寸注法

4.1　倒角和倒圆

倒角结构和尺寸标注前面已叙述。

在阶梯轴或阶梯孔的大小直径变换处,常加工成圆角环面过渡,称为倒圆,如图 4-70 所示。倒圆结构可以减小转折处的应力集中,增加强度。

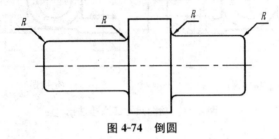

图 4-74 倒圆

倒角宽度和倒圆半径通常较小,一般在 0.5～3 mm 之间,故其结构在图中通常简化,尺寸集中在技术要求中注写。

4.2 退刀槽

退刀槽结构和尺寸标注前面已叙述。

4.3 斜度和锥度

4.3.1 斜度(S)

斜度指一平面相对于另一平面的倾斜程度,即:$S = \mathrm{tg}\beta = (H - h)/L$,如图 4-75 所示。

斜度在图样上的标注形式为"$\angle 1 : n$",如图 4-75(a)所示。符号"$\angle$"的指向应与实际倾斜方向一致,其画法如图 4-75(b)所示。图 4-75(c)为斜度 1:5 的画图方法。

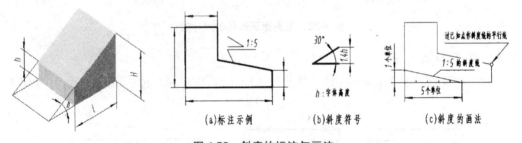

(a)标注示例   (b)斜度符号   (c)斜度的画法

图 4-75 斜度的标注与画法

4.3.2 锥度(C)

锥度是指正圆锥体的底圆直径与高度之比,即:$C = 2\mathrm{tg}\dfrac{\alpha}{2} = D/L = (D - d)/l$,如图 4-76 所示。

锥度的标注形式为"$1 : n$",注在与引出线相连的基准线上,基准线应与圆锥的轴线平行,符号方向与所标注图形的锥度方向应一致,如图 4-77(a)所示。锥度符号的画法如图 4-77(b)。图 4-77(c)说明了 1:4 锥度的画图方法。

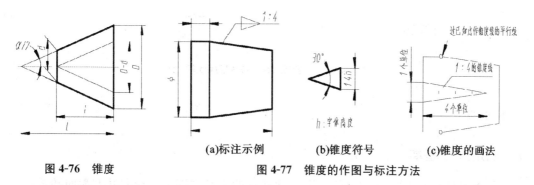

图 4-76　锥度

(a)标注示例　　　(b)锥度符号　　　(c)锥度的画法

图 4-77　锥度的作图与标注方法

4.4　光孔和沉孔

光孔和沉孔在零件图上的尺寸标注分为直接注法和旁注法两种。孔深、沉孔、锪平孔及埋头孔用规定的符号来表示,见表 4-3。

表 4-3　　　　　　　　　　　　光孔、沉孔的尺寸注法

类型		普通注法	旁注法		说明
光孔		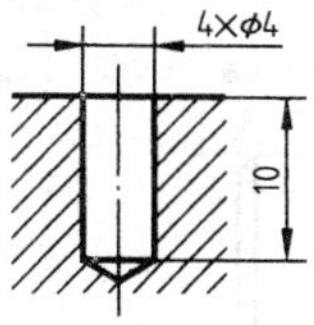 4×φ4 / 10	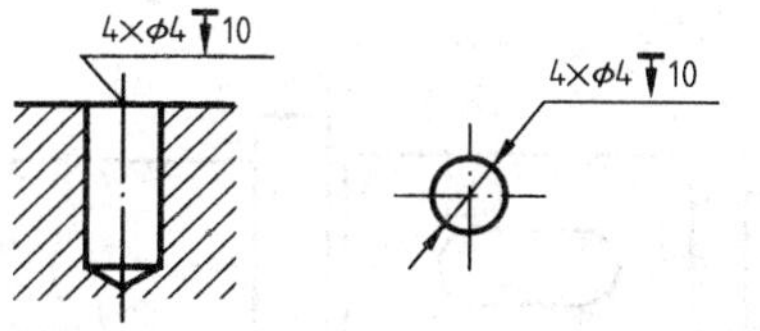 4×φ4▼10	4×φ4▼10	孔底部圆锥角不用注出 "4×φ4"表示 4 个相同的孔均匀分布(下同) "▼"为孔深符号
沉孔	埋头孔	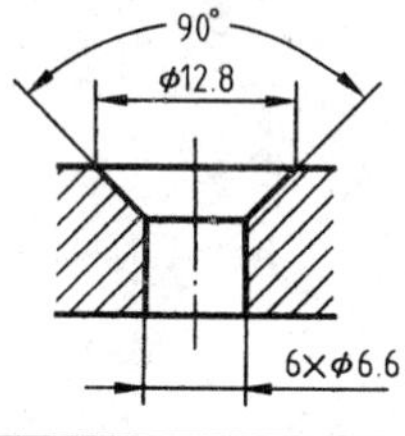 90° φ12.8 / 6×φ6.6	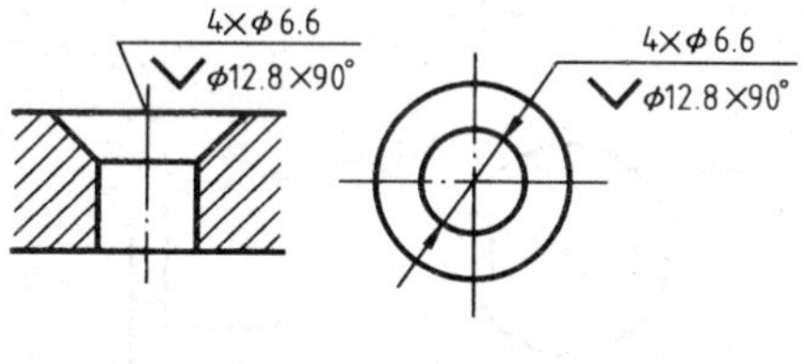 4×φ6.6 ∨φ12.8×90°	4×φ6.6 ∨φ12.8×90°	"∨"为埋头孔符号
	沉孔	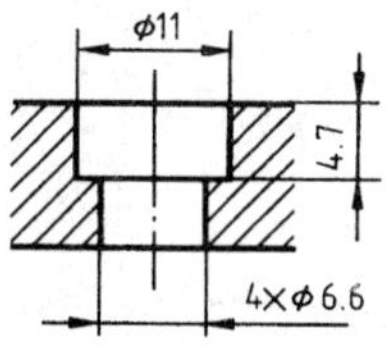 φ11 / 4.7 / 4×φ6.6	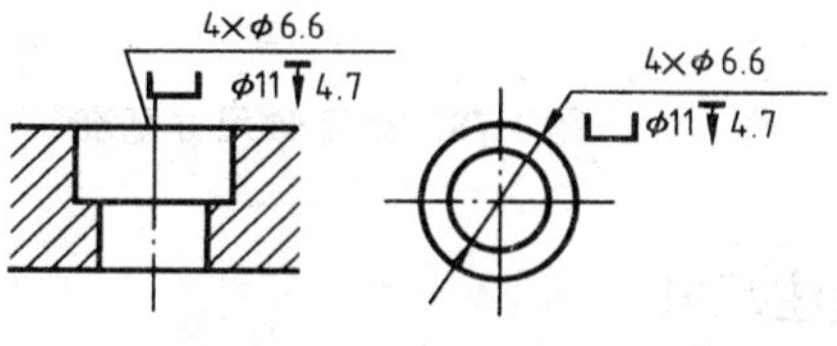 4×φ6.6 ⊔φ11▼4.7	4×φ6.6 ⊔φ11▼4.7	"⊔"为沉孔或锪平符号
	锪平孔	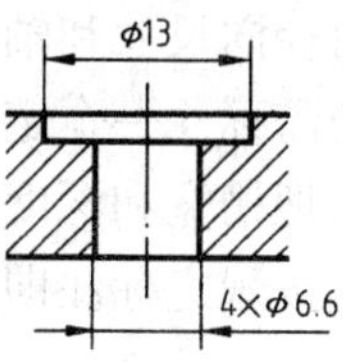 φ13 / 4×φ6.6	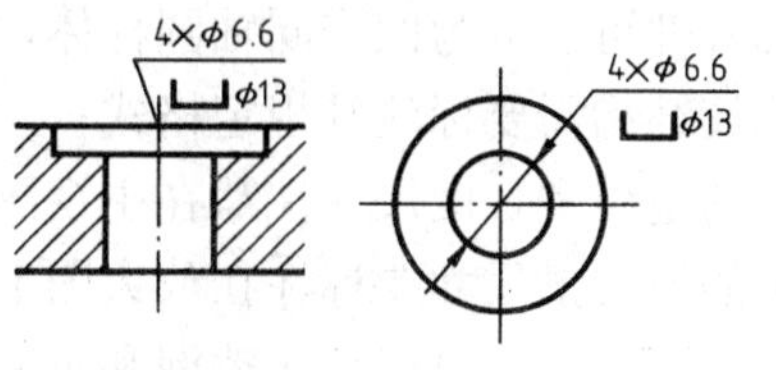 4×φ6.6 ⊔φ13	4×φ6.6 ⊔φ13	锪平深度不需注出,加工时锪平到不存在毛面即可

任务的设计与实施

活动 1　标注轴零件图的尺寸

实施步骤

1　确定尺寸基准

　　轴类零件一般为同轴回转体结构,因此选择两个基准即可。径向基准为回转体中心轴线,轴向(长度)基准一般选轴肩的端面为主要基准。而为了便于加工测量尺寸的方便,还可以选择轴的左(右)端面作为轴向辅助基准,如图 4-78 所示。

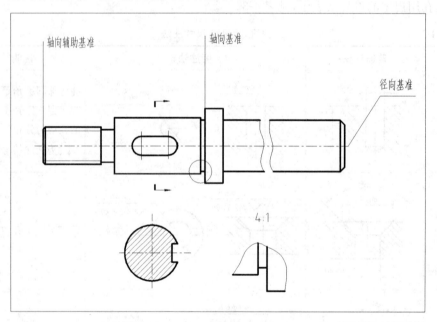

图 4-78　确定轴尺寸基准

2　利用形体分析标注尺寸

　　利用形体分析,此轴零件可分解为四个同轴圆柱体,主要由径向尺寸和轴向尺寸确定其形状大小;只有左端螺纹结构需要标注其规定格式;一个键槽需标注一个定位尺寸和长宽深定位尺寸,一般键槽的定位和长度尺寸注写在主视图上,而把槽宽和深度标注在断面图上;有局部放大图表示的退刀槽尺寸要标注在放大图上,倒角按规定标注即可。标注尺寸时按照径向和轴向尺寸分别标注,可以防止遗漏和重复尺寸。

2.1　标注径向尺寸

　　同轴圆柱体的直径一般都标注在非圆图上,左右两端的直径可引出标注;中间圆柱直径标注在视图内时,要注意断开穿过数字的图线,结果如图 4-79 所示。

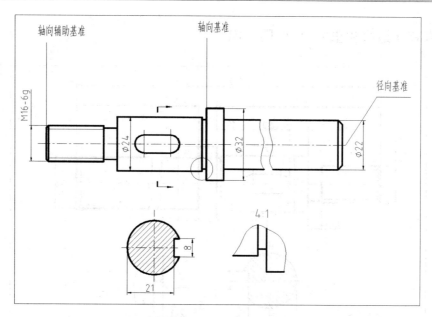

图 4-79　标注径向尺寸

2.2　标注轴向尺寸

标注此类长度尺寸时要注意联系尺寸基准,同时平行尺寸,尽量避免尺寸线和尺寸界线相交,故先标注小尺寸,再标大尺寸。

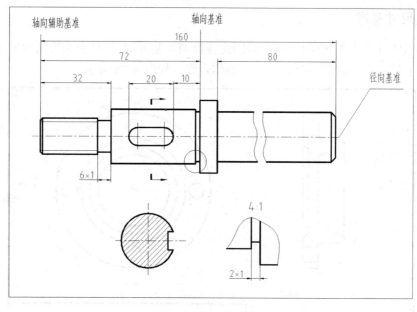

图 4-80　标注轴向尺寸

3 检查有无遗漏和重复尺寸（图 4-81）

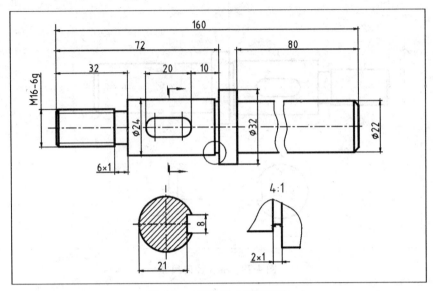

图 4-81 检查尺寸是否完整

活动 2 标注端盖零件的尺寸

1 确定尺寸基准

此端盖零件为扁平状回转体结构，因此选择两个基准即可：径向基准为回转体中心轴线，轴向（长度）基准为零件左端面（零件的结合面），如图 4-82 所示。

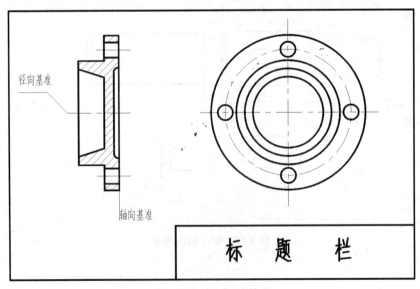

图 4-82 确定尺寸基准

2　利用形体分析标注尺寸

利用形体分析,端盖零件可分解为两个同轴圆柱体,主要由径向尺寸和轴向尺寸确定其形状大小,只有四个同样大小的圆孔有一个定位尺寸。因此,标注尺寸时按照径向和轴向尺寸分别标注,可以防止遗漏和重复尺寸。

2.1　标注径向尺寸

因为同轴圆柱体的直径一般都标注在非圆图上,属于平行尺寸,故先标注小尺寸,再标大尺寸,尽量避免尺寸线和尺寸界线相交,结果如图 4-83 所示。

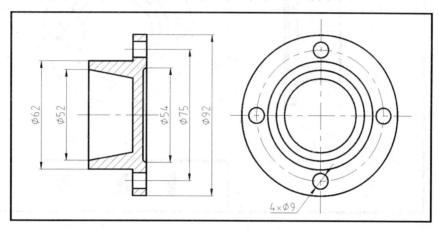

图 4-83　标注径向尺寸

2.2　标注轴向尺寸

标注此类长度尺寸时要注意联系尺寸基准,结果如图 4-84 所示。

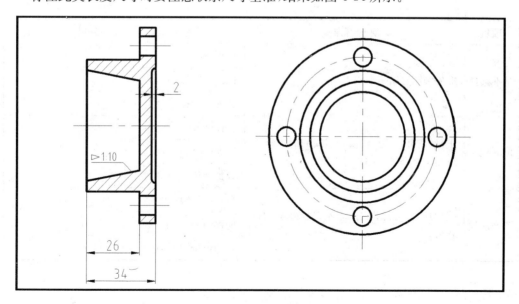

图 4-84　标注轴向尺寸

3 检查有无遗漏和重复尺寸(图 4-85)

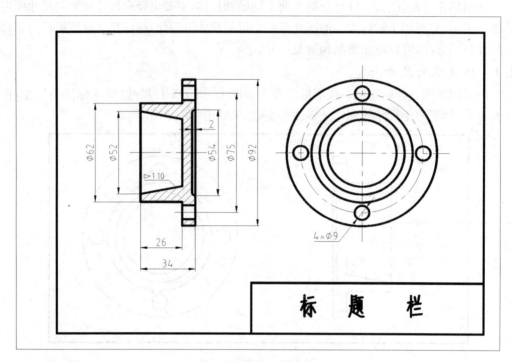

图 4-85 检查是否缺漏尺寸

任务的检查与考核

项目	评分标准	考核形式	分值	合计
基准选择	准确 20 分(错一个扣 10 分)	自评(20%)		
		他评(40%)		
		教师评价(40%)		
尺寸标注	正确、完整 40 分,错误和遗漏酌情扣分。分布美观合理 20 分	自评(20%)		
		他评(40%)		
		教师评价(40%)		
图面质量	线形规范、均匀 20 分(若不符合要求酌情扣分)	自评(20%)		
		他评(40%)		
		教师评价(40%)		

子任务 3　标注零件图中的技术要求

能力目标

给任务三中绘制的零件图形标注技术要求。

知识目标

1.掌握表面粗糙度、尺寸公差在零件图上的标注方法。

2.理解极限的基本概念,掌握尺寸公差的查表,了解形位公差及其他技术要求。

任务布置

给任务三中所绘零件图标注表面粗糙度和尺寸公差等技术要求。

问题引导

1.零件图中的技术要求包括哪些?

2.表面粗糙度如何标注?

3.什么是尺寸公差? 如何标注?

知识准备

零件图除了要用视图和尺寸表达零件的结构形状和大小外,还应该表示出该零件在制造和检验中控制产品质量的技术要求。它们有的用符号、代号标注在图中,有的用文字加以说明,主要包括表面粗糙度、极限与配合、形状和位置公差、表面热处理等。

1　表面粗糙度

1.1　表面粗糙度的概念

零件在加工过程中,由于机床、刀具的震动及材料在切削时产生塑性变形、刀痕等原因,经放大后可见其加工表面是高低不平的,如图 4-86 所示。这种加工表面上具有的较小的间距和峰谷所组成的微观几何形状特性,称为表面粗糙度。

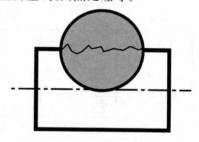

图 4-86　表面粗糙度

表面粗糙度表示零件表面的光滑程度,是评定零件表面质量的重要指标之一,它影响零件间的配合、零件的使用寿命及外观质量等。

1.2　表面粗糙度的评定参数

表面粗糙度以代号形式在零件图上标注,其代号由符号和在符号上标注的参数及说明组成。表面粗糙度符号的意义和画法见表 4-4。

表 4-4 表面粗糙度符号的意义和画法

符号	意义及说明	符号画法
∨	基本符号 表示表面可用任何方法获得。当不加注粗糙度参数值或有关说明时,仅适用于简化代号标注	
∨ (加短划)	加工符号 基本符号加一短划,表示表面是用去除材料的方法获得,如车、铣、钻、磨、剪切、抛光、腐蚀、电火花加工、气割等	$H1\approx1.4h$;$H2\approx3h$;$d'\approx h/10$ （h 为字体高度）
∨ (加小圆)	毛坯符号 基本符号加一小圆,表示表面是用不去除材料的方法获得,如铸、锻、冲压变形、热轧、冷轧、粉末冶金等,或者是用于保持原供应状况的表面(包括保持上道工序的状况)	

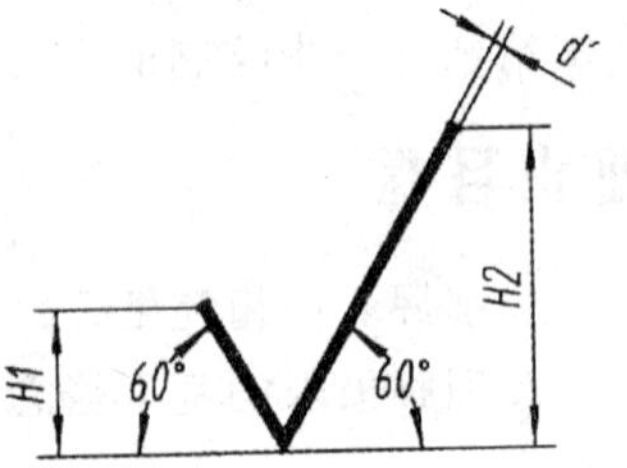

在符号中标注表面粗糙度数值及其有关的规定,组成表面粗糙度代号。通常,表面粗糙度代号只将轮廓算术平均偏差 R_a 的上限值(以 μm 为单位)注在符号上方。例如:

$\overset{3.2}{\vee}$ 一般读作"表面粗糙度 R_a 的上限值为 $3.2\ \mu m$"。

轮廓算术平均偏差 R_a 反映了对零件表面的质量要求,其数值越小,零件表面越光滑,但加工工艺越复杂,成本越高。所以,确定表面粗糙度时应根据零件不同的作用,考虑加工工艺的经济性和可能性,合理地进行选择。常用 R_a 值的粗糙度代号及其相应的加工方法见表 4-5。

表 4-5 常用表面粗糙度代号及加工方法

表面特征		代号			加工方法	应用
加工面	粗面	50	25	12.5	粗车、粗铣、粗刨、钻孔等	非加工面、不重要的接触面
	半光面	6.3	3.2	1.6	精车、精铣、精刨、粗磨等	重要接触面、一般要求的配合面
	光面	0.8	0.4	0.2	精车、精磨、研磨、抛光等	重要的配合表面
	极光面	0.1 及更小 R_a 值			研磨、抛光等特殊加工	重要的配合表面、特殊装饰面
毛坯面		∨			铸、锻、轧等,经表面清理	自由表面

1.3 表面粗糙度的标注方法

表面粗糙度代号一般注在可见轮廓线、尺寸界线、引出线或它们的延长线上。符号的尖端必须从材料外指向零件表面,如图 4-87(a)所示。代号中符号和数字的方向须按图

4-87(b)所示标注。

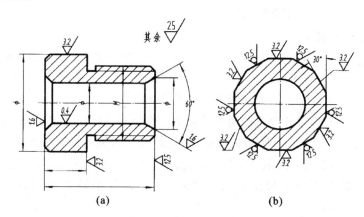

图 4-87　表面粗糙度基本注法

零件的所有表面都应有确定的表面粗糙度要求,但可采用统一说明的方法简化标注。统一标注的代号和文字大小应为图中代号和文字的 1.4 倍。

可以将使用较多的一种代号统一注在图样右上角,并加注"其余"两字。如图 4-88(a)所示,仅将加工面的粗糙度在图中直接注出,而将所有毛坯面统一说明。这里的粗糙度代号只有符号、没有数值,表示铸造表面经表面清整,对 R_a 值不作要求。

当所有表面具有相同的表面粗糙度时,其代号可在图样右上角统一标注,如图 4-88(b)或图 4-88(c)所示。

不便直接标注的较小结构的表面粗糙度代号,允许简化标注在尺寸线或引出线上,如图 4-88(a)所示。

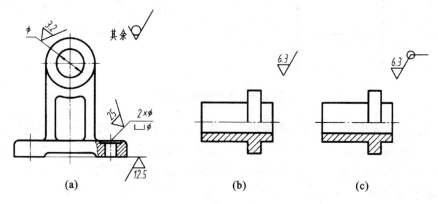

图 4-88　表面粗糙度统一注法

2　极限与配合种类

零件在加工过程中,对图样上标注的基本尺寸不可能做到绝对准确,总会存在一定偏差。但为了保证零件的精度,必须将偏差限制在一定的范围内。对于相互结合的零件,这个范围既要保证相互结合的尺寸之间形成一定的关系,以满足不同的使用要求,又要在制造上是经济合理的。极限与配合国家标准则是用来保证零件组合时相互之间的关系,并协调机器零件使用要求与制造经济性之间的矛盾。

2.1 极限尺寸术语

(1)基本尺寸:设计时给定的、用以确定结构大小或位置的尺寸,如图 4-89 中圆柱直径 $\phi60$。

(2)实际尺寸:零件加工后实际测量获得的尺寸。

(3)极限尺寸:允许尺寸变化的两个界限值。实际尺寸应位于其中,也可达到极限尺寸。两个极值中,大的一个称为最大极限尺寸(max),如孔的最大极限尺寸是 $\phi60+0.025=\phi60.025$,轴的最大极限尺寸是 $\phi60+(-0.009)=\phi59.991$;小的一个称为最小极限尺寸(min),如孔的最小极限尺寸是 $\phi60+0=\phi60$,轴的最小极限尺寸是 $\phi60+(-0.025)=\phi59.975$。

当零件的实际尺寸在最大极限尺寸和最小极限尺寸之间时,零件的尺寸合格。

(4)偏差:某一实际尺寸减其基本尺寸的代数差。

(5)极限偏差:极限尺寸减其基本尺寸的代数差,包括上偏差(最大极限偏差)和下偏差(最小极限偏差)。上偏差=最大极限尺寸-基本尺寸,如孔的上偏差为 $60.025-60=+0.025$,轴的上偏差为 $59.991-60=-0.009$;下偏差=最小极限尺寸-基本尺寸,如孔的下偏差为 $60-60=0$,轴的下偏差为 $59.975-60=-0.025$。

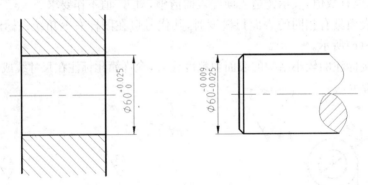

图 4-89 零件的极限尺寸

(6)公差:最大极限尺寸减最小极限尺寸或上偏差减下偏差的差值。它是尺寸允许的变动量。如孔的公差为 $60.025-60=0.025$,轴的公差为 $59.991-59.975=0.016$。

偏差可能为正、负或 0,但上偏差必大于下偏差,因此公差必为正值。

2.2 配合种类

由相同基本尺寸的孔和轴装配后,因为两者偏差不同而造成松紧程度不同,以满足不同的使用要求。孔的尺寸减去相配合的轴的尺寸之差,为正称为间隙配合,为负称为过盈配合,还有一种介于其中的过渡配合。图 4-90 所示为间隙和过盈配合两种情况。

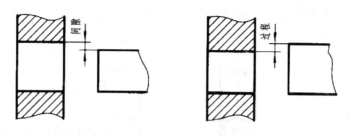

图 4-90   间隙与过盈

【知识补充】

1   公差带代号与极限尺寸的关系

零件图样中的极限尺寸除了可以标注 $\phi 22_{-0.013}^{0}$ 和 $\phi 14_{0}^{+0.018}$ 样式外,还可以标注 $\phi 22h6$ 和 $\phi 14H7$ 样式。

通过查《机械制图》附表"优先及常用配合轴的极限偏差表"可知:$\phi 22_{-0.013}^{0}=\phi 22h6$

通过查《机械制图》附表"优先及常用配合孔的极限偏差表"可知:$\phi 14H7=\phi 14_{0}^{+0.018}$

(1)参数字母 h(H)——基本偏差代号,基本偏差就是上下偏差中靠近 0 的那个偏差;

数字 6(7)——标准公差等级代号,共有 18 个等级;

h6(H7)——公差带代号。

(2)孔的基本偏差代号均为大写字母,如 $A,B\cdots G,H\cdots$ 等;轴的基本偏差代号用小写字母表示,如 $a,b\cdots g,h\cdots$ 等

2   配合制

由相同基本尺寸的孔和轴装配时,为便于设计和制造,国家标准规定了两种配合制:基孔制和基轴制。基孔制,就是在加工轴和孔时,优先加工孔的尺寸,称为基准孔。其尺寸中公差带代号用 H 表示,即孔的上偏差(基本偏差)为 0。基轴制,就是在加工轴和孔时,优先加工轴的尺寸,称为基准轴。其尺寸中公差带代号用 h 表示,即轴的下偏差(基本偏差)为 0。因为孔比轴难加工,所以基孔制优先选用。

3   配合代号及其识读

配合代号用分数形式表示,分子为孔的公差带代号,分母为轴的公差带代号。标注时,将配合代号注在基本尺寸之后,如 $\phi 20\dfrac{H8}{f7}$,$\phi 20\dfrac{H7}{s6}$,$\phi 20\dfrac{K7}{h6}$。

4   极限与配合在图上的标注(图 4-91)

在装配图中,所有配合尺寸应在配合处注出其基本尺寸和配合代号,如图 4-91(d)所示。

5   形状与位置公差

在零件加工过程中,不但会产生尺寸误差,而且会产生形状和位置误差。对于精度要

求较高的零件，应根据设计要求确定出合理的误差允许值，在零件图上标注形位公差。形位公差项目及符号见表 4-6。

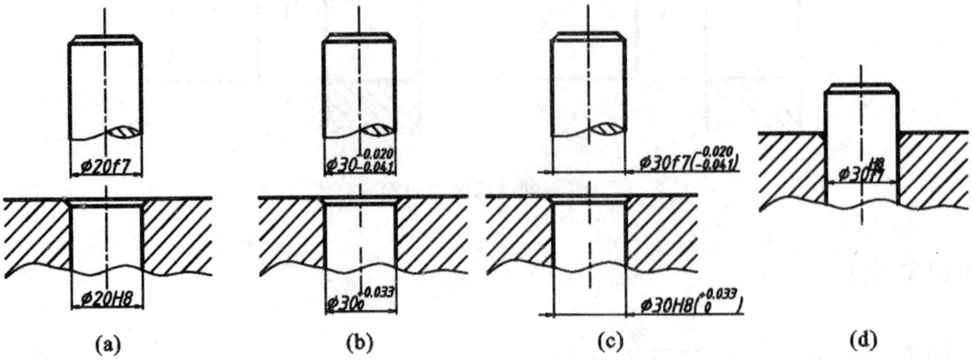

图 4-91　极限与配合在图上的标注

表 4-6　　形位公差项目及符号

公差		特征项目	符号	公差		特征项目	符号
形状公差	形状	直线度	—	位置公差	定向	平行度	//
						垂直度	⊥
		平面度	▱			倾斜度	∠
		圆度	○		定位	位置度	⌖
						同轴(同心)度	◎
		圆柱度	⌭			对称度	⌯
形状公差或位置公差	轮廓	线轮廓度	⌒		跳动	圆跳动	↗
		面轮廓度	⌓			全跳动	⌰

5.1　形位公差组成

由公差框格和基准符号组成，如图 4-92 所示。

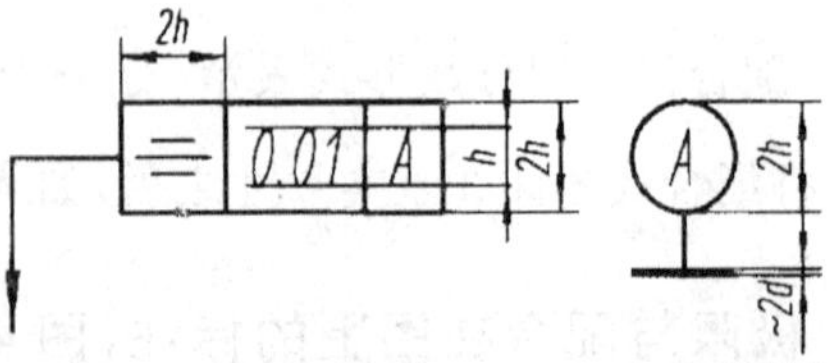

(a)公差框格　　(b)基准符号

（图中 h 为字高，d 为粗实线线宽）

图 4-92　公差框格和基准符号

5.2　形位公差标注的含义

图 4-93 所示为气门阀杆零件图上标注形位公差的实例，图中三处标注的形位公差分别表示：

(1) 杆身 φ16f7 的圆柱度公差为 0.005 mm。

（2）SR750 球面对 ϕ16f7 轴线的圆跳动公差为 0.03 mm。

（3）M8×1－6H 螺孔轴线对于 ϕ16f7 轴线的同轴度公差为 ϕ0.1 mm。

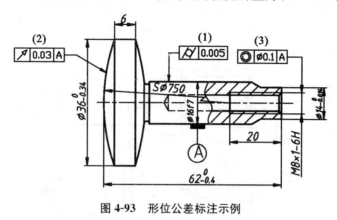

图 4-93　形位公差标注示例

任务的设计与实施

活动1　标注轴零件图的技术要求

1. 标注表面粗糙度

因为轴的 ϕ24 圆柱面是零件配合面，加工精度一般要求最高（R_a 值 1.6）；ϕ22 圆柱面是重要接触面，加工精度一般要求较高（R_a 值 3.2）；键槽的前后侧面加工精度一般要求 R_a 值 6.3；左端面、右端面和轴肩圆柱面等其他表面是非接触面（R_a 值 12.5），依据表 4-3 所示，标注表面粗糙度代号如图 4-94 所示。

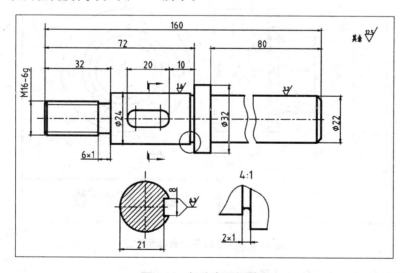

图 4-94　标注表面粗糙度

2. 标注极限尺寸及其他技术要求

在轴的零件图上，ϕ24 圆柱面有配合要求，键槽的前后侧面是键的接触面，其尺寸应

· 213 ·

标注出极限偏差或公差带代号。因此参考类似零件尺寸,标注极限尺寸如图 4-95 所示。

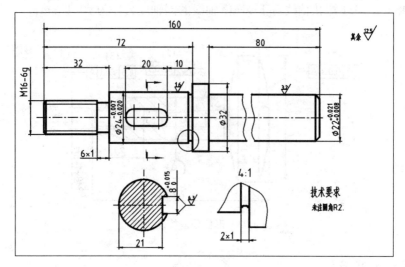

图 4-95　标注其他技术要求

活动 2　标注端盖零件的技术要求

1. 标注表面粗糙度

因为端盖中圆筒 $\phi62$ 外圆柱面是零件配合面,左端面、右端面和圆板外圆柱面是重要接触面,四个连接孔为普通钻孔,依据表 4-3 所示,标注表面粗糙度代号,如图 4-96 所示。

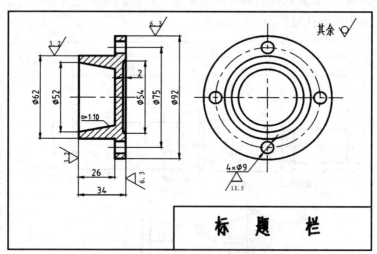

图 4-96　标注端盖的表面粗糙度

2. 标注极限尺寸及其他技术要求

在零件图上,一些主要尺寸或有配合要求的尺寸应标注出极限偏差或公差带代号。端盖零件的 $\phi62$ 外圆柱面是零件配合面,因此参考类似零件尺寸,标注极限尺寸,如图 4-97 所示。

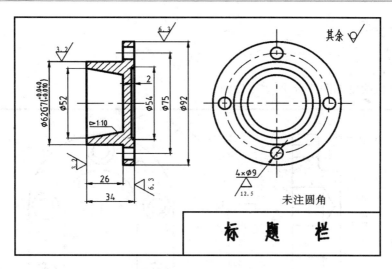

图 4-97 标注端盖其他技术要求

任务的检查与考核

项目	评分标准	考核形式	分值	合计
表面粗糙度	符号规范,数字标注正确、完整、清晰 40 分(错漏一个扣 5 分,不规范酌情扣分)	自评(20%)		
		他评(40%)		
		教师评价(40%)		
尺寸公差	正确、完整 30 分,错误和遗漏酌情扣分。分布美观合理 20 分	自评(20%)		
		他评(40%)		
		教师评价(40%)		
图面质量	干净、均匀 10 分(若不符合要求酌情扣分)	自评(20%)		
		他评(40%)		
		教师评价(40%)		

任务3 用计算机抄画零件图

能力目标

能用计算机绘制零件工作图。

知识目标

1. 掌握计算机绘图的方法和步骤。

2. 熟练运用绘图和编辑命令绘制图形,熟练设置文字和尺寸标注样式,运用图块知识注写技术要求。

任务布置

用计算机绘制如图 4-98 所示零件图。

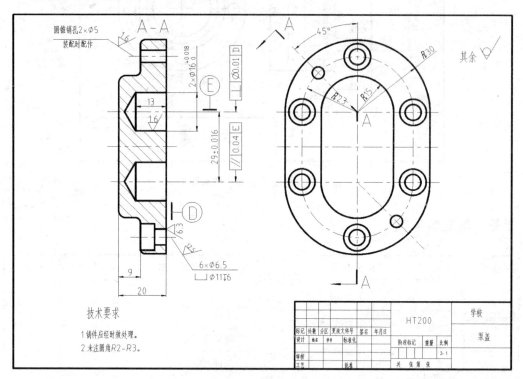

图 4-98　泵盖零件图

任务的设计与实施

步骤 1　选择 A3 样板文件,通过分解命令将标题栏图块分解,编辑对象特性将适当内容修改。样板文件应包含以下内容:

A3 图形界限(420×297),装订图框线,标题栏;

四种图层:粗实线(原内框线)、细实线(原外框线)、点画线、尺寸等;

两种文字:工程字(已有),数字(gbenor. shx);

四种尺寸样式:线性、直径、半径、角度,四种样式均使用 gbenor 字体。设置步骤如前面介绍。

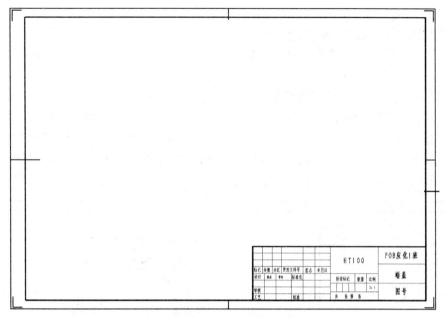

图 4-98(1)　选 A3 样板文件

步骤 2　绘制图形:选择合适的绘图命令和编辑命令在辅助工具作用下,按照样图 4-98 中尺寸画出如图 4-98(2)图形。绘制主视图要应用图案填充,具体操作如下:

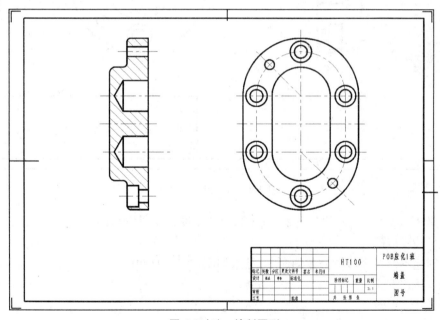

图 4-98(2)　绘制图形

图案填充的命令输入:

键盘命令:bhtach(bh)

绘图工具栏图标:

菜单"绘图"—"图案填充"

弹出"边界图案填充"对话框后,在"图案"中选择"ANSI31";在"角度和比例"栏内填入适当值;在"边界"选项选择"添加:拾取点"按钮;点选填充范围后,右击返回,再点击"确定"。

步骤3 标注尺寸。应用多行文字标注公差尺寸。

标注带有尺寸偏差的尺寸,如 $2 \times \phi 16_0^{+0.018}$,在指定"第二条尺寸界线原点:"之后,系统提示"指定尺寸线位置或[多行文字(M)/文字(T)/角度(A)/水平(H)/垂直(V)/旋转(R)]:",此时输入多行文字代码 m 并回车,会弹出"多行文字编辑框",按照项目一介绍的步骤编辑注写出尺寸数字后,点击确定,返回尺寸标注步骤中,指定尺寸线位置即可。

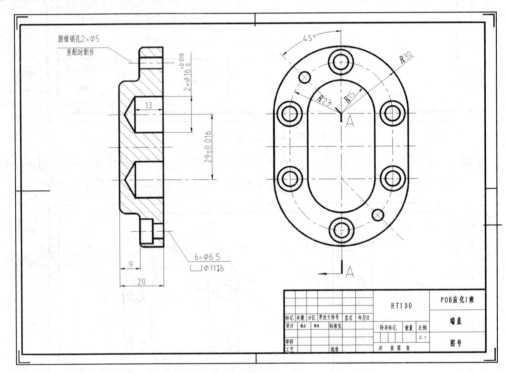

图 4-98(3) 标注尺寸

步骤4 标注形位公差及技术要求:利用公差设置及图块知识。

(1)公差设置。

①创建不带引线形位公差的命令,结果如图: ⊥ 0.030 A

命令执行方式:

键盘命令:tolerance

菜单栏:"标注"—"公差"

标注工具栏: ⊕┃ 图标

弹出"形位公差"对话框后,点击"符号",弹出"特征符号"对话框,用光标点取一个符号,系统自动返回"形位公差"对话框,在"公差"和"基准"栏内填入适当值;填写完各项参数后,再点击"确定"。

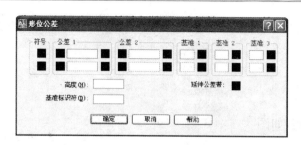 

图 4-99 "形位公差"设置对话框

输入公差位置:拖动形位公差框格到所需位置或输入形位公差标注位置。

②带指引线的形位公差标注:

命令执行方式:

键盘命令:Qleader

菜单栏:"标注"—"引线"

标注工具栏: 图标

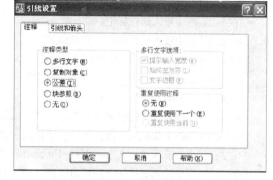

图 4-100 "引线设置"对话框

命令:_qleader

指定第一个引线点或[设置(S)]〈设置〉:↙

自动弹出"引线设置"对话框,再单击"注释"选项卡,选择"公差"按钮,再单击"确定",系统提示:

指定第一个引线点或[设置(S)]〈设置〉:

指定下一点: //选取一点作为指引线起点

指定下一点: //选取一点作为指引线第二点

          //选取一点作为指引线终点

系统自动弹出"形位公差"对话框,按上面步骤操作,结果如图:

(2)粗糙度标注。

表面粗糙度代号 $\frac{3.2}{}$ 是零件图中经常使用的图形对象,图形一致但文字参数变化。使用 AutoCAD 提供的图块功能,可以避免重复性的绘图工作。

图块简称块,是各种图形元素构成的一个整体图形单元(相当于 Word 软件中的组合功能)。用户可以将经常使用的图形对象定义成块,还可以附带文本信息(属性);需要时可随时将该图块以不同比例和旋转角度插入到所需要的图中任意位置,文本信息还可以随时改变。这样,既提高了绘图速度和质量,又便于修改和节省存储空间。

【实例】将表面粗糙度符号 ✓ 定义为带文字属性的图块。

①先用 Line 命令借助极轴追踪画出基本符号(三个对象) ✓;

定义带属性的块的步骤是:

● 先给要定义成块的图形(符号)定义属性;

● 然后再将该图形(符号)和属性一起定义成同一个块。

②定义块的属性。

功能：将选择的图案定义为带文本信息的图块。

命令执行方式：

键盘命令：attdef(att)✓

菜单"绘图"—"块"—"定义属性"

系统弹出"定义属性"对话框，如图4-101所示。

图4-101　"属性定义"对话框

操作步骤如下：

● 在"模式"区四个选项一般不选

● 在"属性"区：

在"标记"框中输入属性标记，如"ccd"

在"提示"框中输入属性提示，如"粗糙度"

在"值"框中输入默认值，如"0.0"

● 在"插入点"区：一般选择"在屏幕上指定"

● 在"文字选项"区：

在"对正"下拉列表中选择文字对齐方式：对齐

在"文字样式"下拉列表中选择属性文字样式：数字

在"高度"框中输入属性文字高度：1.4h(h－尺寸字高)

在"旋转"框中输入属性文字旋转角度：0(字头朝上)，90(字头朝下)

上述选项设置完毕后，单击"确定"按钮，系统提示：

命令：_attdef

指定文字基线的第一个端点：　//点击基本符号的B点，见图4-102(a)

指定文字基线的第二个端点：　//点击基本符号的C点

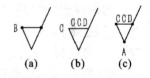

图4-102　粗糙度

完成一个属性定义的操作，结果如图4-102(b)所示。

③定义图块。

功能：将选择的图形与附带的文本信息定义为图块。

命令执行方式：

键盘命令：block✓

菜单"绘图"—"块"—"创建"

系统弹出"块定义"对话框，如图4-103所示。

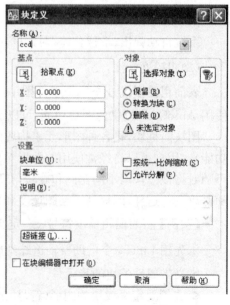

图4-103　"块定义"对话框

操作步骤如下：

● 在"名称"框中输入图块名称"ccd"；

● 单击"拾取点"按钮，对话框暂时关闭，用鼠标指定块的插入基点：即A点，见图4-102(c)。指定基点后，按ENTER键，重新显示对话框。也可直接在对话框中输入基点坐标。

● 单击"选择对象"按钮，对话框暂时关闭，用鼠标选择要定义成块的对象后,按 ENTER 键,重新显示对话框。

● 单击"确定"按钮,完成块定义。

说明:用上述 block 命令建立的图块为内部块,只能保存在当前文件中,为当前文件使用,这样就使图块的使用受到很大束缚。因此,进行下列图块存盘的操作,可以使建立的图块为其他文件所共享。

④图块存盘。

功能:将选择的图形对象存储为一个图形文件,任何". dwg"图形文件都可以作为块插入到其他图形文件中。

命令执行方式:

用键盘输入:wblock(w)并回车,系统打开

"写块"对话框,如图 4-104 所示。

操作步骤如下:

● 在"源"区,指定要保存为图形文件的块或对象。

如选择"块",是将已有的图块转换为图形文件形式存盘。此时,"基点"和"对象"区不可用。

此处选择"对象",操作方法与"块定义"相似。

如选择"整个图形",是将当前整个图形作为一个块存盘,此时,"基点"和"对象"区不可用。

● 在"基点"和"对象"区,操作方法与"块定义"相似。

● 在"目标"区,指定块存盘的图形文件名称、保存位置和插入单位。

在"文件名称和路径"下拉列表区,单击右侧的按钮 ……,在弹出的"浏览图形文件"对话框中指定块存盘的图形文件位置与名称,如"文件名:ccd,位置:桌面"。

在"插入单位"下拉列表框选择块插入时的单位。

注意:插入的块要与原图形单位一致。

● 单击"确定"按钮,完成图块存盘。

⑤插入带属性的图块。

功能:将已定义的图块或图形文件以不同的比例或转角插入到当前图形文件中。

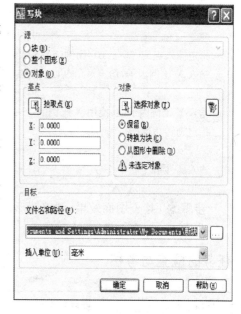

图 4-104　"写块"对话框

命令执行方式:

键盘命令:insert

菜单"插入"—"块"

弹出"插入"对话框,如图 4-105 所示。

操作步骤如下:

● 在"名称"下拉列表中输入要插入的图块名称"ccd";或是通过单击"浏览"按钮,在弹出的"选择图形文件"对话框中指定图形文件文件名。

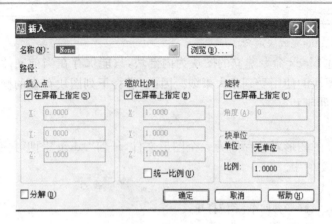

图 4-105　"插入"对话框

● 在"路径"区中"插入点"、"缩放比例""旋转"都选择"在屏幕上指定"，单击"确定"按钮，"插入"对话框暂时关闭，同时命令行提示：

命令：_insert

指定插入点或[基点(B)/比例(S)/X/Y/Z/旋转(R)]：　　//指定插入点

输入 X 比例因子，指定对角点，或[角点(C)/XYZ(XYZ)]〈1〉：

　　　　　　　　　　　　　　　　　　　　　　//输入 X 方向比例因子或回车默认 1

输入 Y 比例因子或〈使用 X 比例因子〉：　　　　//输入 Y 方向比例因子或回车默认 Y＝X

指定旋转角度〈0〉：　　　　　　　　　　　　　//输入旋转角度（0 为水平，90 为逆时针旋

　　　　　　　　　　　　　　　　　　　　　　　　转 90°）

输入属性值

ccd〈0.0〉：1.6↙　　　　　　　　　　　　　　//输入文本属性值，回车

　　步骤 5　检查图面效果，调整图形位置，用缩放命令将零件图满屏显示。

　　步骤 6　保存文件，退出程序。

任务的检查与考核

项目	评分标准	考核形式	分值	合计
图形	尺寸合适，图形标准，布图位置合适 50 分（若不符合要求酌情扣分）	自评(20%)		
		他评(40%)		
		教师评价(40%)		
尺寸及技术要求	样式设置合理，标注正确、齐全　　40 分 错误　　　　　　　　　　　1 处扣 2 分	自评(20%)		
		他评(40%)		
		教师评价(40%)		
时间利用	在规定时间内完成 10 分，超时酌情扣分。	自评(20%)		
		他评(40%)		
		教师评价(40%)		

任务 4 识读零件图

能力目标

能识读中等难度的零件图。

知识目标

1.掌握零件图的识读方法和步骤。

2.由图形了解零件形状结构。

3.由尺寸标注了解零件结构位置及大小。

4.由技术要求了解零件的质量加工要求。

任务布置

1.识读如图 4-106 所示的零件图,回答问题。

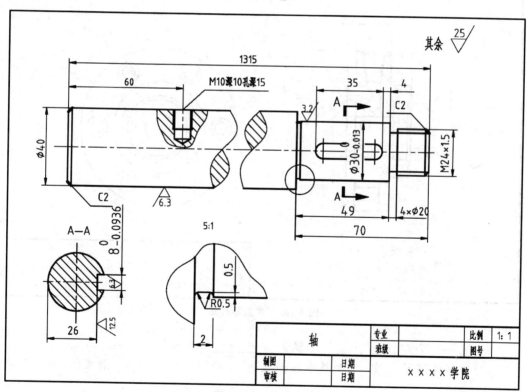

图 4-106 轴零件图

(1)该零件名称_____,属于_____类零件,主视图符合_____位置。

(2)该零件共用_____个图形表达,基本视图只有一个,即采用了_____剖视和_____画法的主视图。还有一个_____图,名称为 A—A;一个局部放大图,比例是_____,其含义是_____。通过主视图图形和尺寸标注,可知零件的基本形状是_____。

(3)断面图反映了轴上的键槽结构,其中键槽长_____、宽_____、深_____,其定位尺寸是_____。

(4)退刀槽的尺寸 $4 \times \phi20$ 的含义:4 表示_____,$\phi20$ 表示_____。

(5)轴的_____是零件径向尺寸的主要基准,$\phi40$ 圆柱的_____端面为轴向尺寸的主要基准。

(6)局部放大图表示的是 $\phi40$ 圆柱和 $\phi30$ 圆柱之间的_____结构,其槽宽为_____,槽深_____。

(7) M10 深 10 孔深 15 的含义为_____的螺纹孔。其定位尺寸是_____。

(8)零件表面要求最高的表面是_____面,其 R_a 值是_____。

2.识读如图 4-107 所示的零件图,回答问题。

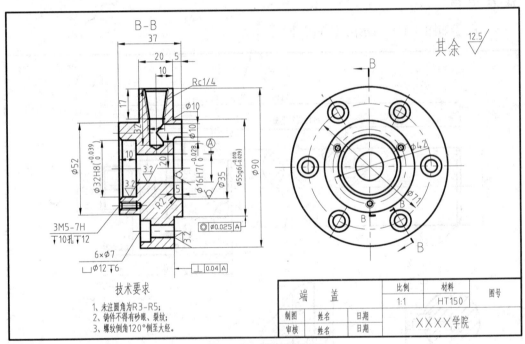

图 4-107　端盖零件图

(1)该零件名称叫_____,属于_____类零件。

(2)该零件用了_____个基本视图表达,主视图采用_____剖视图,另一个是_____视图。

(3)在图中中心轴线是_____尺寸的主要基准。

(4)$\phi16H7$ 表示基本尺寸为_____的_____,基本偏差代号为_____,公差等级为_____级。

(5)左端面的表面粗糙度 R_a 值为_____,$\phi32H8$ 孔内表面的表面粗糙度是

_____。

　　(6)$\phi55g6$ 外圆柱面轴线的同轴度公差的基准部位是_____。

　　(7)$\dfrac{3\text{-M5-7H 深 }10}{\text{孔深 }12}$ 表示有_____个公称直径为_____的螺孔,螺孔深_____,
螺纹中径和顶径公差带代号均为_____,钻孔深为_____。

知识准备

　　加工机械零件、维修机器设备及进行技术交流时经常要阅读零件图。阅读零件图,一方面要看懂视图,想象出零件的结构形状;另一方面还要看懂尺寸及加工质量等技术要求,以求全面了解零件内容。工程技术人员必须具有较强的识读零件图能力。下面以图4-108 所示零件图为例,说明读零件图的一般方法和步骤。

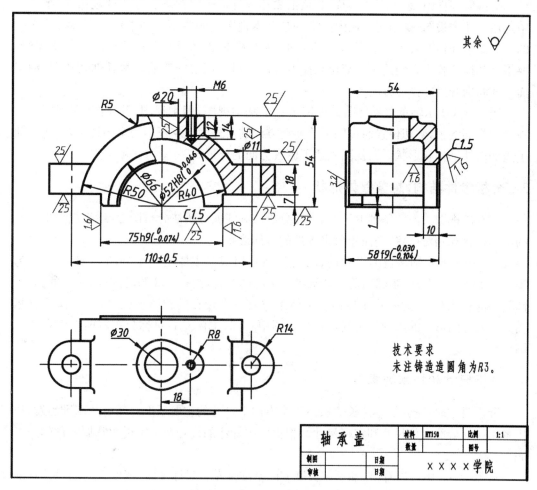

图 4-108　蜗轮箱体零件图

任务的设计与实施

1 概括了解

读零件图时首先应从标题栏了解零件的名称、材料、画图比例等，并粗看视图，大致了解该零件的结构特点和大小。

图 4-108 所示零件的名称为轴承盖，是轴承座的配合体，起支承和包容轴承、轴等零件的作用，属箱体类零件，形状中等复杂。其材料为铸铁，实物与图形大小相同。

2 分析表达方案，搞清视图间的关系

要读懂零件图、想出零件形状，必须把表达零件的一组视图看懂。这包括：一组视图中选用了几个视图，哪个是主视图？哪些是基本视图？哪些不是基本视图？各视图之间的投影关系如何？对于常采用的局部视图、斜视图、断面图及局部放大图等非基本视图，要根据其标注找出它们的表达部位和投射方向。对于剖视图要搞清楚其剖切位置、剖切面形式和剖开后的投射方向。

图 4-108 所示轴承盖零件图共采用了三个基本视图，即主视图、俯视图、左视图。主视图为局部剖视，剖切位置通过轴承盖前后方向的对称面。左视图为半剖视图，表达了轴承盖的内外结构和形状。俯视图表达了俯视方向的外形。

3 分析零件结构，想象整体形状

在看懂视图关系的基础上，运用形体分析法和线面分析法分析图形，逐步想象出零件的结构形状和相对位置，进而想象出零件的整体形状。

图 4-108 所示轴承盖由半圆筒、凸台和凸耳组成。主体是一个外圆为 $R50$、内圆为 $R40$ 和 $\phi52$ 的半圆筒，半圆筒前后两端各有 $\phi66$ 的凸台，内孔 $\phi52$ 的两侧有 $C1.5$ 的倒角，圆筒下部有相距 75 的一对止口面。主体上方有一个带孔的腰圆形凸台，与主体垂直相贯。它们之间形成的内外相贯线可在左视图中看到，主体左右对称分布着两个带孔的半圆形凸耳。

4 分析尺寸和技术要求

分析尺寸时，先分析零件长、宽、高三个方向上尺寸的主要基准。然后从基准出发，找出各组成部分的定位尺寸和定形尺寸。根据图中标注的代号及文字说明掌握零件的加工质量。

从图 4-108 中可以看出，轴承盖长度方向基准是左右对称平面；宽度方向的尺寸基准是前后对称平面。高度方向的主要基准是通过孔 $\phi52H8$ 轴线的水平面。$\phi52H8$、$75h9$、$58f9$ 是有配合要求的尺寸，即功能尺寸。$\phi52H8$ 孔的内表面和止口面粗糙度参数值 $R_a = 1.6\ \mu m$，加工面大部分粗糙度参数值为 $R_a = 25\ \mu m$，未标注的铸造圆角半径为 $R3$。其余内容读者可自己分析。

5 归纳总结

在以上分析的基础上,对零件的形状、大小和质量要求进行综合归纳,形成一个清晰的整体认识。有条件时还应参考有关资料和图样,如产品说明书、装配图和相关零件图等,以对零件的作用、工作情况及加工工艺作进一步了解。

任务的检查与考核

项目	评分标准	考核形式	分值	合计
阅读图形 完成填空	全部正确为 100 分,每错一个 扣 5 分	自评(20%)		
		他评(40%)		
		教师评价(40%)		

项目五　化工设备图(装配图)的识读与绘制

石油、化工生产过程都是由一个个单元操作组成的,如换热、分离、干燥、吸收、蒸馏等。每个单元中的装置是由化工机器和化工设备组合而成的。化工机器又称为动设备,如压缩机、循环机、鼓风机、泵等;化工设备又称为静设备,如高、中、低压容器,换热器,反应器,塔器等。这些专用化工设备的设计、制造、安装、检验及使用,均需通过化工设备图样来进行。因此,化工行业的技术人员必须具备绘制和识读化工设备图样的能力。

任务 1　认识化工设备及化工设备图

能力目标

1. 能认识各类典型化工设备,了解其结构特点及作用。
2. 能识读化工设备图,掌握其表达方法的选择及作用。

知识目标

1. 了解化工设备图的作用和内容。
2. 了解化工设备的结构特点。

任务布置

认识典型化工设备,了解其结构及作用。

问题引导

1. 典型化工设备的种类有哪些? 其形状结构有什么特点?
2. 化工设备图的内容及作用是什么?
3. 化工设备图与零件图有哪些联系与不同?

知识准备

图 5-1 所示贮罐是化工生产中常用的一种贮存设备。它主要由罐体(筒体)、封头、支座、人孔、接管等零部件组成。

图 5-2 所示为贮罐的化工设备图。与项目四中所示零件图比较可以看出,两者在图样内容组成上有相同之处:一组图形、尺寸、技术要

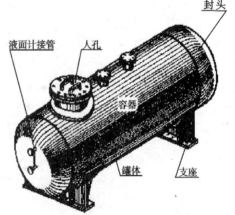

图 5-1　贮罐(容器)

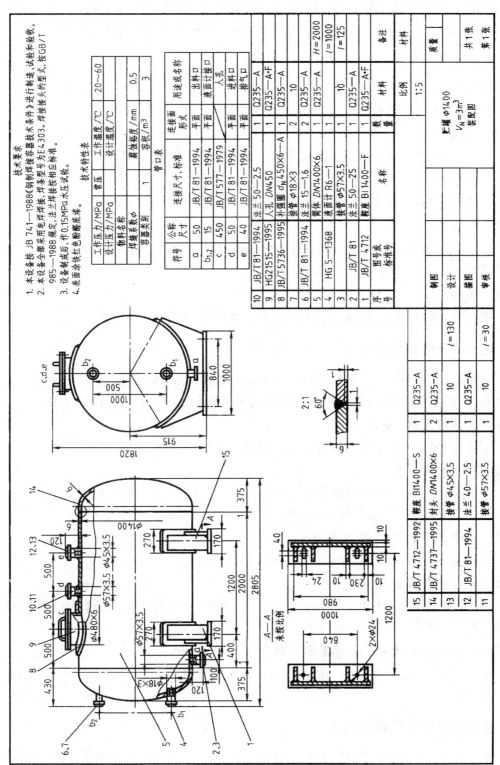

图5-2　贮罐装配图

求和标题栏,但化工设备图增加了零件序号和明细栏、管口序号和管口表,还增加了技术特性表。这与化工设备图的作用和它所表达的化工设备独特的结构和功用有关。

1 典型化工设备

化工设备是指化工产品生产过程中所使用的专用设备,如容器、反应器、塔类、换热器等。图 5-3 所示为常见的四类比较典型的化工设备。

1.1 容器

容器主要用来贮存原料、中间产品和成品等,其形状有圆柱形、球形等。

1.2 换热器

换热器主要用来使两种不同温度的物料进行热量交换,以达到加热或冷却的目的。

1.3 反应器

反应器主要用来使物料在其间进行化学反应,生成新物质,或者使物料进行搅拌、沉降等单元操作,一般还安装有搅拌装置。

1.4 塔类

塔器用于吸收、洗涤、精馏、萃取等化工单元操作,塔器多为立式设备。

2 化工设备的结构特点

各种化工设备虽然结构形状、尺寸大小以及安装方式各不相同,选用的零部件也不完全一致,但它们的结构却有若干共同特点,这决定了化工设备图有独特的表达方法。

2.1 设备的主体(壳体)

设备的主体一般由钢板卷制而成,以回转体为外壳,如图 5-1 中壳体与封头。

2.2 尺寸相差悬殊

设备的总体尺寸与某些局部结构(如壁厚、管口等)尺寸,往往相差很悬殊。如图 5-2 中贮罐的总长为"2805",而筒体壁厚只有"6"。

2.3 壳体上开孔和接管口较多

如图 5-1 所示的贮罐,就有一个人孔和四个接管口。

2.4 大量采用焊接结构

零件间的连接大都采用焊接结构,如图 5-2 中鞍座(件 1、件 15)与筒体(件 5)之间就采用了焊接。

2.5 广泛采用标准化、系列化零部件

如图 5-2 中的法兰(件 6)、人孔(件 9)、液面计(件 4)、鞍座(件 1 和件 15)等,都是标准化的零部件。

3 化工设备图的作用和内容

表示化工设备的形状、结构、大小、性能和制造、安装等技术要求的图样,称为化工设备装配图,简称化工设备图。从图 5-2 所示贮罐的化工设备图中,可以看出化工设备图包

括以下内容。

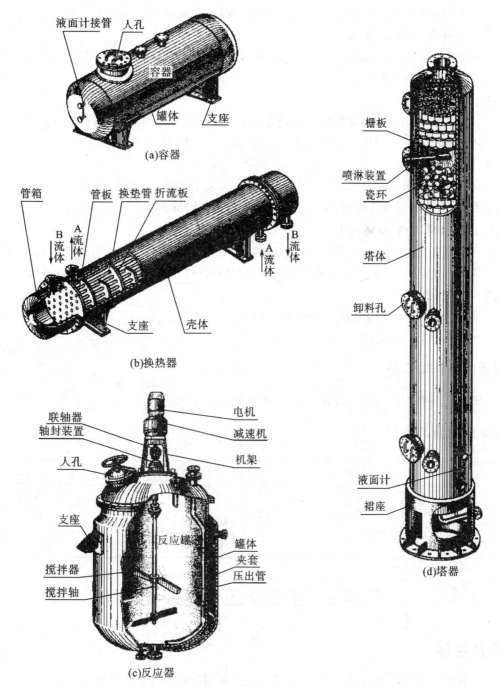

图 5-3 常见的化工设备

3.1 一组视图

用于表达设备的工作原理、结构、形状、各零部件间的装配关系。

3.2 必要的尺寸

必要的尺寸是用于表达设备的大小、性能、规格、装配和安装等尺寸。

3.3 管口符号和管口表

对设备上所有管口用小写拉丁字母按顺序编号，并在管口表中列出各管口的用途、规格、连接面形式等内容。

3.4 技术特性表

技术特性表用于表明设备的主要技术特性，如工作压力、温度、物料名称、设备容积等。可根据设备的类型从中选择一种合适的格式，并增加相应的内容。

3.5 技术要求

技术要求是用文字说明的设备在制造、试验和验收时应遵循的标准、规范或规定，以及对材料、表面处理及涂饰、润滑、包装、运输等方面的特殊要求。

3.6 零部件序号和明细栏

在设备图上对设备的所有零部件进行编号，称为零部件序号。在明细栏中对应填写每一零部件的名称、规格、材料、数量等内容，若是标准件，要在代号一栏填写标准代号。

3.7 标题栏

标题栏用于填写设备名称、主要规格、绘图比例、设计单位、图号及责任者等内容。其格式可参考项目一的介绍。

任务的设计与实施

看化工设备图样及化工设备实物，回答问题引导中的问题。

任务的检查与考核

项目	评分标准	考核形式	分值	合计
回答问题	答案正确、完整、条理为100分（错漏不规范酌情扣分）	自评（20%）		
		他评（40%）		
		教师评价（40%）		

任务2 绘制化工设备装配图

能力目标

1. 能识读各种标准件的标记，并查阅相关手册得出标准件各项参数。
2. 能绘制简单的装配图和典型的化工设备图。

知识目标

1. 了解化工设备中的标准零部件标记格式及查表方法。

2.了解装配图的规定画法。

3.了解化工设备装配图的表达方法。

4.掌握化工设备图的绘图方法和步骤。

任务布置

认识化工设备中的常用标准件,并查表绘制法兰连接图。

问题引导

1.化工设备的常用标准件有哪些? 其标记格式是什么? 如何查表确定其样式及尺寸?

2.装配图规定画法有哪些?

知识准备

找出化工设备中的标准零部件:化工设备的零部件大都为标准件,如图 5-2 贮罐中的封头、人孔、各种法兰等,都为标准件。学习化工设备常用标准件、了解标准零部件的标准代号(或标记),对读懂化工设备图是很有必要的。

1 什么是标准件

机器、设备中常用到的螺栓、螺母、垫圈、键、销、滚动轴承、弹簧等零件,国家标准对其结构、尺寸和技术要求实行了标准化,一般不用单独设计图纸,只需根据其标准代号即可由专门工厂大批量生产,这样可以提高产品质量,降低生产成本,故称这类零件为机械标准件。

各种化工设备虽然生产工艺要求不同,结构形状也有差异,但其中都会用到一些结构、作用相同的零部件。如图 5-4 所示容器中的筒体、封头、人孔、管法兰、支座、液面计、补强圈等,零部件都有相应的标准,并在各种化工设备上通用,故这类零件称为化工设备常用标准件。

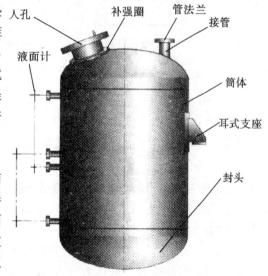

图 5-4 容器组成

2 如何识别标准件

阅读化工设备图明细栏时,凡在图号或标准号一栏中填有 GB/T—、JB/T—、HG—等代号的零件都为标准件。其中,GB/T—是指推荐性国家标准;JB/T—是指推荐性机械行业标准;HG—是指化工行业标准。

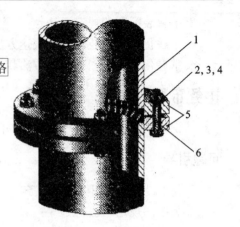

3 常用标准件的标记格式

常用标准件的标记格式一般为 名称 标准号 规格 或 名称 规格 标准号 。其中,规格由能够代表该标准件大小及型式的代号和尺寸组成。

3.1 螺栓标记

螺栓 GB/T 5780—2000 M10×40,其图例及标记参数参见附表3,螺栓连接件图例如图 5-6 所示。(螺纹规格 $d=10$ mm,公称长度 $l=40$ mm,性能等级为 8.8 级,表面氧化的 A 级六角头螺栓)

3.2 螺母标记

螺母 GB/T 41—2000 M10,其图例及标记参数参见书后附表 5(螺纹规格 $d=10$ mm,性能等级为 5 级,不经表面处理,C 级)。

1—筒体(或接管) 2—螺栓 3—螺母
4—垫圈 5—法兰 6—垫片
图 5-5 法兰连接

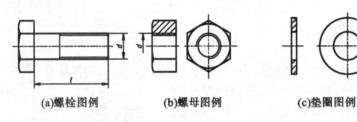

(a)螺栓图例 (b)螺母图例 (c)垫圈图例

图 5-6 螺栓连接件图例

3.3 垫圈标记

垫圈 GB/T 97.1—2002 8-140HV,其图例及标记参数参见附表 6(螺纹规格 $d=8$ mm(螺杆大径),性能等级为 140HV 级,不经表面处理,A 级平垫圈)。

3.4 法兰

由于法兰连接有较好的强度和密封性,而且拆卸方便,因此在化工设备中应用较普遍。法兰连接是由一对法兰、密封垫片和螺栓、螺母、垫圈等零件组成的一种可拆连接,如图 5-5 所示。

化工用标准法兰有管法兰和压力容器法兰(又称设备法兰)两类。标准法兰的主要参数是公称直径(DN)和公称压力(PN)。管法兰的公称直径指所连接管道的外径,压力容器法兰的公称直径为所连接的筒体(或封头)的内径。

管法兰主要用于管道的连接。

(1)法兰常见的结构型式:如图 5-7 所示有板式平焊法兰、对焊法兰、整体法兰和法兰盖等。

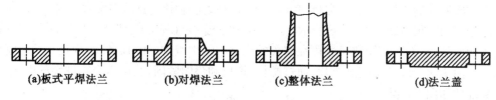

(a)板式平焊法兰　　**(b)对焊法兰**　　**(c)整体法兰**　　**(d)法兰盖**

图 5-7　管法兰结构形式

（2）法兰密封面型式：主要有凸面、凹凸面和榫槽面三种，如图 5-8 所示。凸面型的密封面为平面，在平面上制有若干圈三角形小沟（俗称水线），以增加密封效果。凹凸面型的密封面在凹面内放置垫片，密封效果比平面好。榫槽面型的密封面，垫片放置在榫槽中，密封效果最好，但加工和更换要困难些。

标记示例：法兰 l00—2.5 JB/T 81—1994（管法兰的公称直径为 100，公称压力为 2.5 MPa 的凸面板式钢制管法兰）。

凸面板式平焊钢制管法兰规格和尺寸系列可参见书后附表 10。

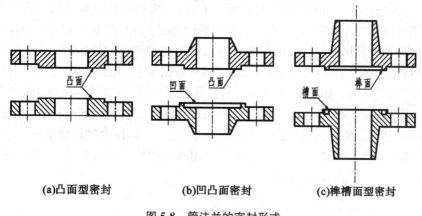

(a)凸面型密封　　**(b)凹凸面密封**　　**(c)榫槽面型密封**

图 5-8　管法兰的密封形式

任务的设计与实施

子任务 1　绘制用螺栓紧固的管道法兰连接图

化工设备和管道用法兰连接时一般都采用螺栓紧固，如图 5-5 所示就是两段管道的法兰连接。表达零部件之间的装配关系、结构形状和技术要求的图样叫做装配图，法兰（螺栓）连接图是最简单的装配图之一。它主要由法兰、螺栓、螺母、垫圈等零件组成，全部为标准件，可以通过标准件标记格式查阅技术手册得出图形样式和各项参数，按照装配图画法规定作图即可。

绘图步骤如下：

1.分析螺栓连接组成

螺栓连接是最常见的一种连接形式：将螺栓穿入两个被连接件的光孔，套上垫圈，旋紧螺母，垫圈的作用是为了防止零件表面受损。这种连接方式适合于连接两个不太厚并允许钻成通孔的零件。螺栓、螺母、垫圈等零件在装配体中一般作为配套零件组使用,零件序号共用一根引线,如图 5-5 所示。常用的螺纹连接件还有螺柱、螺钉等,这些零件都属于标准件,它们的结构和尺寸可在有关的标准手册中查到。本任务中,焊接在两端管道端部的两个法兰以及中间的垫片,通过螺栓、螺母和垫圈紧固,共由六个零件装配而成,其中标准件如图 5-9 所示。

图 5-9　法兰连接件

2.根据标准件标记查表确定各标准件结构样式和尺寸参数

法兰连接是化工设备和管道连接的常用方式,一般根据管道规格和工艺要求(压力、流量等)选择配套的标准法兰,再通过法兰规格选择配套螺栓连接件和橡胶垫片的规格。

(1)根据管道规格选择配套的标准法兰。例如,根据管道规格 57×3.5,选择配套标准法兰的标记为:法兰 50—1.6 JB/T 81—1994,查阅附表 10:凸面板式平焊钢制管法兰(摘自 JB/T81—1994),如图 5-10 所示。当公称通径 $DN=50$,公称压力 $PN=1.6$ MPa 时,查得:管子外径 $A=57$,法兰内径 $B=59$,密封面直径 $d=100$,螺栓孔中心圆直径 $K=125$,法兰外径 $D=165$,法兰厚度 $C=22$,密封面厚度 $f=3$;配套螺栓数量 $n=4$,螺栓孔直径 $L=18$,螺栓规格 $d=M16$;配套的凸面法兰用石棉橡胶垫片外径 $D_0=107$,内径 $D_1=57$,垫片厚度 $t=2$,如图 5-11 所示。

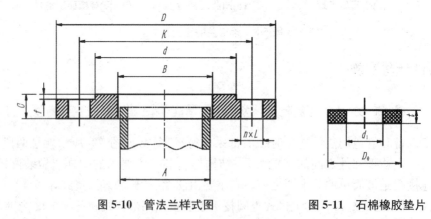

图 5-10　管法兰样式图　　　　　图 5-11　石棉橡胶垫片

(2)根据法兰规格选择配套螺栓规格,标记为:螺栓 GB/T 5780—2000 $M16 \times 70$,查阅附表 3:六角头螺栓 C 级(摘自 GB/T 5780—2000),见图 5-12。当螺纹规格 $d=M16$,公称长度 $l=70$ 时,查得:$K=10$,$b=38$,$S=24$,$e=26.2$。

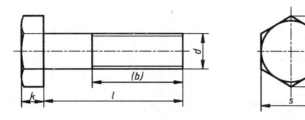

图 5-12　六角头螺栓样式图

(3)根据螺栓规格选择配套螺母规格,标记为:螺母 GB/T 41—2000 M16,查阅附表 5:六角螺母 C 级(摘自 GB/T41—2000),见图 5-13。当螺纹规格 $D=$ M16 时,查得:$m=15.9,s=24,e=26.2$。(注意:配套螺母的 s 和 e 值与六角头螺栓的头部一样)

(4)根据螺栓规格选择配套垫圈,标记为:垫圈 GB/T 97.1—1985 16—100HV,查阅附表 6:垫圈 A 级(摘自 GB/T97.1—1985),如图 5-14 所示。当螺纹规格 $D=$ M16 时,查得:$D_1=17,D_2=30,h=3$。

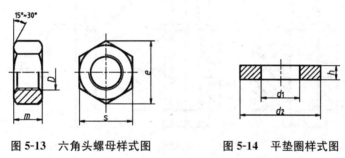

图 5-13　六角头螺母样式图　　　**图 5-14　平垫圈样式图**

3.按照查表所得标准件尺寸和样式,根据装配图画法规定绘制图形

(1)首先画出一对法兰的对接图(中间加垫片)。由于接管是法兰的相关零件,其轮廓用双点画线绘制,如图 5-15 所示。

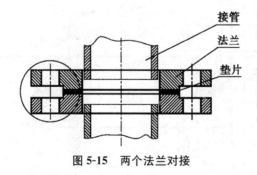

接管

法兰

垫片

图 5-15　两个法兰对接

(2)再画出螺栓轮廓(按照圈出部位放大画出),清理遮挡住的轮廓,如图 5-16 所示。

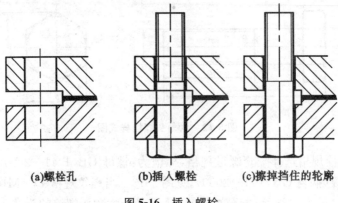

(a)螺栓孔　　　　(b)插入螺栓　　　　(c)擦掉挡住的轮廓

图 5-16　插入螺栓

(3)画出垫圈、螺母轮廓后,擦除遮挡住的轮廓如,如图 5-17 所示。

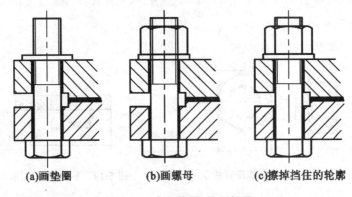

(a)画垫圈　　　　(b)画螺母　　　　(c)擦掉挡住的轮廓

图 5-17　套上垫圈,旋入螺母

(4)右侧相同结构的螺栓连接,采用简化画法,完成法兰连接图,如图 5-18 所示。

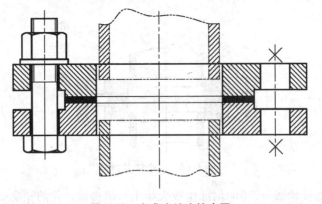

图 5-18　完成法兰连接全图

任务的检查与考核

项目	评分标准	考核形式	分值	合计
基准选择	准确 20 分(错一个扣 10 分)	自评(20%)		
		他评(40%)		
		教师评价(40%)		
尺寸标注	正确、完整 40 分,错误和遗漏酌情扣分;分布美观合理 20 分	自评(20%)		
		他评(40%)		
		教师评价(40%)		
图面质量	线形规范、均匀 20 分(若不符合要求酌情扣分)	自评(20%)		
		他评(40%)		
		教师评价(40%)		

【知识补充】

1　压力容器法兰

压力容器法兰用于设备筒体与封头的连接。其结构型式有甲型平焊法兰(JB/T4701)、乙型平焊法兰(JB/T4702)和长颈对焊法兰(JB/T4703)三种,如图 5-19 所示。

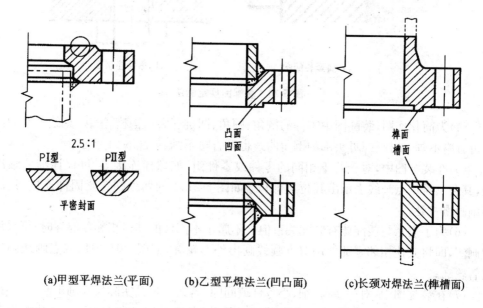

(a)甲型平焊法兰(平面)　　(b)乙型平焊法兰(凹凸面)　　(c)长颈对焊法兰(榫槽面)

图 5-19　压力容器法兰的结构型式及密封面型式

密封面有平面、凹凸面和榫槽面三种型式,代号分别为 PⅠ(密封面上不开水线),PⅡ

（开两条同心圆水线）、PⅢ（开同心圆或螺旋线的密纹水线）、榫（s）槽（c）密封面、凹（A）凸（T）密封面等。设备法兰尺寸规格参见书后附表11。

标记示例：法兰—PⅡ1000—1.6 JB/T4701—1992（某压力容器用甲型平焊法兰，公称直径为1 000 mm，公称压力为1.6 Mpa，密封面为PⅡ型平密封面）。

2 装配图的画法规定

（1）对一些连接件（如螺栓、螺母、垫圈、键、销等）及实心件（如轴、杆、球等），当剖切平面通过它们的基本轴线剖切时按不剖绘制。当这些零件有内部结构需表达时，可采用局部剖视，如图5-20所示。

（2）两零件的接触面画一条线，而非接触面，如被连接件光孔（d_0）与螺杆（d）之间应留有空隙（可取$d_0 = 1.1d$），应画两条线，并且注意在此空隙内应画出两被连接件结合面处的可见轮廓线，如图5-20所示。

（3）相邻两被连接件的剖面线方向应相反，或方向一致但间隔不等。而同一零件在不同部位或不同视图上取剖视时，剖面线的方向和间隔必须一致，如图5-20所示。

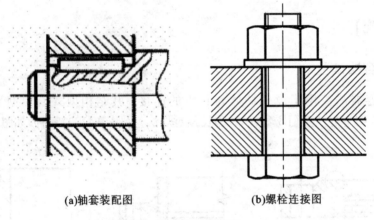

(a)轴套装配图　　　　(b)螺栓连接图

图5-20　装配图规定画法

（4）为简化作图，装配图中零件的倒角、圆角、凹坑、凸台、沟槽、滚花、刻线及其他细节等可省略不画，螺栓、螺母头部的倒角曲线也可省略不画，如图5-21所示。

（5）在装配图中，对于若干相同的零件或零件组，如螺栓连接等，可仅详细地画出一处，其余只需用点画线表示出其位置即可，如图5-21中的两处螺钉紧固件连接，只需要详细画出一处。

（6）为了表示与装配体有装配关系但又不属于本部件的其他相邻零部件时，可采用假想画法，即将其他相邻零部件用双点画线画出外形轮廓，如图5-15中用双点画线画出了接管轮廓。

（7）在装配图中，对一些薄、细、小零件或间隙，若无法按其实际尺寸画出时，可不按比例而适当地夸大画出：如图5-21中的小零件垫片厚度，采用了夸大画法。在化工设备图样中，设备主体和接管的壁厚常采用此画法。

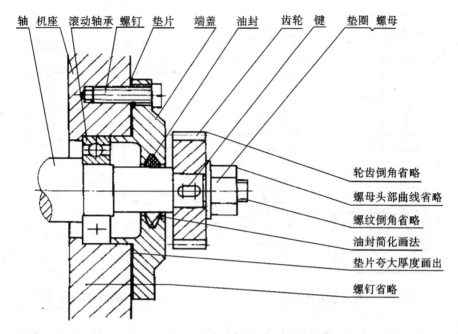

图 5-21 装配图的简化画法

厚度或直径小于 2 mm 的薄、细零件的剖面符号可涂黑表示。

3 螺纹连接的近似画法

画螺纹连接装配图时,各连接件的尺寸可根据其标记查表得到,如上述介绍。但为提高作图效率,通常采用近似画法,即根据公称尺寸(螺纹大径 d)按比例大致确定其他各尺寸,而不必查表,如图 5-22 所示。螺纹一些细小结构如倒圆可简化如图 5-23 所示。螺栓连接中常用的标准件各结构尺寸与螺纹大径之间的近似比例关系见表 5-1。

表 5-1　　　　　　螺栓连接的各部分比例关系式

名称	螺栓	螺母	平垫圈
尺寸关系	$b=2d$　$k=0.7d$ $c=0.1d$	$m=0.8d$	$h=0.15d$ $D=2.2d$
	$e=2d$　$R=1.5d$　$R_1=d$ r、s 由作图决定		

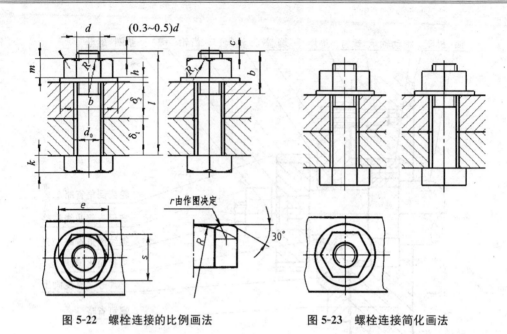

图 5-22 螺栓连接的比例画法   图 5-23 螺栓连接简化画法

子任务 2 按照示意图及表格内容画出化工设备的装配图

技术特性表

设计压力	0.25 MPa
设计温度	200℃
物料名称	酸
容积	6.5 m³

管口表

符号	公称尺寸	连结尺寸标准	连接面形式	用连结名称
a	50	JB/T81—1994	平面	出样口
$b_{1\sim4}$	15	JB/T81—1994	平面	液面计口
c	50	JB/T81—1994	平面	进料口
d	40	JB/T81—1994	平面	放空口
e	50	JB/T81—1994	平面	备用口
f	500	JB/T577—1979	平面	人孔

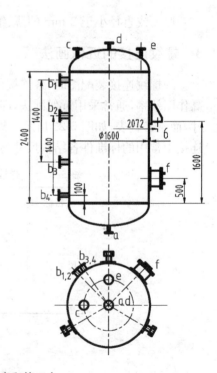

图 5-24 设备示意图及技术特性表和管口表

任务的设计与实施

1　分析设备结构及组成

图 5-24 示意图表示一立式容器(储罐),它是化工生产中常用的一种贮存设备,主要由筒(罐)体、上下封头、三个耳式支座、一个人孔和若干接管组成。任务中给定了示意图及管口表,而没有给出相关零件图。由于化工设备的零部件大都已经标准化,因此,画图时要根据相关手册查阅这些零部件的具体结构和尺寸大小。另外,典型化工设备的表达方法及化工设备图图面的布局也相对较为固定,这些都是我们在完成本任务时应该注意和掌握的。

2　复核资料

由工艺人员提供的资料,须复核以下内容(以图 5-24 为例):

(1)设备示意图。

(2)技术特性表内容:设备容积为 $Vg = 6.3$ m³;设计压力为 0.25 Mpa;设计温度为 $200℃$。

(3)管口表内容:共有 8 根接管,功能和规格相同的管口 4 根($b_{1\sim4}$),f 管作为人孔。

3　选择表达方案,根据设备总体尺寸及化工设备装配图格式选择比例和图幅

根据储罐的结构,可选择两个基本视图(主、俯视图),并在主视图中作剖视以表达内部结构,俯视图表达外形及各管口的方位。此外,还用局部放大图详细表达人孔、补强圈和筒体间的焊缝结构及尺寸。

由于化工设备总体尺寸比较大、装配图中表格内容较多,因此,化工设备图一般选择 $1:5$ 或 $1:10$ 的比例,图幅常选择 A0 和 A1 图纸。本任务中的设备为立式,总高约为 3 000 mm,总宽约为 2 100 mm,因此选择 A1 幅面($594×841$),比例为 $1:10$。

4　布图,绘制底稿

(1)根据装配图中表格格式要求,绘制出图框线,将各表格布置在合适位置,再画出主、俯视图的定位基准线,如图 5-25(a)所示。

(2)根据标准件标记查表确定各标准件结构样式和尺寸参数,绘制出各标准件样式图。

(3)画主、俯视图:先画出主体结构即筒体、封头,如图 5-25(b)所示。在完成壳体后,按装配关系依次画出接管口、支座等外件的投影,如图 5-25(c)所示。

(4)最后画局部放大图,如图 5-25(d)所示。

(5)检查校核,修正底稿,加深图线。

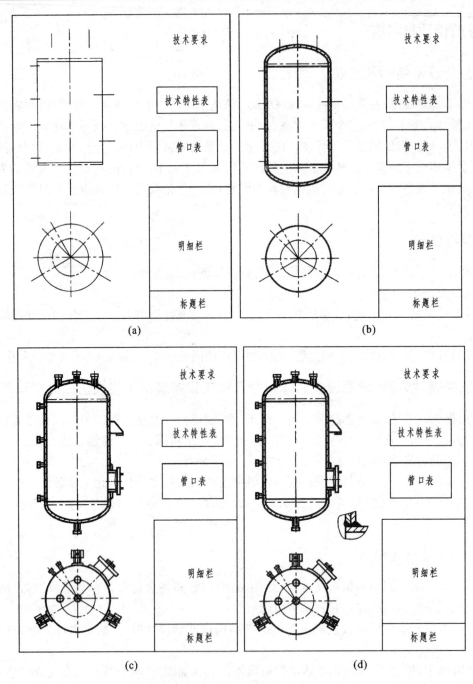

图 5-25　绘制装配图步骤

知识准备

1　化工设备图表格内容及格式

1.1　技术要求

　　技术要求一般布置在图纸右上角,行距和管口表、技术特性表的表格长度一致(100

mm)。

技术要求是用文字说明的设备在制造、试验和验收时应遵循的标准、规范或规定，以及对材料、表面处理及涂饰、润滑、包装、运输等方面的特殊要求，其基本内容包括以下几方面：

(1)通用技术条件　通用技术条件是指同类化工设备在制造、装配和检验等方面的共同技术规范，已经标准化，可直接引用。

(2)焊接要求　主要包括对焊接方法、焊条、焊剂等方面的要求。

(3)设备的检验　包括对设备主体的水压和气密性试验、对焊缝的探伤等。

(4)其他要求　包括设备在机械加工、装配、防腐、保温、运输、安装等方面的要求。

1.2　技术特性表

技术特性表一般布置在技术要求正下方，中间留适当间距。

技术特性表用于表明设备的主要技术特性，如工作压力、温度、物料名称、设备容积等。其格式有两种，适用于不同类型的设备，如图 5-26 所示。可根据设备的类型从中选择一种合适的格式，并增加相应的内容。

技术特性表(1)

内　容	管　程	壳　程
工作压力/MPa	操作温度/℃	
设计压力/MPa	设计温度/℃	
物料名称		
焊缝系数φ	腐蚀裕度/mm	

技术特性表(2)

内　容	管　程	壳　程
工作压力/MPa		
工作温度/℃		
物料名称		
换热面积/m²		

图 5-26　技术特性表

1.3　管口表

对设备上所有管口用小写拉丁字母按顺序编号，并在管口表中列出各管口的用途、规格、连接面形式等，其格式如图 5-27 所示。

管口表

符号	公称尺寸	连接尺寸、标准	连接面形式	用途和名称

图 5-27　管口表

管口表一般布置在技术特性表正下方，中间留适当间距。

1.4　零部件序号和明细栏

在设备图上对设备的所有零部件进行编号，称为零部件序号，如图 5-28 所示。在明细栏中对应填写每一零部件的名称、规格、材料、数量等内容，若是标准件，要在代号一栏填写标准代号。明细栏放在标题栏上方，其格式如图 5-29 所示。

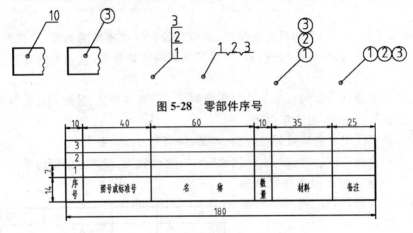

图 5-28 零部件序号

图 5-29 零部件明细栏

1.5 标题栏

标题栏用于填写设备名称、主要规格、绘图比例、设计单位、图号及责任者等内容。其格式可参考项目一的介绍。

2 化工设备中的标准零部件

2.1 筒体

筒体是化工设备的主体部分，一般由钢板卷焊成型。直径小于 500 mm 的筒体，可直接使用无缝钢管制作，其公称直径指钢管的外径。筒体的主要尺寸是直径、高度（或长度）和壁厚，其直径应符合表 5-2 中所示国家标准《压力容器公称直径》直径系列。卷焊成型的筒体，其公称直径为内径。

表 5-2　　　　　　　　压力容器公称直径（摘自 GB/T 9019—2001）

钢板卷焊（内径）											
300	350	400	450	500	550	600	650	700	750	800	900
1000	1100	1200	1300	1400	1500	1600	1700	1800	1900	2000	2100
2200	2300	2400	2500	2600	2800	3000	3200	3400	3600	3800	
4000	4200	4400	4500	4600	4800	5000	5200	5400	5500	5800	
6000	—	—	—	—	—	—	—	—	—	—	—

无缝钢管（外径）					
159	219	273	325	337	426

标记示例：图 5-24 示意图中筒体的内径为 1 600 mm，壁厚为 6 mm，其标记为：筒体 GB/T 9019—2001 $DN1\ 600$（公称直径为 1 600 的容器筒体）。

在明细栏中，采用"$DN1\ 600 \times 6, H(L) = 2\ 400$"的形式来表示内径为 1 600、壁厚 6、高（长）为 2 400 的筒体。

2.2 封头

封头安装在筒体的两端,与筒体一起构成设备的壳体,如图 5-30 所示。封头有椭圆形、锥形、蝶形、半球等多种形状,常见的是椭圆形封头,如图 5-30(a)所示。封头与筒体可直接焊接,也可焊上容器法兰连接。当筒体由钢板卷焊成型时,配套使用的封头公称直径为内径,如图 5-30(b)所示;当采用无缝钢管作筒体时,配套使用的封头公称直径为外径,如图 5-30(c)所示。

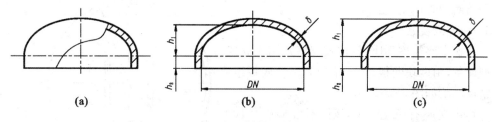

图 5-30 椭圆形封头

【标记示例】 图 5-24 示意图中,与筒体焊接为一体的两个椭圆封头内径为 1 600 mm,壁厚为 6 mm,其标记为:椭圆封头 JB/T 4737—1995 $DN1\,600 \times 6$ 16MnR(内径为 1 600,名义厚度为 6,材质为 16MnR 的椭圆形封头)。

椭圆形封头的规格和尺寸系列参见书后附表 9。根据上述标记,公称直径 $DN = 1\,600$ mm,名义厚度 $\delta = 6$,可查表得出封头的曲面高度 $h_1 = 400$ mm,直边高度 $h_2 = 25$。

2.3 人孔和手孔

为了安装、检修或清洗设备内件,在设备上通常开设有人孔或手孔,如图 5-31 所示。

常用人孔公称直径有 $DN450$ 和 $DN500$ 两种,常用手孔直径标准有 $DN150$ 和 $DN250$ 两种。人孔的大小,应便于人的进出,同时要避免开孔过大影响器壁强度。人(手)孔的结构有多种型式,只是孔盖的开启方式和安装位置不同。

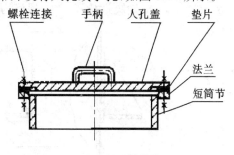

图 5-31 人(手)孔的基本机构

【标记示例】 从图 5-24 管口表中的用途一栏可知,f 管为人孔,其公称尺寸为 500 mm,连接尺寸标准为 JB/T577—1979,其标记为人孔 $DN500$ JB/T577—1979(某常压人孔,公称直径为 500 mm)。

人(手)孔的有关尺寸见书后附表 12。根据上述标记,公称直径 $DN = 500$ mm 的常压人孔,可查表得出各相关参数。如图 5-32 所示,$d_w \times S = 530 \times 6$,$D = 620$,$D_1 = 585$,$b = 14$,$b_1 = 10$,$b_2 = 12$,$H_1 = 160$,$H_2 = 90$,$B = 300$,配套螺栓(M16×50)20 个。

2.4 各接管法兰的标记格式

从图 5-24 管口表中的用途一栏可知,a、b、c、d、e 管均为普通接管,其连接尺寸标准均为 JB/T81—1994,所以连接法兰的标记为:

a、c、e 管:法兰 50—0.25 JB/T 81—1994;

$b_{1\sim4}$ 管: 法兰 15—0.25 JB/T 81—1994;

d 管:　　法兰 40—0.25 JB/T 81—1994。

根据活动 2 法兰标准件查表方法,可以得出各接管相关参数。

2.5　支座

支座用来支承和固定设备,分为立式设备支座和卧式设备支座两类,大部分支座已经标准化。下面介绍两种常用支座。

2.5.1　耳式支座

耳式支座简称耳座(悬挂式支座),用于立式悬挂型设备,由两块肋板、一块垫板和一块底板组成,其结构形状如图 5-33 所示。

耳式支座有 A 型、AN 型(不带垫板)、B 型、BN 型(不带垫板)四种型式。A 型(AN 型)用于一般立式设备,B 型(BN 型)适用于带保温层的立式设备。

从图 5-24 示意图中可知,容器公称直径 $DN=$

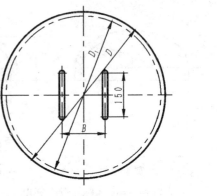

图 5-32　人孔样式图

1 600 mm,而适用于此规格的耳式支座之一的标记示例为 JB/T 4725—1992,耳座 A5,δ =10(5 号带垫板耳式支座,垫板厚度为 10 mm,支座材料 Q235-A.F)。

根据附表 13 可查表确定耳式支座的结构尺寸如下:高度 $H=320$;底板尺寸 $l_1=250$, $b_1=180$,$\delta_1=16$,$S_1=90$;肋板尺寸 $l_2=200$,$\delta_2=10$, $b_2=200$;垫板尺寸 $l_3=400$,$b_3=320$, $\delta_3=10$,$e=48$;地脚螺栓 $d=30$,规格为 M24。

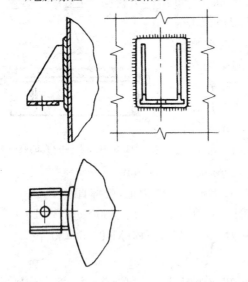

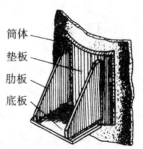

筒体

垫板

肋板

底板

图 5-33　耳式支座样式图

2.5.2　鞍式支座

鞍式支座广泛应用于卧式设备,主要由垫板、腹板、肋板和底板组成,其结构如图5-34

所示。

　　鞍式支座分为轻型(代号 A)、重型(代号 B)两种类型。重型鞍座又有五种型号,代号为 BI~BV。根据底板上地脚螺栓孔不同,每种类型的鞍座又分为 F 型(固定式)和 S 型(滑动式),且 F 型与 S 型配对使用。鞍式支座的结构尺寸,见书后附表 14。

　　标记示例:JB/T 4712—1992,鞍座 A1600-S(公称直径为 1 600、重型带垫板、120°包角的滑动式鞍式支座)。

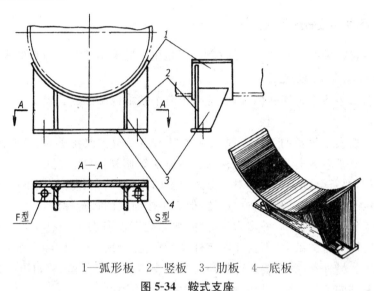

1—弧形板　2—竖板　3—肋板　4—底板

图 5-34　鞍式支座

2.6　补强圈

　　设备壳体开孔过大时要用补强圈来增加强度,如在设备上开人孔时焊接处就有补强圈。补强圈的结构如图 5-35 所示。补强圈的形状应与被补强部分壳体的形状相符合(见图 5-36)。

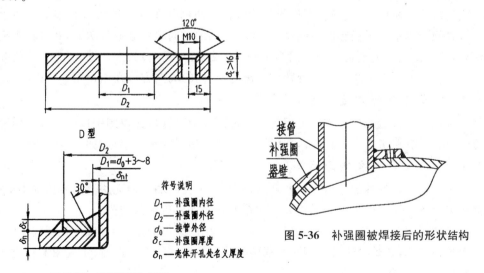

符号说明

D_1—补强圈内径
D_2—补强圈外径
d_0—接管外径
δ_c—补强圈厚度
δ_n—壳体开孔处名义厚度

图 5-35　补强圈样式图

图 5-36　补强圈被焊接后的形状结构

从图 5-24 示意图中可知,在人孔焊接处有一个补强圈,人孔公称直径 $DN=500$ mm,而适用于此规格的补强圈之一的标记示例为:标记示例:JB/T 4736—1995 补强圈 $DN500\times16$-D-Q235-B(厚度为 16、接管公称直径 $DN500$、坡口类型为 D 型、材料为 Q235-B 的补强圈)。

根据附表 15,依据人孔的公称直径 $DN=500$,可查表确定补强圈的结构尺寸如下: $D_2=840$;d_0 即人孔外径 $d_w=530$,$D_1=d_0+3\sim5$;$\delta_c=16$。

3 化工设备图的画法特点

由于化工设备的结构有若干共同特点,因此相应地采用了一些习惯的表达方法。

3.1 视图的配置比较灵活

化工设备的主体多为回转体,因此常采用两个基本视图。立式设备一般采用主、俯视图,卧式设备一般为主、左视图。

主视图主要表达设备的工作原理、主要结构和各部分的装配关系,一般按照设备的工作位置来确定其投射方向,并采用剖视的表达方法。俯视图或左视图主要表达管口和支座的方位结构,要符合投影关系。对于形体狭长的设备,其俯(左)视图不能放在基本视图位置时,允许配置在图面上其他空白位置,但必须按向视图进行标注。

由于化工设备结构简单,并多为标准件,如果化工设备图中还有位置,允许将零件图与装配图画在同一张图纸上,但要注明零件号。在化工设备图中已经表达清楚的零件,可以不画零件图。另外,一些必要的部件装配图如支座底板安装图、管口方位图,都可以安排在化工设备图的空白位置,具体参见图 5-2 贮罐装配图。

当视图较多时,允许将部分视图画在数张图纸上,但主视图及明细栏、管口表、技术特性表、技术要求应安排在第一张图样上。

3.2 多次旋转的表达方法

为减少视图数量和作图方便,主视图常采用多次旋转的表达方法,以清楚地表达它们的结构形状。所谓多次旋转,即假想将设备壳体四周分布的各种管口和零部件在主视图中绕轴旋转到平行于投影面后画出,以表达它们的轴向位置和装配关系,并且不需要标注旋转情况,而它们的周向方位以管口方位图(或俯、左视图)为准。图 5-37 的人孔 b 和液面计接管口 $a_{1\sim2}$ 主视图中就是旋转后画出的,它们的周向方位在俯视图中可以看出。

3.3 管口方位的表达方法

管口在设备上的分布方位可用管口方位图表示。管口方位图中以中心线表明管口的方位,用单线(粗实线)画出管口,并标注与主视图相同的小写字母,如图 5-38 所示。

3.4 细部结构的表达方法

由于化工设备各部分尺寸相差悬殊,按照基本视图的比例无法清楚表达细小结构,因此化工设备图较多地采用局部放大图和夸大画法来表达细部结构。

局部放大图(又称节点图)是用大于原图的比例画出的图形,可以将其画成视图、剖视图等多种形式,必要时还可采用几个视图表达同一细部结构。此时,主视图上相应部分可以简单表示,如图 5-39 所示。

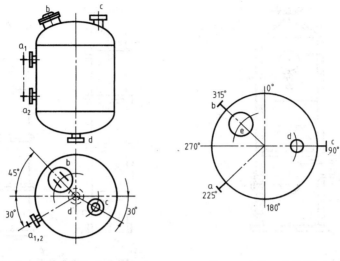

图 5-37 多次旋转地表达方法 图 5-38 管口方位图

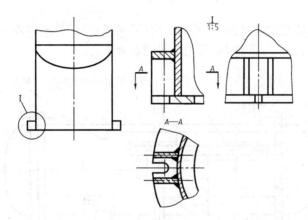

图 5-39 局部放大图

　　夸大画法是化工设备图的又一个特点。对于尺寸过小的结构(如薄壁、垫片、折流板等),可不按比例、适当地夸大画出,如图 5-2 中的筒体壁厚就是夸大画出的,不方便绘制剖面线的可以涂黑或涂深色表示。

3.5 断开和分段(层)画法

　　当设备过高或过长,又有相同结构(或按规律变化)时,为节省图幅、便于布图,可采用断开画法画出(断开并缩短),这样就可以用相对较大的比例绘图。如图 5-40 中填料塔断开部分为规格及排列都相同的填料。

　　某些设备(如塔器)形体较长,又不适合用断开画法,则可把整个设备分成若干段(层)画出,如图 5-41 所示。

3.6 简化画法

　　为提高工作效率,在不至于产生误解的情况下,化工设备图大量采用具有行业特色的简化画法,这也是化工设备图的特点之一。

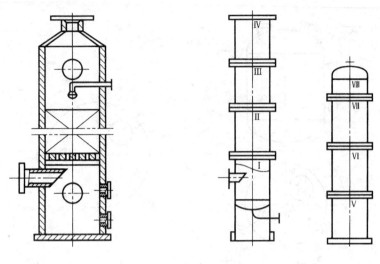

图 5-40 断开画法   图 5-41 设备分段画法

3.6.1 示意画法

已有图样表示清楚的零部件,允许用单线(粗实线)在设备图中表示。如图 5-42 所示的换热器,指引线所指的零部件,均采用单线示意画出。

封头 补强圈 带法兰接管 折流板 膨胀节 拉杆和定距管 筒体

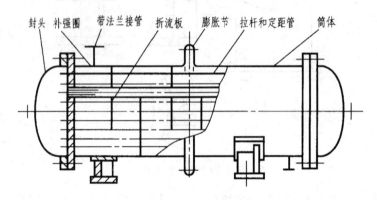

图 5-42 示意画法

3.6.2 管法兰的简化画法

管法兰的简化画法只需画出示意图即可,不用详细表达密封面结构形式,如图 5-43 所示,其连接面型式(平面、凹凸面、榫槽面)可在明细栏和管口表中注明。

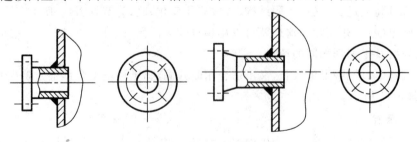

图 5-43 管法兰的简化画法

3.6.3　重复结构的简化画法

3.6.3.1　螺栓孔和螺栓连接的画法

螺栓孔和螺栓连接均可用中心线和轴线表示位置,无须画出具体投影。螺栓连接中的螺栓可用符号"×"(粗实线)表示,如图 5-44 所示。

3.6.3.2　填充物的表示法

设备中材料规格、堆放方法相同的填充物,在剖视图中可用交叉的细实线表示,并用引出线作相关说明;材料规格或堆放方法不同的填充物,应分层表示,如图 5-45 所示。

3.6.3.3　管束的表示法

设备中按一定规律排列或成束的密集管子,在设备图中可只画一根或几根,其余管子均用中心线表示,如图 5-46 所示。

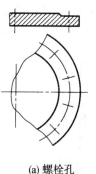
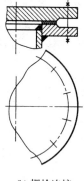

(a) 螺栓孔　　　　(b) 螺栓连接

图 5-44　螺栓孔和螺纹连接的简化画法

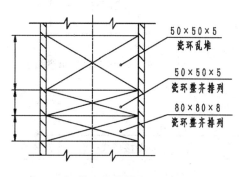

图 5-45　填充物的简化画法

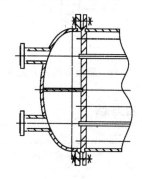

图 5-46　密集管束的画法

3.6.3.4　标准件和外购零部件的简化画法

已有标准图的标准化零部件或外购零部件如电机、联轴器等,在设备图中不必再详细画出,一般按照比例用粗实线画出其特性外形轮廓即可,如图 5-47 和图 5-48 所示。在明细栏中则要详细注明其名称、规格、标准号等信息。

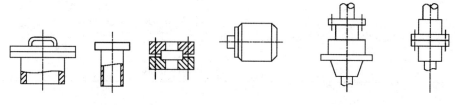

图 5-47　标准件的画法　　　　　　图 5-48　外购零部件的画法

3.6.3.5　液面计的简化画法

带有两个接管的玻璃管液面计,可用细点画线和符号"十"(粗实线)简化表示,如图 5-49 所示。

3.7 设备的整体示意画法

设备的完整形状和有关结构的相对位置,可按比例用单线(粗实线)画出,并标注设备的总体尺寸和相关结构的位置尺寸,如图 5-50 所示。

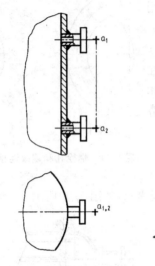

图 5-49 液面计的简化画法

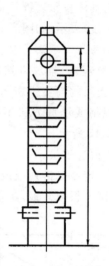

图 5-50 设备整体示意画法

任务的检查与考核

项目	评分标准	考核形式	分值	合计
查标准件表	查看数据迅速、准确 20 分(错一个扣 2 分)	自评(20%)		
		他评(40%)		
		教师评价(40%)		
绘图	正确、完整 40 分,错误和遗漏酌情扣分;在规定时间内完成 20 分,延误酌情扣分	自评(20%)		
		他评(40%)		
		教师评价(40%)		
图面质量	线形规范、均匀 20 分(若不符合要求酌情扣分)	自评(20%)		
		他评(40%)		
		教师评价(40%)		

【知识补充】

※化工设备图中焊缝的表达方法

化工设备各零部件的连接装配主要是焊接,设备图中未剖切到的焊缝不用特别表示,剖到的焊缝一般涂黑表示;重要焊缝(如筒体的纵环焊缝、主要接管与筒体的角焊缝等)应画出节点图详细表示,并加以标注;其余焊缝形式可在技术要求中统一注明,如图 5-3 所示。

1　焊接方法与焊缝型式

焊接方法现已有几十种。按 GB/T 5185—1985 规定，用阿拉伯数字代号表示各种焊接方法。表 5-3 是常用的焊接方法及代号。

表 5-3　　　　　　　　　　　**焊接方法及代号**（摘自 GB/T5185—1985）

代号	焊接方法	代号	焊接方法	代号	焊接方法	代号	焊接方法
111	手弧焊	22	缝焊	321	空气—乙炔焊	72	电渣焊
12	埋弧焊	25	电阻对焊	42	摩擦焊	91	硬钎焊
21	点焊	311	氧-乙炔焊	291	高频电阻焊	916	感应硬钎焊

构件在焊接后形成的结合部分称为焊缝。常见焊缝的接头型式如图 5-51 所示。

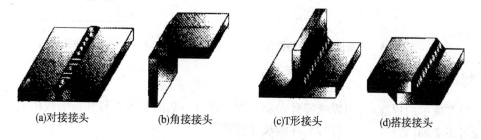

(a)对接接头　　(b)角接接头　　(c)T形接头　　(d)搭接接头

图 5-51　焊接接头的形式

2　焊缝的规定画法

国家标准（GB/T12212—1990）规定：在图样中可用符号表示焊缝，也可用图示法表示。在视图中画焊缝时，可见焊缝用栅线（细实线）表示，也可采用特粗线（$2d\sim3d$）表示；在剖视图或断面图中，焊缝应涂黑表示，如图 5-52 所示。

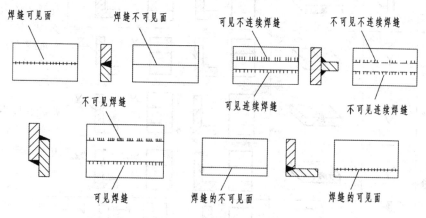

图 5-52　焊接规定画法

对常压、低压设备，剖视图上的焊缝应画出焊缝的剖面并涂黑；视图中的焊缝可省略不画，如图 5-53 所示。

对中、高压设备或其他设备上重要的焊缝,需用局部放大图详细画出焊缝结构的形状和有关尺寸,如图 5-54 所示。

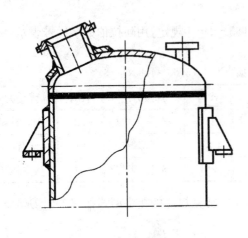

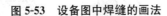

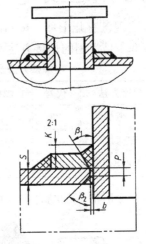

图 5-53　设备图中焊缝的画法　　　　图 5-54　焊缝的局部放大图

3　焊缝符号表示法

分布简单的焊缝,可用焊缝符号表示。焊缝符号一般由基本符号和指引线组成,必要时还可加上辅助符号、补充符号和焊缝尺寸符号。

3.1　基本符号

表示焊缝横截面形状的符号,它近似于焊缝的横截面形状,见表 5-4。

表 5-4　　　　　　　　焊缝符号及标注方法(摘自 GB/T 324—1988)

名称	图形符号	示意图	图示法	焊缝符号表示法	说明
I 形焊缝	‖				焊缝在接头的箭头侧,基本符号标在基准线的实线一侧
带钝边 V 形焊缝	Y				
V 形焊缝	V				焊缝在接头的非箭头侧,基本符号标在基准线的虚线一侧
带钝边 U 形焊缝	Y				
角焊缝	◁				标注对称焊缝及双面焊缝时,可不画虚线

3.2　辅助符号

表示焊缝表面特征的符号,不需要确切说明焊缝表面形状时,不加注此符号,见表5-5。

3.3　补充符号

说明焊缝某些特征而采用的符号,焊缝没有这些特征时,不加注此符号,见表5-5。

表5-5　　　　　辅助符号及补充符号的表示方法(摘自 GB/T324—1988)

名称	符号	示意图	说明
平面符号	—		辅助符号 表示焊缝表面平齐
凹面符号	⌣		辅助符号 表示焊缝表面凹陷
凸面符号	⌢		辅助符号 表示焊缝表面凸起
三面焊缝符号	⊏		补充符号 表示三面带有焊缝,符号开口方向与实际方向一致
周围焊缝符号	○		补充符号 表示环绕工件周围均有焊缝
现场符号	⚑		补充符号 表示在现场或工地上进行焊接

焊缝尺寸符号:用字母表示,在需要注明焊缝尺寸时才标注,见表5-6。

表5-6　　　　　　　　　　焊缝尺寸符号含义

符号	名称	符号	名称	符号	名称	符号	名称
δ	工件厚度	c	缝焊宽度	h	余高	e	焊缝间距
α	坡口角度	R	根部半径	β	破口面角度	n	焊缝段数
b	根部间隙	K	焊脚尺寸	S	焊缝有效厚度	N	相同焊缝数量
p	钝边	H	坡口深度	l	焊缝长度		

3.4　焊缝的标注

3.4.1　焊缝指引线

焊缝指引线如图5-55(a)所示,箭头用细实线绘制并指向焊缝处,基准线是两条相互平行的细实线和虚线。焊接方法(代号)可注写在基准末端尾部符号后,如图5-55(b)所示。

3.4.2　焊缝的标注方法

重要的焊缝除用图示法绘制外,通常还应标注焊缝符号,并用局部放大图详细画出焊缝结构和有关尺寸,如图5-54所示。简单焊缝只需标注焊缝符号,如图5-56所示。

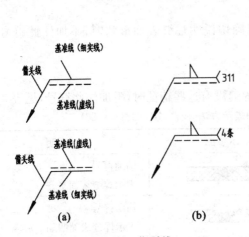

图 5-55 指引线

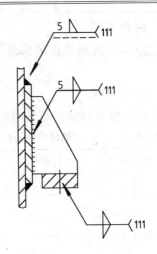

图 5-56 焊缝画法及标注

表 5-7 是几种常见焊缝的标注示例。

表 5-7   常见焊缝的标注示例

焊缝型式及图示法	标注示例	说明
		①埋弧焊,钝边 V 形连续焊缝,焊缝位于箭头侧,钝边 $p=2$ mm,根部间隙 $b=2$ mm,坡口角度 $\alpha=60°$ ②手工电弧焊,连续、对称角焊缝,焊角尺寸 $K=3$ mm
		埋弧焊,钝边 U 形连续焊缝,焊缝位于非箭头侧,钝边 $p=2$ mm,根部间隙 $b=2$ mm
		I 形断续焊缝,焊缝位于箭头侧,焊缝段数 $n=4$,每段焊缝长度 $l=6$ mm,焊缝间距 $e=4$ mm,焊缝有效厚度 $S=4$ mm

子任务 3 按照示意图及表格内容在已画出的化工设备图形上标注尺寸

尺寸标注是化工设备图的一个组成部分。装配图的尺寸标注与零件图要求不同。零件图是用来指导零件加工的,所以在图上应标注出加工过程中所需的全部尺寸;而装配图的尺寸标注,主要反映机器设备的规格、零部件之间的装配关系及设备的安装定位等,是制造、装配、安装和检验设备的重要依据。在尺寸标注中,除要遵守技术制图和机械制图国家标准的有关规定外,还要结合化工设备的特点,使尺寸标注做到正确、完整、清晰、合理。

知识准备

1　尺寸种类

1.1　规格特性尺寸

规格特性尺寸是反映化工设备的主要性能、规格、特征及生产能力的尺寸,如图 5-2 中的筒体内径 $\phi1\,400$、筒体长度 $2\,000$ 等。

1.2　装配尺寸

表示零部件之间装配关系和相对位置的尺寸,是设备制造的重要依据。如图 5-2 中人孔的轴向装配尺寸 500。

1.3　安装尺寸

表明设备安装在设备基础或支架上的尺寸,一般指设备地脚螺栓孔径、数量、分布定位尺寸。如图 5-2 中的卧式设备支座的 $1\,200$、840 等尺寸。

1.4　外形(总体)尺寸

为满足设备包装、运输及厂房设计等方面的要求,应标出化工设备的总体尺寸,即设备总长、总高、总宽(或外径)的尺寸。如容器的总长 $2\,805$、总高 $1\,820$、总宽 $1\,412$。

1.5　其他尺寸

包括标准零部件的规格尺寸(如人孔的尺寸 $\phi480\times6$)、不另行绘制零件图的有关尺寸、经设计计算确定的尺寸(如筒体壁厚 δ)、焊缝结构形式尺寸等。

2　尺寸标注

2.1　合理选择尺寸基准

标注尺寸时合理选择基准,可以准确地反映出化工设备的结构特点。化工设备图中常用的尺寸基准有下列几种(见图 5-57):

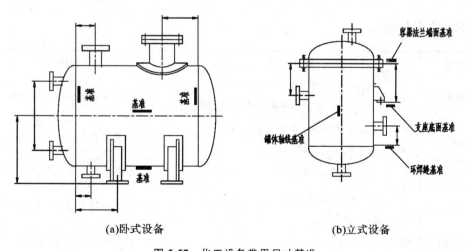

(a)卧式设备　　　　　　　　　　(b)立式设备

图 5-57　化工设备常用尺寸基准

(1)设备筒体和封头的轴线；

(2)设备筒体和封头焊接时的环焊缝；

(3)设备容器法兰的端面；

(4)设备支座的底面；

(5)管口的轴线与壳体表面的交线等。

2.2　尺寸标注

化工设备的尺寸标注,首先要符合国家制图标准,同时也要考虑化工设备自身的结构特点。

(1)一般常将同方向(轴向)的尺寸注成长链式；总体尺寸精度也不是很高,有时可注成封闭尺寸。常将总长(总高)尺寸数字加注圆括号"( )"或在数字前加"≈",以示参考之意。

(2)筒体要标注其内径、壁厚和高度,为清晰和读图方便,一般将内径和壁厚标注在一条尺寸线上。

(3)封头要标注高度、厚度和直边高度,不必另行标注直径和内表面的曲面高度。

(4)接管要标注规格尺寸和外伸长度,接管规格为"外径×壁厚"。

(5)填充物要标注规格和填充高度,不用标注体积。

标注结果如图 5-58 所示。

任务的设计与实施

1.选择尺寸基准。

2.标注筒体尺寸,包括内径、壁厚和高度(长度)。

3.标注封头尺寸,包括曲面高度、直边高度和厚度。

4.标注接管尺寸,包括规格尺寸和外伸长度。

5.标注填充物尺寸,包括规格和填充高度,不用标注体积。

6.检查有无重复或遗漏尺寸。

任务的检查与考核

项目	评分标准	分值
图面布局	图面布局合理,视图与视图之间、试图与图纸边框之间距离适当,便于标注尺寸和清晰看图	20 分(若不符合要求酌情扣分)
图线	图线:规范、粗细均匀、浓淡一致 图线连接绘制光滑一致	20 分(若不符合要求酌情扣分)
作图过程	作图符合规范要求,顺序合理,有条不紊	20 分(若不符合要求酌情扣分)
文字与标注	汉字、数字、符号书写规范,字号一致标注内容齐全、规范,合理布局	20 分(若不符合要求酌情扣分)
图面质量	图面整洁,干净平整	20 分(若不符合要求酌情扣分)

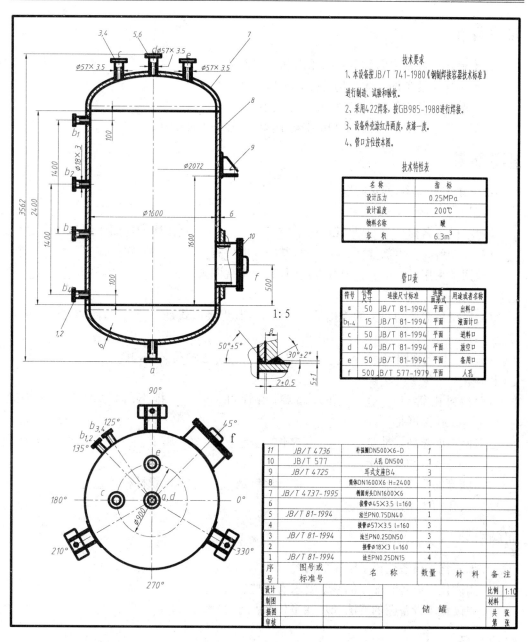

技术要求

1、本设备按JB/T 741-1980《钢制焊接容器技术标准》进行制造、试验和验收。

2、采用422焊条，按GB985-1988进行焊接。

3、设备外壳涂红丹两度，灰漆一度。

4、管口方位按本图。

技术特性表

名　称	指标
设计压力	0.25MPa
设计温度	200℃
物料名称	酸
容　积	6.3m³

管口表

符号	公称尺寸	连接尺寸标准	连接面形式	用途或者名称
a	50	JB/T 81-1994	平面	出料口
b₁₋₄	15	JB/T 81-1994	平面	液面计口
c	50	JB/T 81-1994	平面	进料口
d	40	JB/T 81-1994	平面	放空口
e	50	JB/T 81-1994	平面	备用口
f	500	JB/T 577-1979	平面	人孔

11	JB/T 4736	补强圈DN500×6-D	1		
10	JB/T 577	人孔 DN500	1		
9	JB/T 4725	耳式支座B4	3		
8		筒体DN1600X6 H=2400	1		
7	JB/T 4737-1995	椭圆封头DN1600×6	1		
6		接管φ45×3.5 l=160	1		
5	JB/T 81-1994	法兰PN0.75DN40	1		
4		接管φ57×3.5 l=160	3		
3	JB/T 81-1994	法兰PN0.25DN50	3		
2		接管φ18×3 l=160	4		
1	JB/T 81-1994	法兰PN0.25DN15	4		
序号	图号或标准号	名　称	数量	材料	备注
设计			比例	1:10
制图		储　罐	材料	
描图			共　张	
审核			第　张	

图5-58　贮罐化工设备图

任务3　识读化工设备图

能力目标

1.能认识各类典型化工设备的图样。

2.能按照化工设备图的识读方法和步骤识读各种化工设备图。

知 识 目 标

1.了解化工设备的名称、性能、用途和主要参数。
2.了解化工设备的整体结构特征和工作原理。
3.了解各零部件的材料、结构和装配关系。
4.了解设备的对外连接情况和制造、检验、安装等方面的要求。

任 务 布 置

识读化工设备图,回答问题。
以图 5-2 为例:
(1)本设备名称_____,其规格是_____,此装配图的绘图比例是_____。
(2)该设备共有零部件_____种,其中标准件有_____种;接管口有_____个。
(3)图中采用了_____个基本视图,其中主视图采用了_____剖视和_____表达方法。
(4)储罐的简体与封头的连接是_____,其焊接形式是_____;简体与管口的连接是_____。
(5)A—A 剖视图表达了_____型和_____型鞍式支座,其_____结构不同,是因为_____。
(6)物料由管口_____进入储罐,由管口_____排出;储罐的工作压力是_____,工作温度是_____。
(7)储罐的总高尺寸是_____,总长_____;1 200 属于_____尺寸,500 属于_____尺寸,φ1 400 属于_____尺寸。
(8)储罐的简体材料是_____,鞍座材料是_____,接管材料是_____。
(9)人孔的作用是_____。

问题引导

1.识读化工设备图要了解哪些内容?
2.阅读化工设备装配图的基本要求有哪些?
3.识读化工设备图的方法和步骤是什么?

知识准备

阅读化工设备装配图的基本要求:
(1)弄清设备的用途、工作原理、结构特点和技术特性。
(2)搞清各零部之间的装配关系和有关尺寸。
(3)了解零部件的结构、形状、规格、材料及作用。
(4)搞清设备上的管口数量及方位。
(5)了解设备在制造、检验和安装等方面的标准和技术要求。

任务的设计与实施

阅读化工设备装配图的方法和步骤(以图 1-9 为例):

1 概括了解

从标题栏了解设备名称、规格、绘图比例等内容;从明细栏和管口表了解各零部件和接管口的名称、数量等;从技术特性表及技术要求中了解设备的有关技术信息。

从标题栏、明细栏、技术特性表等可知,该设备是列管式固定管板换热器,用于使两种不同温度的物料进行热量交换,壳体内径为 DN800,换热管为长度 3 000,换热面积 $F=107.5 \text{ m}^2$,绘图比例为 1:10,由 28 种零部件所组成,其中有 11 种标准件。

管程内的介质是水,工作压力为 0.45 MPa,操作温度为 40℃,壳程内的介质是甲醇,工作压力为 0.5 MPa,操作温度为 67℃。换热器共有 6 个接管,其用途、尺寸见管口表。

该设备采用了主视图、A—A 剖视图、4 个局部放大图和 1 个示意图,另外画有件 20 的零件图。

2 分析视图

分析设备图上有哪些视图、各视图采用了哪些表达方法、这些表达方法的目的是什么。

主视图采用局部剖视,表达了换热器的主要结构以及各管口和零部件在轴线方向的位置和装配情况;为省略中间重复结构,主视图还采用了断开画法;管束仅画出了一根,其余均用中心线表示。

各管口的周向方位和换热管的排列方式用 A—A 剖视图表达。

局部放大图 Ⅰ、Ⅱ 表达管板与有关零件之间的装配连接关系。为了表示出件 12 拉杆的投影,将件 9 定距管采用断裂画法。示意图表达折流板在设备轴向的排列情况。

3 分析各零部件结构形状及尺寸

对照图样和明细栏中的序号,逐一分析各零部件的结构、形状和尺寸。标准化零部件的结构,可查阅有关标准。有图样的零部件,则应查阅相关的零部件图,了解其结构。

设备主体由筒体(件 24)、封头(件 1、件 21)组成。筒体内径为 800,壁厚为 10,材料为 16MnR,筒体两端与管板焊接成一体。左右两端封头(件 1、件 21)与设备法兰焊接,通过螺栓与筒体连接。

换热管(件 15)共有 472 根,固定在左、右管板上。筒体内部有弓形折流板(件 13)14 块,折流板间距由定距管(件 9)控制。所有折流板用拉杆(件 11、12)连接;左端固定在管板上(见放大图Ⅲ),右端用螺栓锁紧。折流板的结构形状需阅读折流板零件图。

鞍式支座和管法兰均为标准件,其结构、尺寸需查阅有关标准确定。

管板另有零件图,其他零部件的结构形状请读者自行分析。

4 装配连接关系分析

从主视图入手,结合其他视图分析各零部件之间的相对位置及装配连接关系。

筒体(件24)和管板(件4、件18)、封头和容器法兰(两件组合为管箱件1、件21)采用焊接,具体结构见局部放大图Ⅰ;各接管与壳体的连接、补强圈与筒体及封头的连接均采用焊接;封头与管板采用法兰连接;法兰与管板之间放有垫片(件27)形成密封,防止泄漏;换热管(件15)与管板的连接采用胀接,见局部放大图Ⅳ。

拉杆(件12)左端螺纹旋入管板,拉杆上套入定距管用以固定折流板之间的距离,见局部放大图Ⅲ;折流板间距等装配位置的尺寸见折流板排列示意图;管口轴向位置与周向方位可由主视图和A—A剖视图读出。

5 设计参数和制造要求分析

设计参数和制造要求主要从技术要求和技术特性表来进行分析。

从技术要求可知,该设备按《钢制管壳式换热器设计规定》《钢制管壳式换热器技术条件》进行设计、制造、试验和验收,采用电焊,焊条型号为 T422。制造完成后,要进行焊缝无损探伤检查和水压试验。

6 归纳总结

通过以上分析,相互印证,从而得出设备完整的结构形状,进一步了解设备的结构特点、工作特性和操作原理等。

由上面的分析可知,换热器的主体结构由筒体和封头构成,其内部有 472 根换热管和 14 块折流板。

设备工作时,冷却水从接管 f 进入换热管,由接管 a 流出;甲醇蒸气从接管 b 进入壳体,经折流板曲折流动,与管程内的冷却水进行热量交换后,由接管 d 流出。

注意事项:

(1)看图时应根据读图的基本要求,着重分析化工设备的零部件装配连接关系、非标准零件的形状结构、尺寸关系以及技术要求。

(2)化工设备中结构简单的非标准零件往往没有单独的零件图,而是将零件图与装配图画在一张图纸上。

(3)应联系实际分析技术要求。技术要求要从化工工艺、设备制造及使用等方面进行分析。

任务的检查与考核

项目	评分标准	考核形式	分值	合计
阅读设备图完成填空	全部正确为 100 分,每错一个扣 3 分	自评(20%)		
		他评(40%)		
		教师评价(40%)		

任务 4　用 AutocAD 绘制化工设备图

能 力 目 标

能用 AutoCAD 的图块、复制等功能拼画化工设备图。

知 识 目 标

掌握 AutoCAD 的块操作；能灵活运用 AutoCAD 各种命令快捷地画出化工设备图。

任 务 布 置

用计算机绘制贮罐装配图(图 5-2)。

问题引导

1. 用计算机绘装配图与绘制零件图有何异同？

2. 绘制装配图时，手工绘图与计算机绘图有何异同？

3. 用计算机绘制装配图的画法步骤是什么？

任务的设计与实施

绘制装配图与绘制零件图的开始步骤是一样的，即选择样板文件，分解修改适当内容。化工设备图中的表格较多，在画图前，可把每一种表格用带属性块的方式存储在磁盘上，以便今后绘图时调用。以管口表为例，创建带属性块的步骤如下：

1　用块制作化工设备图中的表格

(1)绘制一行表格　按尺寸绘制管口表的一行，如图 5-59 所示。

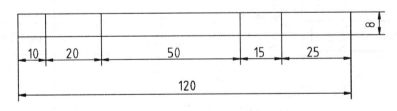

图 5-59　管口表的一行

(2)定义属性　以定义"符号"属性为例，操作如下：

选择菜单"绘图一块一定义属性"，弹出"属性定义"对话框。设置内容如图 5-60 所示。

图 5-60 "符号"属性的定义

属性定义好的表如图 5-61 所示。

（符号）	（公称尺寸）	（连接尺寸、标准）	（连接面形式）	（用途或名称）

图 5-61 属性定义后的表

（3）定义块。

输入命令"W"并回车，弹出"写块"对话框，设置如图 5-62 所示。注意捕捉左上角为基点。按"确定"完成块定义。

在使用该块时，每次可创建管口表的一行。表头应单独做一个块，不需要定义属性。化工设备图中其他表格的定制可仿照上述方法进行。

图 5-62 设置"写块"的对话框

任务的设计与实施

1 用 AutoCAD 绘制化工设备图的方法和步骤

(1)准备化工设备标准零部件的相关资料。作图时,应准备好化工设备标准零部件的相关资料,以备随时查用。

(2)作图。由于化工设备的尺寸较大,为便于作图,画图时可先按 1∶1 比例绘图,画完后再按比例将图形缩小。在标注尺寸时,应在标注样式中将尺寸数字的测量单位比例加大相应的倍数,这样标注的尺寸数字不会因图形缩小而改变。

设置图幅:图层用 limits 设置图形界限为 841×1 189(即 A0),图层设置如图 5-63 所示。

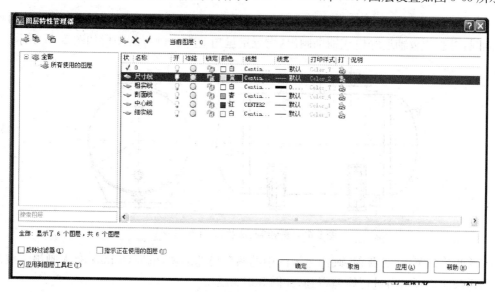

图 5-63 设置图层

画作图基准线和筒体轮廓线:按给定尺寸绘制作图基准线和筒体轮廓线。平行的两线可使用"偏移"命令绘制,如图 5-64 所示。

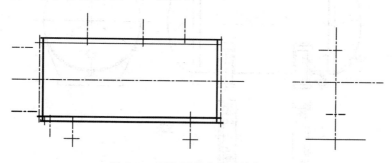

图 5-64 画作图基准线和筒体轮廓

绘制封头:查得封头曲面高度 $h_1=350$,直边高度 $h_2=25$。先用偏移命令画出直边(偏移距离 25),再用椭圆命令绘制椭圆(使用"中心"选项),修剪图线后如图 5-65 所示。

绘制接管和法兰、人孔及鞍式支座:接管和法兰可不按比例,适当夸大画出。

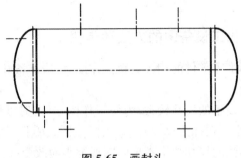

图 5-65　画封头

查出鞍式支座的有关尺寸,画出鞍式支座的视图。左视图中与水平成 30°角的两根点画线,可利用极轴追踪模式辅助画出(设置增量角 30°)。画好的图形如图 5-66 所示。

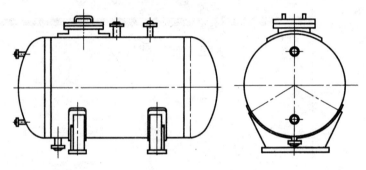

图 5-66　画接管、法兰、人孔和鞍座

画其他细节,完善视图:画出主视图中的两个局部剖视,壁厚(6 mm)夸大画出。波浪线用样条曲线画出后进行修剪得到,如图 5-67 所示。

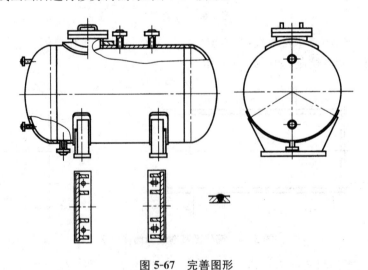

图 5-67　完善图形

将图形缩小:按1:5的比例要求,用"修改-缩放"命令将所有图形缩小,比例因子设为0.2。这样,图形就可放置在A0图纸中。

(3)标注尺寸。

按图中的要求标注尺寸,由于图样进行了缩放,因此要注意在标注样式中设置数字测量单位比例为5,这样在图中标注的尺寸数字与实际数字相符,如图5-68所示。

标注尺寸的步骤略,请读者自行完成。

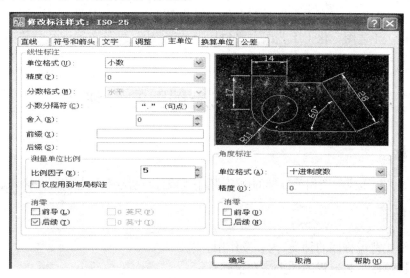

图5-68　设置数字测量单位比例

2 其他

最后画边框线,填写标题栏、管口表、技术特性表,写技术要求等。如果事先制作了块并存储在磁盘上,可直接插入,否则应全部从头制作。

任务的检查与考核

项目	评分标准	分值
图面布局	图面布局合理,视图与视图之间、视图与图纸边框之间距离适当,便于标注尺寸和清晰看图	20分(若不符合要求酌情扣分)
图线	图线:规范、粗细均匀、浓淡一致图线连接绘制光滑一致	20分(若不符合要求酌情扣分)
作图过程	作图符合规范要求,顺序合理,有条不紊	20分(若不符合要求酌情扣分)
文字与标注	汉字、数字、符号书写规范,字号一致标注内容齐全、规范,合理布局	20分(若不符合要求酌情扣分)
图面质量	图面整洁,干净平整	20分(若不符合要求酌情扣分)

项目六 化工工艺流程图的绘制与识读

化工专业图样主要有化工设备图和化工工艺图两大类。表达化工生产过程与联系的图样称为化工工艺图。化工工艺图主要包括工艺流程图、设备布置图和管路布置图。本项目主要学习工艺流程图的有关知识。

任务 1 工艺流程图的绘制

能力目标

按照工艺施工流程图相关标准的规定,用手工或计算机绘制工艺流程图样并进行标注。

知识目标

1. 了解工艺流程图的种类、内容及作用。
2. 掌握绘制工艺流程图的方法和步骤。

任务布置

用手工或计算机抄画如图 6-4 所示工艺管道及仪表流程图。

问题引导

1. 什么是工艺流程图? 其种类、内容和作用各有哪些?
2. 工艺管道及仪表流程图画法规定有哪些?
3. 工艺管道及仪表流程图画法步骤有哪些?

工具准备:工艺流程图若干张、绘图工具一套或计算机绘图工具 AutoCAD。

活动要求

根据教师讲解示范,个人独立完成。

知识准备

工艺流程图的种类、内容及作用。

化工生产过程中,虽然生产的产品不同,但都有着相同的基本操作单元,如蒸发、冷凝、精馏、吸收、干燥、混合、反应等。化工工艺流程图是表达化工生产过程的示意性图样,主要用于表达一个工厂或车间生产流程与相关设备、辅助装置、仪表和控制要求的基本概况,可供化学控制、化工工艺各专业工程技术人员使用和参考,是化工企业工程技术人员和管理人员使用最多、最频繁的一类图纸。它不仅是化工工艺人员进行工艺设计的主要内容，也是化工厂进行工艺安装和指导生产的重要技术文件。化工工艺流程图又可分为首页图、方案流程图、工艺管道及仪表流程图，由于使用要求不同，其表达的重点、深度、广度、内容详略各有不同，但这些图样之间是有密切联系的。

常用的工艺流程图有工艺方案流程图和工艺施工流程图。工艺方案流程图和工艺施工流程图均属示意性的图样，它们的区别只是内容详略和表达重点的不同，一般不按比例绘制，只需大致按设备的大小、多少及流程线的复杂程度选择 A1～A3 图幅横放，采用示意性的展开画法，如有需要也可采用加长幅面。

1　工艺方案流程图

工艺方案流程图又称为原理流程图或物料流程图。

1.1　作用和内容

工艺方案流程图是设计之初提出的一种示意展开图，即以工艺装置的主项（工段）为单元绘制，按照工艺流程的顺序，将生产中采用的设备和工艺流程线（管路）从左至右展开画在同一平面上，并附以必要的标注和说明。它是描述化工生产流程和工艺路线的初步方案，主要表示化工生产中由原料转变为成品或半成品的来龙去脉及采用的设备。工艺方案流程图是设计设备的依据，也可作为生产操作的参考，学习化工原理等专业课程也是以工艺方案流程图为基本图样的。

工艺方案流程图一般仅画出主要设备和主要物料的流程线，用于粗略地表示生产流程。图 6-1 为某化工厂醋酐残液蒸馏岗位的工艺方案流程图。

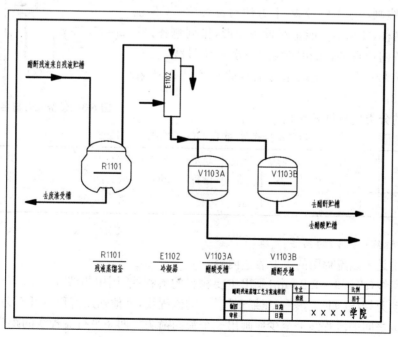

图 6-1　醋酐残留液蒸馏岗位的工艺方案流程图

工艺方案流程图一般包括如下内容：

图形　生产用设备的示意图形及物料和动力管道的流程线。

标注　注写设备位号及名称、物料来源去处的说明。

标题栏　注写图名、图号设计阶段及签名等。

1.2　工艺方案流程图画法

工艺方案流程图一般以工艺装置的工段或工序为单元绘制，也可以装置为单元绘制。

1.2.1　设备的画法

(1)按照主要物料的流程，从左至右用细实线($d/4$,0.15~0.3 mm)逐个画出能够显示设备外形轮廓和内部主要特征的图例(常用设备的示意图例，可参见书后附表16)。设备图形不按比例画，但要保持它们的相对大小和位置高低，应与设备实际位置相吻合。

(2)备用设备，一般省略不画；对相同设备，可以只画一个。

(3)各设备之间要留有适当距离，以布置连接管路。

(4)每台设备都应编写设备位号并注写设备名称，标注的设备位号在整个车间内不得重复，其中设备位号一般包括设备分类代号、车间或工段号、设备序号等，相同设备以尾号"A、B、C…"加以区别，如图6-2所示。一般要在两个地方标注设备位号：一处在图的上方或下方，用粗实线画一水平位号线，上方注写设备位号，下方注写设备名称，要求尽可能正对设备图形，排列整齐；另一处在设备内或近旁，用粗实线画一水平位号线，上方注写设备位号(竖直位置以左为上)，此处不注设备名称，见图6-3。

设备的分类代号见表6-1。

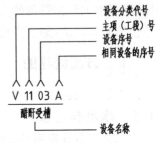

图6-2　设备位号与名称

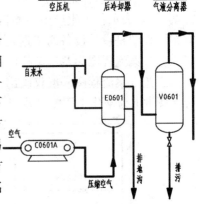

图6-3　设备位号与名称标注

表6-1　　　　　　设备类别代号(摘自 HG/T2051.35—1992)

设备类别	塔	泵	工业炉	换热器	反应器	起重设备	压缩机	火炬烟囱	容器	其他机械	其他设备	计量设备
代号	T	P	F	E	R	L	C	S	V	M	X	W

1.2.2　流程线(管路)的画法

流程线是工艺流程图的主要表达内容。

用粗实线(d,0.9~1.2 mm)画出主要物料的流程线，用中粗线($d/2$,0.5~0.7 mm)画出部分动力管线(如水、蒸汽、压缩空气等)的流程线，其他辅助流程线可不必画出。

两设备之间的流程线上至少应画出一个流向箭头。两条平行流程线的距离至少大于1.5 mm。流程线的来、去处用文字说明物料名称及其来源或去向。

流程线应画成水平或垂直，转弯时画成直角，一般不用斜线或圆弧。流程线的高低应近似反映管线的实际位置。

流程线之间或流程线与设备交叉时,应将其中一条断开或绕弯通过,不得直接交叉,断开处间隙应是线粗的 5 倍左右。一般同一物料线交错时,按流程顺序"先不断、后断";不同物料线交错时,主物料线不断,辅助物料线断,即"主不断、辅断"。

2　工艺施工流程图

工艺施工流程图又称为 PID、工艺管道及仪表流程图、生产控制流程图、带控制点工艺流程图。

2.1　作用和内容

工艺施工流程图是在工艺方案流程图的基础上绘制的、内容较为详细的一种工艺流程图,如图 6-4 所示。

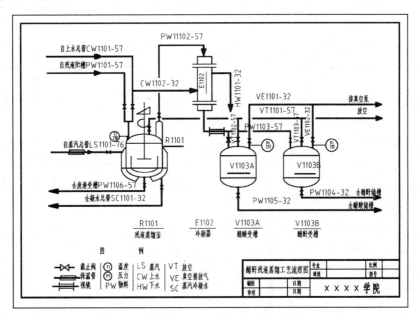

图 6-4　醋酐残液蒸馏岗位工艺施工流程图

工艺施工流程图要画出全部生产设备、机器和管道,以及各种仪表控制点和管件、阀门等有关图形符号。它是经过物料衡算、热平衡、设备工艺计算后绘制的,是设备布置和管路布置的设计依据,也是施工安装的参考资料和生产操作的指导性文件。一般包括以下内容:

图形:应画出全部设备的示意图和各种物料的流程线,以及阀门、管件、仪表控制点的符号等。

标注:注写设备位号及名称、管段编号、控制点及必要的说明等。

图例:说明阀门、管件、控制点等符号的意义。

标题栏:注写图名、图号及签字等。

2.2 工艺施工流程图画法

工艺施工流程图一般以工艺装置的工段或工序为单元绘制。

2.2.1 设备的画法

在工艺方案流程图的基础上,设备及机器上全部接口(包括人孔、手孔、卸料口等)和接管口以及排液口、放空口、排气口、仪表接口均应画出。物料进、出管口的位置应大致符合实际情况,反映出物料从设备何处进出、在何处连接管道。相同或备用设备,一般也应画出。

2.2.2 管路流程线的画法

工艺施工流程图中应画出所有管路,即各种物料的流程线。其他辅助物料的流程线用中粗线画出,各种不同型式的图线在工艺流程图中的应用见表 6-2。

表 6-2　　　　　　　　　　　　工艺流程图上管路、管件、阀门的图例

管道		管件		阀门	
名称	图例	名称	图例	名称	图例
主要物料管路	———	同心异径管	▷	截止阀	⋈
辅助物料管路	———	偏心异径管	(底平) (顶平)	闸阀	◤◢
原有管路	·········	管端盲管	—⊣	节流阀	◀▶
仪表管路	--------	管端法兰(盖)	—‖	球阀	▷◁
蒸汽伴热管路	—·—·—	放空管	(帽) (管)	旋塞阀	◆
电伴热管路	—··—··—	漏斗	(敞口) (封闭)	碟阀	⊘
夹套管		视镜	⊘	止回阀	⋈
可拆短管	– – –	圆形盲板	(正常开启) (正常关闭)	角式截止阀	◹
柔性管	∿∿∿	管帽	—▷	三通截止阀	◹◸

对每段管路必须标注管路代号,一般来说,横向管路标在管路的上方,竖向管路则标注在管路的左方(字头朝左)。管路代号一般包括物料代号、车间或工段号、管段序号、管径、壁厚等内容,如图 6-5 所示。必要时,还可注明管路压力等级、管路材料、隔热或隔声等代号。物料代号以大写的英文词头来表示,见表 6-3。

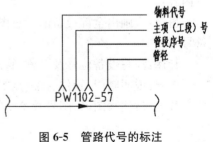

图 6-5　管路代号的标注

表 6-3 物料代号

代号	物料名称	代号	物料名称	代号	物料名称	代号	物料名称
A	空气	F	火炬排放气	LO	润滑油	R	冷冻剂
AM	氨	FG	燃料气	LS	低压蒸汽	RO	原料油
BD	排污	FO	燃料油	MS	中压蒸汽	RW	原水
BF	锅炉给水	FS	熔盐	NG	天然气	SC	蒸汽冷凝水
BR	盐水	GO	填料油	N	氮	SL	泥浆
CS	化学污水	H	氢	O	氧	SO	密封油
CW	循环冷却水上水	HM	载热体	PA	工艺空气	SW	软水
DM	脱盐水	HS	高压蒸汽	PG	工艺气体	TS	伴热蒸汽
DR	排液、排水	HW	循环冷却水回水	PL	工艺液体	VE	真空排放气
DW	饮用水	IA	仪表空气	PW	工艺水	VT	放空气

2.2.3 阀门及管件的画法

在流程图上,阀门及管件(视镜、流量计、异径接头等)用细实线按规定的符号(书后附表 17)在相应处画出,见表 6-2。化工生产中要大量使用各种阀门,以实现对管路内的流体进行开、关及流量控制、止回、安全保护等功能。由于功能和结构的不同,阀门的种类很多。阀门图例一般为长 6 mm,宽 3 mm,或长 8 mm,宽 4 mm。

2.2.4 仪表控制点的画法

化工生产过程中,须对管路或设备内不同位置、不同时间流经的物料的压力、温度、流量等参数进行测量、显示或进行取样分析。在带控制点工艺流程图中,须用细实线在相应的管道上用符号将仪表控制点绘出。符号包括图形符号和仪表位号,它们组合起来表达仪表功能、被测变量和检测方法等。

(1)图形符号:控制点的图形符号用一个细实线的圆(直径约为 10 mm)表示,并用细实线连向设备或管路上的测量点,如图 6-6 所示。图形符号上还可表示仪表不同的安装位置,如图 6-7 所示。

(2)仪表位号:仪表位号由字母与阿拉伯数字组成:第一位字母表示被测变量,后继字母表示仪表的功能,一般用三位或四位数字表示工段号和仪表序号,如图 6-8 所示。被测变量及仪表功能的字母组合示例,见表 6-4。

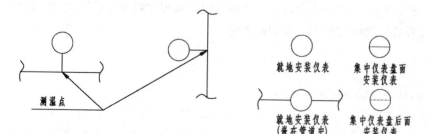

图 6-6 仪表的图形符号

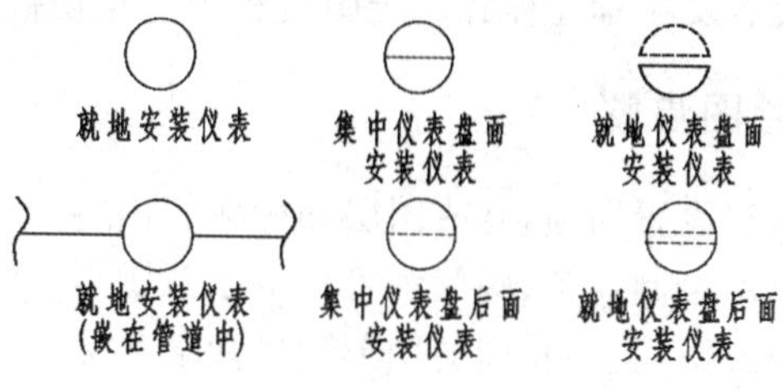

图 6-7 仪表安装位置的图形符号

解释仪表位号：TRC—记录(R)并控制(C)温度(T)。

在图形符号中，字母填写在圆圈内的上部，数字填写在下部，如图6-9所示。

图6-8　仪表位号的组成　　　　图6-9　仪表位号的标注方法

表6-4　　　　　　　　　　被测变量及仪表功能的字母组合示例

被测变量 / 仪表功能	温度	温差	压力或真空	压差	流量	流量比率	分析	密度	粘度
指示	TI	TdI	PI	PdI	FI	FfI	AI	DI	VI
指示、控制	TIC	TdIC	PIC	PdIC	FIC	FfIC	AIC	DIC	VIC
指示、报警	TIA	TdIA	PIA	PdIA	FIA	FfIA	AIA	DIA	VIA
指示、开关	TIS	TdIS	PIS	PdIS	FIS	FfIS	AIS	DIS	VIS
记录	TR	TdR	PR	PdR	FR	FfR	AR	DR	VR
记录、控制	TRC	TdRC	PRC	PdRC	FRC	FfRC	ARC	DRC	VRC
记录、报警	TRA	TdRA	PRA	PdRA	FRA	FfRA	ARA	DRA	VRA
记录、开关	TRS	TdRS	PRS	PdRS	FRS	FfRS	ARS	DRS	VRS
控制	TC	TdC	PC	PdC	FC	FfC	AC	DC	VC
控制、变速	TCT	TdCT	PCT	PdCT	FCT	—	ACT	DCT	VCT

任务的设计与实施

1　绘图准备

根据所给样图分析，该流程中设备数量为4台，流程比较简单，可以选用A3号图纸，因此，选择项目一中所建立的A3模板文件新建一个名为"流程图"的图形文件，在此图形文件中绘制流程图即可。根据规定在原有图层上修改设置主流程线、辅助流程线、设备线、标注等图层，设置颜色、线宽及线型，打开"极轴""对象捕捉""对象追踪"等绘图辅助工具，设置文字标注样式。绘图过程中注意切换图层。

2　绘图步骤

(1)设置图幅，修改图层和标题栏内容。

(2)绘制设备、阀门和管件的示意图形，并定义为图块(同装配图中的零件图块)。

绘图过程中相同的图形用图块插入完成，其他图形有相同内容的，也可调用。这样，可减少重复绘图工作，提高绘图效率。这也是计算机绘图取代手工绘图的优势之一。

(3)根据设备相对位置,插入设备图块,如图 6-10 所示。

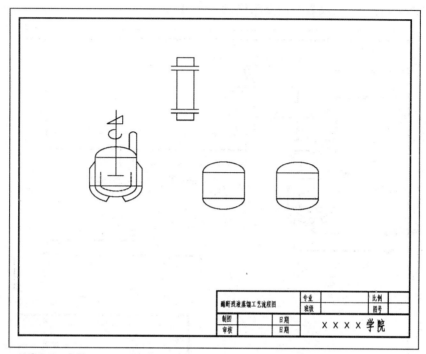

图 6-10 绘设备图例

(4)绘制物料流程线。先绘制主要物料流程线,再绘制辅助物料流程线,如图 6-11 所示。

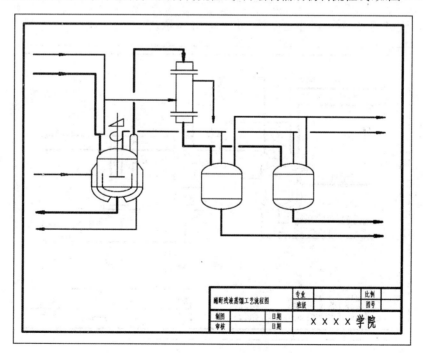

图 6-11 绘物料流程线

流程线一般带有箭头和线宽要求，一般用"多段线"绘图命令绘制比较便捷。

(5)插入管件、阀门、仪表控制点图块，如图 6-12 所示。

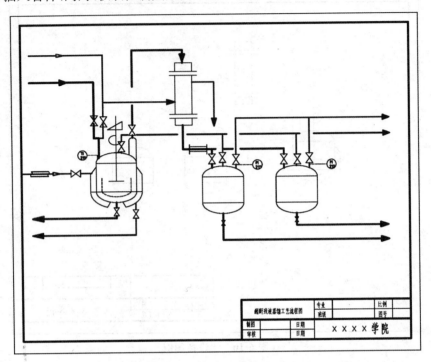

图 6-12　插入管件阀门

(6)标注各类文字符号，注写图例，如图 6-13 所示。

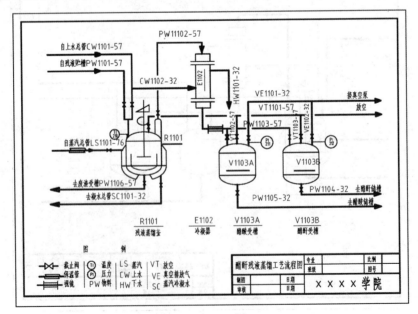

图 6-13　标注文字符号

任务的检查与考核

项目	评分标准	考核形式	分值	合计
设备图形	正确20分 1～3处错误扣5分 4处以上错误扣10分	自评(20%) 他评(40%) 教师评价(40%)		
主物料流程线	正确30分 1～4处错误扣10分 5处以上错误扣15分	自评(20%) 他评(40%) 教师评价(40%)		
辅助物料流程线	教师评价(40%)正确10分 1～4处错误扣5分 5处以上错误扣10分	自评(20%) 他评(40%) 教师评价(40%)		
阀门仪表	正确10分 1～4处错误扣5分 5处以上错误扣10分	自评(20%) 他评(40%) 教师评价(40%)		
标注	正确20分 1～4处错误扣5分 5处以上错误扣10分	自评(20%) 他评(40%) 教师评价(40%)		
图线清晰、布局合理、阀门箭头大小一致、标注准确、图面整洁	好10分 较好5分	自组评(50%) 教师评价(50%)		

任务2 识读工艺流程图

能力目标

能识读不同的化工工艺流程图。

知识目标

熟悉工艺流程图的阅读方法。

任务布置

阅读下列工艺施工流程图,回答问题。

【图例一】空压站工艺施工流程图（图 6-14）

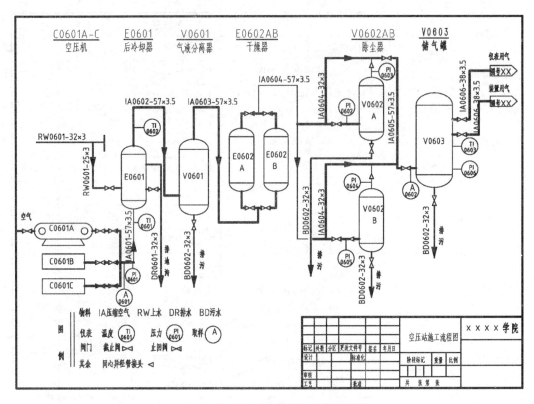

图 6-14　空压站工艺管道及仪表流程图

看图填空：

1.该图样是＿＿＿＿＿＿＿＿图。该系统共有＿＿＿＿＿＿种＿＿＿＿＿＿台化工设备。原料＿＿＿＿＿＿由流程左侧进入，处理后的纯净压缩空气由右侧离开，用途是＿＿＿＿＿＿和＿＿＿＿＿＿。

2.空压站共有＿＿＿＿＿＿台设备，其中动设备＿＿＿＿＿＿台，即相同型号的 3 台＿＿＿＿＿＿（C0601A-C）；静设备＿＿＿＿＿＿台，依次是 1 台＿＿＿＿＿＿（E0601），1 台＿＿＿＿＿＿（V0601），2 台＿＿＿＿＿＿（E0602A-B），2 台＿＿＿＿＿＿（V0602A-B），1 台＿＿＿＿＿＿（V0603）。

3.空气经＿＿＿＿＿＿压缩出来后，经测温点＿＿＿＿＿＿进入＿＿＿＿＿＿。冷却降温后的＿＿＿＿＿＿经过测温点＿＿＿＿＿＿沿着＿＿＿＿＿＿管线进入＿＿＿＿＿＿，在其中除去油和水分，再分成两路进入两台＿＿＿＿＿＿。除尘后的压缩空气经取样点＿＿＿＿＿＿进入＿＿＿＿＿＿。

4.冷却水（原水）沿着＿＿＿＿＿＿管线经过＿＿＿＿＿＿阀进入＿＿＿＿＿＿，与温度较高的＿＿＿＿＿＿进行换热后，沿着＿＿＿＿＿＿管线排入地沟。

5.整个系统有＿＿＿＿＿＿个止回阀，分别安装在＿＿＿＿＿＿和＿＿＿＿＿＿的出口处，其他均是＿＿＿＿＿＿阀门。

仪表控制点有＿＿＿＿＿＿处，其中 TI0601、TI0602 和 TI0603 是＿＿＿＿＿＿仪表；6 处压力显示仪表，分别是＿＿＿＿＿＿～＿＿＿＿＿＿；还有两处取样点＿＿＿＿＿＿和＿＿＿＿＿＿；这些仪表均采用_____的方式安装。

【图例二】配酸岗位管道与仪表流程图(图6-15)

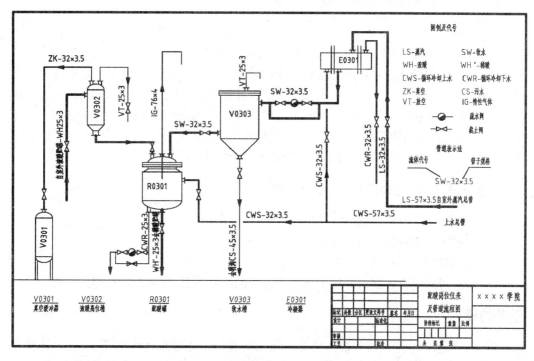

图6-15 配酸岗位管道及仪表流程图

看图填空:

1.阅读标题栏及图例,从中了解图样名称和图形符号、代号等的意义。看图中的设备,了解设备名称、位号及数量,大致了解设备用途。

2.设备位号为V0301的名称为_____,V0302的名称为_____,V0303的名称为_____,R0301的名称为_____,E0301的名称为_____,该流程共有设备_____台。

3.读流程图,了解主物料介质的流向。

浓酸与来自_____的软水在_____中混合,并利用_____冷却得到稀释后的稀酸去_____。浓酸来自_____,软水是由室外来的蒸汽经_____冷凝成软水进入_____。

4.了解阀门、仪表控制点情况。

各段管道上都装有_____阀门,共有_____个。

问题引导

1.阅读工艺流程图的目的和用途是什么?

2.阅读工艺流程图的方法步骤是什么?

知识准备

1 阅读工艺施工流程图的目的和用途

工艺施工流程图是整个工艺设计的核心和基础,也是今后化工生产操作运行的指南。通过阅读工艺施工流程图,要了解和掌握物料的工艺流程,设备的种类、数量、名称和位号,管路的编号和规格,阀门、控制点的功能、类型和控制部位等,以便在管路安装和工艺操作过程中做到心中有数,也为选用、设计、制造各种设备提供工艺条件,为管道安装提供方便。对照工艺施工流程图,可以帮助熟悉现场流程,掌握开、停工顺序,维护正常生产操作;可以根据工艺施工流程图,判断流程控制操作的合理性,进行工艺改革和设备改造;还能进行事故设想,提高操作水平和预防、处理事故的能力。

2 阅读工艺施工流程图的方法和步骤

(1)了解设备的数量、名称和位号;

(2)了解主要物料的工艺流程;

(3)了解其他物料的工艺流程;

(4)通过对阀门及控制点分析了解生产过程的控制情况,了解故障处理流程线。

任务的设计与实施

图 6-4 所示为醋酐残液蒸馏岗位工艺施工流程图。通过上述绘图任务,已经详细了解了其中的内容:该系统为间断操作,有残液蒸馏釜(位号 R1101)、冷凝器(位号 E1102)和真空受槽(位号 V1103A、B)共四台设备。其主要工艺分为三个阶段:

(1)来自残液贮槽的醋酐残液沿管路 PW1101-57 进入蒸馏釜加热,使物料中醋酐蒸发变蒸气。醋酐蒸气沿 PW1102-57 进入冷凝器,冷凝后的液态醋酐沿 PW1103-57 流入醋酐真空受槽 V1103B 中,然后由 PW1104-32 管放入醋酐贮槽。

(2)蒸馏釜中蒸馏醋酐后的残渣,加水稀释后再继续加热,使之生成醋酸沿 PW1103-57 放入醋酸真空受槽 V1103A 中,然后由 PW1105-32 放入醋酸贮槽。

(3)将蒸馏釜中的废渣沿 PW1106-57 放入废渣受槽。

(4)蒸馏釜通过夹套加热,蒸汽来自 LS1101-76。经过 CW1101-57 向釜中加水,通过 SC1101-32 排水,釜顶部接放空管。

(5)冷凝器上水来自 CW1102-32,回水管为 HW1101-32。

(6)两个真空受槽,由 VE1101-32 所连真空泵施加负压,顶部都装有接管放空。

(7)为控制压力,在二真空受槽上部装有真空压力表,在蒸馏釜上部装有测温指示仪表以控制温度。

由于该系统为间断性操作,每段管路上都装有截止阀,不同的操作阶段就是通过对有关阀门的操作而实现的。

实际操作

　　阅读图例一、二所示的空压站工艺管道及仪表流程图和配酸岗位管道及仪表流程图，回答问题。

任务的检查与考核标准

项目	评分标准	考核形式	分值
完成填空	总分 100 分,根据空格数量平分每空格的分值	教师公布正确答案 自评与他评结合	

项目七　设备布置图的识读与绘制

工艺流程设计所确定的全部设备,必须根据生产工艺的要求,在厂房建筑的内外合理布置安装。表达设备在厂房内外安装位置的图样,称为设备布置图,用于指导设备的安装施工,并且作为管路布置设计、绘制管路布置图的重要依据。

任务 1　认识化工设备布置图

能力目标

1.能认识设备布置图,了解设备布置图的作用和内容。
2.找出设备布置图与工艺流程图之间的联系。

知识目标

1.了解建筑制图的基本知识。
2.了解设备布置图的作用和内容。
3.熟悉设备布置图的画图规定。

任务布置

观察下列设备布置图并回答问题引导。

问题引导

1.设备布置图内容有哪些? 起什么作用?
2.空压站设备布置图和空压站管道与仪表流程图有什么区别和联系?
3.设备布置图和厂房建筑图的关系是什么?

知识准备

1　设备布置图的内容与作用

设备布置图采用正投影的方法绘制,实际上是在简化了的厂房建筑图的基础上增加了设备布置的内容。图 7-1 为空压站设备布置图。从图中可以看出,设备布置图包括以下内容。

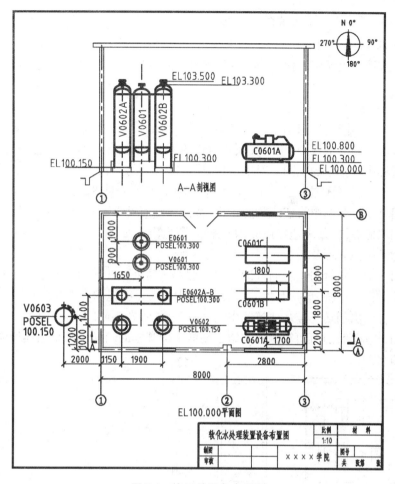

图 7-1　空压站设备布置图

1.1　一组视图

主要包括设备布置平面图和剖面图,表示厂房建筑的基本结构和设备在厂房内外的布置情况;必要时,还应画出设备的管口方位图。

1.2　尺寸及标注

设备布置图中应标注出建筑物的主要尺寸,建筑物与设备之间、设备与设备之间的定位尺寸,厂房建筑定位轴线的编号、设备的名称和位号,以及注写必要的说明等。

1.3　安装方位标

安装方位标也叫做设计北向标志,是确定设备安装方位的基准。一般将其画在图样的右上方或平面图的右上方。

1.4　标题栏

注写图名、图号、比例及签字等。

2　设备布置图和厂房建筑图的关系

设备布置图是在厂房建筑图的基础上绘制的。设备布置图是绘制厂房建筑图的前提,厂房建筑图是绘制设备布置图的依据。

2.1 厂房建筑图简介

厂房建筑图与机械图一样,都是采用正投影原理绘制,一般包括平面图、立面图、剖面图等。

2.1.1 建筑视图

平面图 平面图是假想用水平面沿略高于窗台的位置剖切建筑物后,将留下部分按俯视方向投影绘制的剖视图,用于反映建筑物的平面格局、房间大小和墙、柱、门、窗等,是建筑施工图样中最基本的视图。对于楼房,通常需分别绘制出每一层的平面图,如图 7-2 中分别画出了一层平面图和二层平面图。平面图不需标注剖切位置。

立面图 建筑制图中将建筑物的正面、背面和侧面投影图称为立面图,用于表达建筑物的外形和墙面装饰,是表达房屋立面效果的重要图纸,如图 7-2 中的①~③立面图表达了该建筑物的正面外形及门窗布局。

剖面图 剖面图是用正平面或侧平面剖切建筑物而画出的剖视图,用以表达建筑物内部在高度方向的结构、形状和尺寸,如图 7-2 中的 1-1 剖视图和 2-2 剖视图。剖面图须在平面图上标注出剖切符号。建筑图中,剖面符号常常省略或以涂色代替。

平面图、立面图、剖面图等是建筑施工图样中最基本的图样。每个图样均应在其下方标注相应图名。

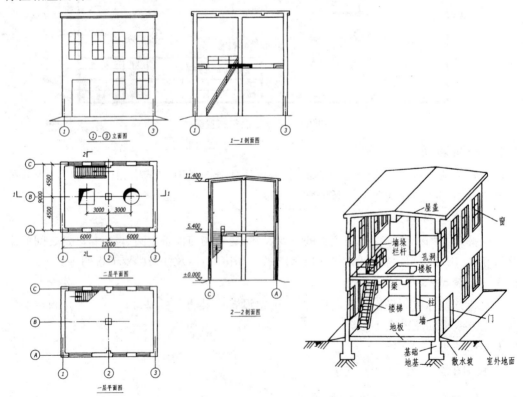

图 7-2 房屋建筑图

2.1.2　定位轴线

建筑图中对建筑物的墙、垛或柱的位置一般作为定位轴线,用细点画线(0.15～0.3 mm)画出,并加以编号。编号用带圆圈(直径 8 mm)的阿拉伯数字(横向),如 ①、②;或大写拉丁字母(纵向)表示,如图 7-3 所示。

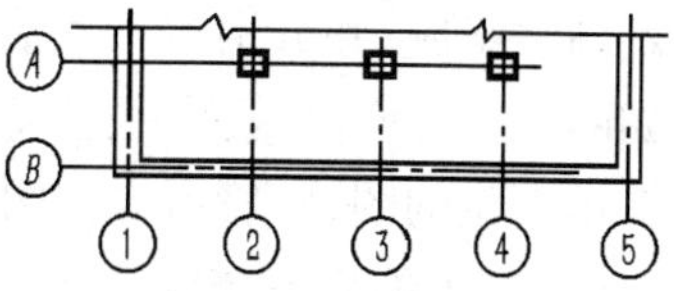

图 7-3　定位轴线的编号顺序

2.1.3　尺寸标注

平面图中以 mm 为单位注出建筑定位轴线的间距尺寸,并标注门、窗、孔洞等定位尺寸以及设备基础的定形和定位尺寸。建筑图以 mm 为单位时,其尺寸线终端通常采用斜线形式,并往往注成封闭的尺寸链,如图 7-2 中的二层平面图。

设备在平面图上的定位尺寸以建筑物的轴线为基准标注尺寸,设备本身通常以中心线、轴线或管口中心线为尺寸基准,如图 7-1 所示。

剖面图上只标注高度方向的尺寸。高度尺寸包括建筑物内外地面、各楼层以及支架和设备管口的标高。一般以底层室内地面为基准标高,标记为 EL100.000(单位为米,小数点后取三位,单位省略不注),高于基准时相加,低于基准时相减。例如 EL112.500,即比基准地面高 12.5 m;EL99.000,即比基准地面低 1 m。这样,可使建筑物和各种基础标高不会出现负数。(一些老版的图样中,底层室内地面基准标高记为±00.000,高于基准时标高为正,低于基准时标高为负,标高数值以 m 为单位)

卧式设备以中心线标高表示,即"EL×××.×××",如图 7-4 所示;

立式设备以支撑点标高表示,即"POSEL×××.×××",如见图 7-5 所示;

管廊和管架以架顶标高表示,即"TOSEL×××.×××",如见图 7-6 所示。

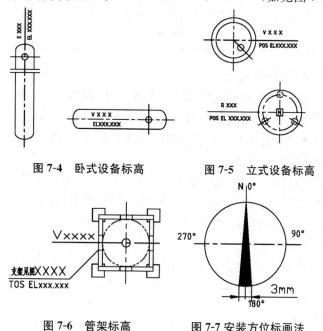

图 7-4　卧式设备标高　　**图 7-5　立式设备标高**

图 7-6　管架标高　　**图 7-7 安装方位标画法**

2.1.4 安装方位标

安装方位标由粗实线画出的直径为 20 mm 的圆圈及圆圈内箭头和相互垂直的两细点画线组成,并分别按顺时针方向在水平和垂直四个方位标注 0°、90°、180°、270° 字样。如图 7-7 所示,一般采用建筑物北向(以 N 表示)作为 0°方位基准。该方位一经确定,凡表示方位的图样(管口方位图、管段图等)均应统一。

2.1.5 建筑构件、配件图例

由于建筑构件、配件和材料种类较多,且许多内容没必要或不可能以真实尺寸严格按投影作图。为作图简便起见,国家工程建设标准规定了一系列图形符号(即图例),来表示建筑构件、配件、卫生设备和建筑材料,见表 7-1。

表 7-1 建筑图常见图例

建筑材料		建筑构造及配件			
名称	图 例	名称	图 例	名称	图 例
自然土壤		楼梯	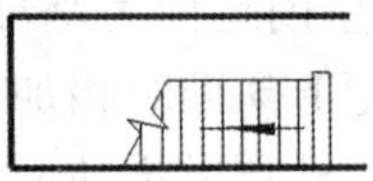	单扇门	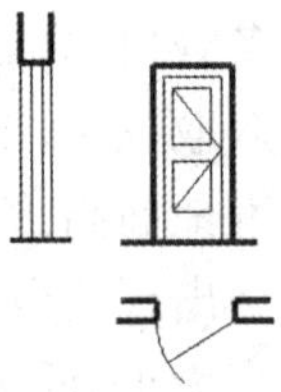
夯实土壤					
普通砖		空洞			
混凝土				单层外开平开窗	
钢 筋	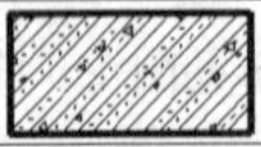	坑槽			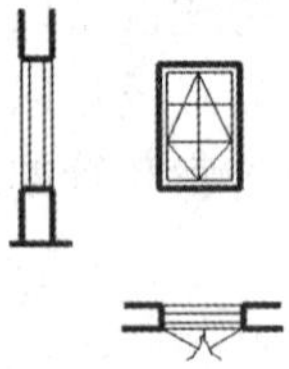
金 属	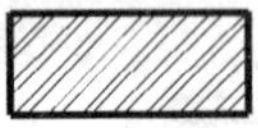				

2.2 设备布置图画法规定

设备布置图表达的内容主要是建筑物和设备,一般都以联合布置的装置或独立的车间(工段)为单元绘制。绘制设备布置图时,应以工艺施工流程图、厂房建筑图、设备设计清单等原始资料为依据,充分了解工艺过程的特点和要求,以及厂房建筑的基本结构等。

2.2.1 设备布置图的比例与图幅

实际工厂生产的设备一般都比较高大,有的几米、十几米甚至几十米,因此设备布置图常用 1：100 的比例绘制,也可采用 1：200 或 1：50 的比例,视设备布置的疏密情况而定。一般采用 A1 幅面,不宜加长加宽,特殊情况可采用其他图幅。

2.2.2 设备布置图的线型

由于设备布置图的表达重点是设备的布置情况,所以用粗实线(0.9～1.2 mm)表示设备,而厂房建筑的内容均用细线(0.15～0.3 mm)表示。

任务的设计与实施

设备布置图的画图步骤:

1　绘制设备布置平面图

设备布置平面图用来表示设备在水平面内的布置情况。当厂房为多层建筑时,应分层绘制平面图。平面图一般配置在剖面图下方或左侧。在同一张图纸上绘制几层平面时,应从底层平面开始,在图纸上由上而下或由左至右按层次顺序排列,并在图形下方注明"EL×××.×××平面"表示其相应的标高。绘制顺序如下:

用细点画线画出厂房建筑的定位轴线,再用细实线画出厂房建筑平面图。

用细点画线画出确定设备位置的中心线和轴线,用粗实线画出设备、基础、操作平台等基本轮廓。相同规格的多台设备,可只画出一台,其余则用粗实线画出其基础的轮廓即可。

按建筑图要求标注厂房定位轴线尺寸及编号,标注各设备的定位尺寸以及设备基础的定形和定位尺寸,并标注出设备位号和名称。

2　绘制设备布置剖面图

设备布置剖面图用来表达设备沿高度方向的布置安装情况。剖面图一般配置在图样上方或右侧。

用细实线画出厂房建筑剖面图,与设备安装定位关系不大的门窗等构件不必表示。

用粗实线画出设备的立面基本轮廓,被遮挡的设备轮廓一般不画。

按建筑图要求标注厂房定位轴线尺寸和标高尺寸;标注设备基础的标高尺寸;必要时标注设备主要管口中心线、设备最高点的标高尺寸;标注出设备位号和名称。

3　绘制安装方位标

在设备布置图右上角按照图7-7画出安装方位标。

4　完成全图

注出必要说明,填写标题栏,检查、校核,完成全图。

任务的检查与考核

项目	评分标准	考核形式	分值
回答相关问题	总分100分,根据问题数量及标准答案评分	教师公布正确答案	自评与他评结合

任务2　识读化工设备布置图

能力目标

能根据工艺流程图识读相应的化工设备布置图。

知识目标

了解化工设备布置图的阅读方法。

任 务 布 置

阅读下列设备布置图,回答问题。

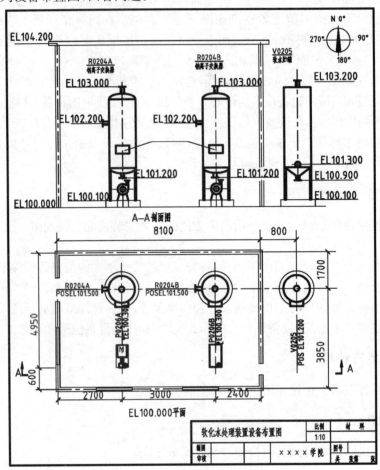

图 7-8　软化水装置设备布置图

【图例一】图 7-8 软化水装置设备布置图

看图填空:

1.概括了解

由标题栏可知,该图为_____岗位的设备布置图。图中有_____平面图和_____剖视图。

2.了解建筑物结构和尺寸

该图画出了厂房的定位轴线①、②和Ⓐ、Ⓑ,其横向定位轴线间距为_____m,纵向间距为_____m,厂房的地面标高为_____m,房顶标高是_____m。

3.看平面图和剖视图

(1)由平面图可知,厂房内安装有两台动设备和两台静设备,分别是_____和_____。厂房外安装有_____。

动设备距离建筑轴线Ⓐ的定位尺寸为_____ m;距离建筑轴线①的定位尺寸为_____ m。静设备距离建筑轴线Ⓑ的定位尺寸为_____ m;室内静设备以建筑轴线①为基准的定位尺寸为_____ m;室外设备距离建筑轴线②的定位尺寸为_____ m。平面图中静设备中心线上方标注_____,中心线下方标注了设备_____的_____尺寸,动设备在中心线下方标注的是_____的_____尺寸。

(2)由 A—A 剖视图可看出设备在_____方向的布置情况,图中注出了设备基础的_____尺寸以及设备_____的_____尺寸。

设备布置图中设备用_____线表示,建筑物用_____线表示。

4.归纳总结

该设备布置图共表示了_____台设备的布置情况。在图形右上角还有_____,用于指明厂房和设备的_____。

【图例二】图 7-9 配酸岗位设备布置图

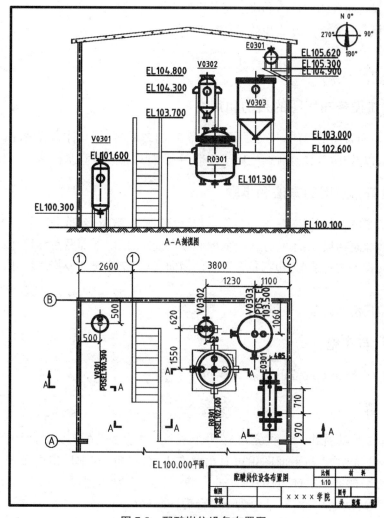

图 7-9 配酸岗位设备布置图

看图填空：

1.设备布置图与机械图不同之处是将俯视图称为_____图,主视图称为_____图,剖视图称为_____图,此设备布置图采用了_____图和_____图。

2.该岗位共有_____台设备,名称分别是_____、_____、_____、_____、_____。

3.配酸罐的设备位号为_____,由图中可看出它支撑在标高为_____的_____上。

4.冷凝器定位尺寸为_____和_____,其设备轴线标高为_____。

5.浓酸高位槽和配酸罐的相对位置为左右相距_____m,前后相距_____m,高低相距_____m。

问题引导

1.阅读设备布置图的目的和用途是什么?

2.阅读设备布置图的方法步骤是什么?

知识准备

1 阅读化工设备布置图的目的和用途

阅读设备布置图的目的,是为了了解设备在工段(装置)的具体布置情况,指导设备的安装和施工,以及开车后的操作、维修或改造,并为管道布置建立基础。

2 阅读设备布置图的方法和步骤

(1)概括了解:了解视图数量和名称,以及设备类型、数量、名称和位号;

(2)了解建筑物尺寸:了解建筑物横向和纵向间距、厂房地面及总高尺寸;

(3)掌握设备布置情况:包括每台设备的横向、纵向定位尺寸及标高尺寸,以及设备间的相对位置;

(4)了解厂房及设备安装方位。

任务的设计与实施

阅读图 7-1 空压站设备布置图。

1 概括了解

从标题栏可以看出,该系统共有两个视图,一个是"A—A 剖面图",另一个是"EL100.000平面图"。从平面图中可看出共有 10 台设备,其中厂房内布置了 3 台动设备,即相同型号的空压机(C0601A-C);6 台静设备:2 台除尘器(V0602A-B),2 台干燥器(E0602A-B),1 台气液分离器(V0601),1 台后冷却器(E0601)。厂房外露天布置了 1 台静设备储气罐(V0603)。

2　了解建筑物尺寸

从图 7-1 中可以看出,厂房建筑横向轴线间距为 8 m,纵向轴线间距为 6 m,厂房地面标高为 EL100.000,厂房总高为 5 m。

3　掌握设备布置情况

从图 7-1 中可以看出,3 台空压机横向定位为 1.7 m,纵向定位为 1.2 m,相同设备间距为 1.8 m,基础尺寸为 1.8 m×0.8 m,基础高度为 0.3 m。

两台除尘器横向定位为 1.15 m,纵向定位为 1 m,相同设备间距为 1.9 m;两台干燥器布置在除尘器正北 1.4 m 处。

后冷却器横向定位为 1.65 m,纵向定位为 1 m;气液分离器布置在后冷却器正南0.9 m 处;储气罐布置在厂房外,其横向定位为 2 m,纵向定位为 1.2 m。

4　实际操作

阅读图例一、二所示的软化水工段及配酸岗位设备布置图,回答问题。

任务的检查与考核

项目	评分标准	考核形式	分值
完成填空	总分 100 分,根据空格数量平分每空格的分值	教师公布正确答案自评与他评结合	

项目八　管道布置图的识读与绘制

现代化的石油、天然气的生产与输送,化工产品的生产与贮存,建筑工程中的供水与供气,都需要管道来实现的。同样,任何工艺流程都是通过必要的化工设备和与设备连接的管道来实现的。

管道通常需要法兰、弯头、三通等管件连接起来。生产中通过管道输送的油、气、水等物料,一般要求定时、定压、定温、定量、定向完成,这样管道必然要与设备、机器、阀门、控制件及测量仪表等有机地连接成系统以满足生产工艺的要求。

任务1　认识化工管道布置图

能力目标

1. 找出管道布置图与工艺流程图和设备布置图之间的联系。
2. 能识别管道布置图。

知识目标

1. 了解管道布置图的作用和内容。
2. 了解管道布置图与工艺流程图和设备布置图之间的区别与联系。

任务布置

观察下列管道布置图并回答问题引导。

问题引导

1. 管道布置图内容有哪些? 起什么作用?
2. 空压站管道布置图与空压站工艺管道及仪表流程图和空压站设备布置图有什么区别和联系?
3. 管道布置图和厂房建筑图的关系是什么?

知识准备

如图8-1所示的空压站管道布置图,它是在空压站管道与仪表流程图(PID图)和空压站设备布置图的基础上绘制的,用来指导安装管道施工的图纸。从图中可知设备在厂房内外的布置情况,设备之间连接的管道、阀门、检测仪表的安装位置和方向,各段管道的直径规格和走向等,为选择和安装管道、阀门、仪表提供了依据。

1 管道布置图的作用

主要表达管道及其附件在厂房内外的空间位置、尺寸和规格，以及与有关机器、设备的连接关系的图样，称为管道布置图，又称配管图。管道布置图是在工艺管道及仪表流程图和设备布置图的基础上绘制的，用于指导管道的安装施工。

管道布置图需要用标准所规定的符号表示出管道、建筑、设备、阀门、仪表、管件等相关位置关系，要求标有准确的尺寸和比例。图样上必须注明施工数据、技术要求、设备型号、管件规格等。

管道布置将直接影响工艺操作、安全生产、输出介质的能量损耗及管道投资，同时也存在管道布置美观的问题。对于化工建设安装专业人员，要在了解合理安装管道的主要原则及考虑必要问题的基础上，识读和绘制管道布置图。

2 管道布置图的内容

管道布置图必须包括制造和安装管道时所需的全部资料，从图 8-1 可看出，设备布置图应具备以下内容。

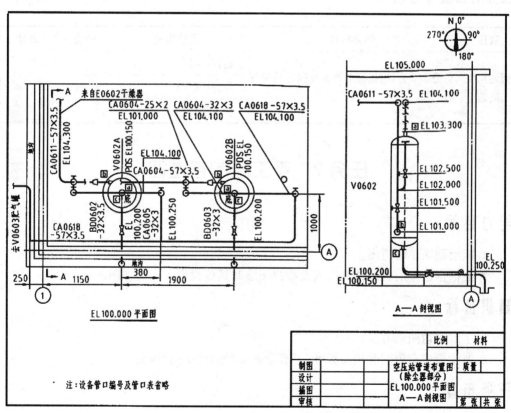

图 8-1 空压站管道布置图(除尘器部分)

2.1 一组视图

包括管路平面图和剖面图,表达设备、管道、管件、阀门、仪表控制点等布置情况。与设备布置图类似。

2.2 尺寸及标注

包括厂房建筑定位轴线的编号、设备位号、管路代号、控制点代号,建筑物与设备的主要尺寸,管路、阀门、控制点的平面位置尺寸和标高尺寸以及必要说明等。

2.3 安装方位标

表示管道安装方位的基准。

2.4 标题栏

注写图名、图号、比例及签字等。

任务的设计与实施

自学本任务的"知识准备"部分,回答"问题引导"里面的问题。

任务的检查与考核

项目	评分标准	考核形式	分值	合计
回答相关问题	总分 100 分,根据标准答案及问题数量评分	自评(20%)		
		他评(40%)		
		教师评价(40%)		

任务 2　手工绘制管道图

能力目标

1.能绘制简单管道图。

2.能根据已知的管道轴测图或投影视图绘制其他投影方向的视图。

知识目标

1.了解管道图示方法。

2.熟悉管道布置图的相关标准;了解管道布置图的画图规定。

任务布置

根据一段管道的轴测图绘制其主、俯、左、右视图(见图 8-2、图 8-3)

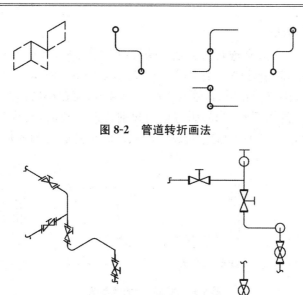

图 8-2　管道转折画法

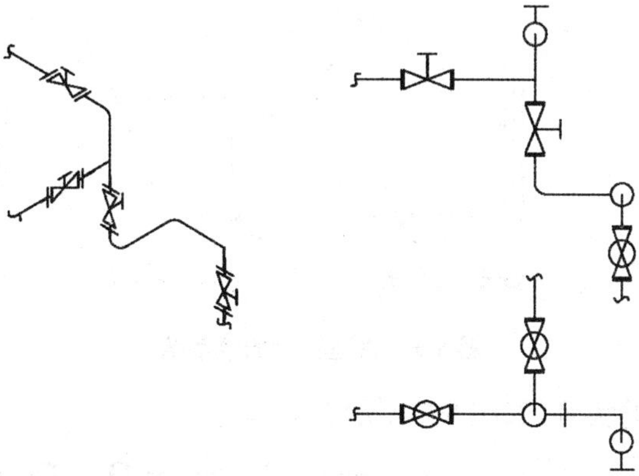

(a)管道轴测图　　　　(b)管道视图

图 8-3　带管件的管道转折画法

问题引导

1.管道图示方法有哪些？

2.管件有哪些？如何表示？

3.管道布置图的画法规定是什么？

知识准备

1　管道的画法规定

1.1　管道的单双线表示法

管道布置图中,管道是图样表达的主要内容。为了画图简便,通常主要物料管道一般用粗实线(0.9～1.2 mm)画成单线,其他管道用中粗实线(0.5～0.7 mm) 表示,如图 8-4(a)所示。对于大直径($DN\geqslant400$ mm 或 16 in)或重要管道($DN\geqslant50$ mm,受压在 12 Mpa以上的高压管),将管道用中粗实线画成双线,如图 8-4(b)所示。在管道的断开处应画出断裂符号,单线及双线管道的断裂符号,如图 8-4 所示。

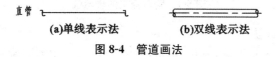

直管　(a)单线表示法　　　(b)双线表示法

图 8-4　管道画法

1.2 管道转折表示法

管道大都通过 90°弯头实现转折。在反映转折的投影中,转折处用圆弧表示。单线管道在其他投影图中,转折处画一细实线小圆表示,如图 8-5 所示。为了反映转折方向,规定当转折方向与投射方向相反时,管线不画入小圆内,而在小圆内画一圆点(管线向我而来),如图 8-5(a)中的俯视图;当转折方向与投射方向一致时,管线画入小圆至圆心处(管线离我而去),如图 8-5(b)中的俯视图。用双线画出的管道的转折画法如图 8-5(a)、8-5(b)所示。

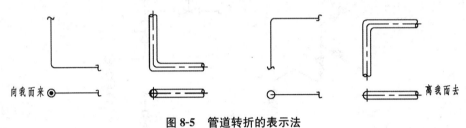

图 8-5 管道转折的表示法

多次转折表示法的实例,如图 8-6 所示。

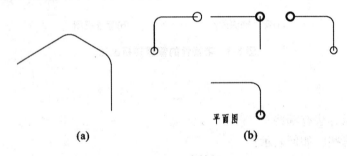

图 8-6 两次转折

1.3 管道交叉表示法

管道交叉时,一般表示方法如图 8-7(a)所示。如需要表示两管道的相对位置时,一般将下方(或后方)的管道断开,叫做遮挡画法,如图 8-7(b)所示;也可将上面(或前面)的管道画上断裂符号断开,叫断开画法,如图 8-7(c)所示。

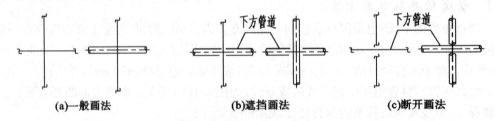

图 8-7 管道交叉的表示法

1.4 管道重叠表示法

管道的投影重叠而又需表示出不可见的管段时,可采用断开显露法将上面(或前面)管道的投影断开,并画上断裂符号。当多根管道的投影重叠时,最上一根管道画双重断裂符号,并可在管道断开处注上 a、b 等字母,以便辨认,如图 8-8 所示。

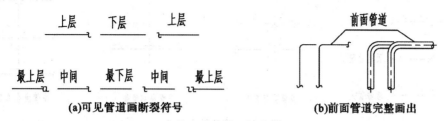

(a)可见管道画断裂符号　　　　**(b)前面管道完整画出**

图 8-8　管道重叠的表示法

1.5　管道连接表示法

两段直管相连接通常有法兰连接、承插连接、螺纹连接和焊接等四种型式,其连接画法如图 8-9 所示。

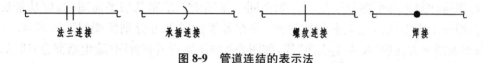

法兰连接　　　承插连接　　　螺纹连接　　　焊接

图 8-9　管道连结的表示法

1.6　阀门表示法

阀门在管道中用来调节流量、切断或切换管道,对管道起到安全、控制作用。管道布置图中的阀门与工艺流程图类似,仍用图形符号(细实线)表示见(见表 6-2)。但一般在阀门符号上表示出控制方式及安装方位,如图 8-10(a)所示。图 8-10(b)表示阀门的安装方位不同时的画法。阀门与管道的连接方式如图 8-10(c)所示。

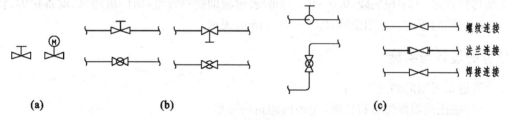

(a)　　　　　　**(b)**　　　　　　　　　　**(c)**

螺纹连接
法兰连接
焊接连接

图 8-10　阀门在管道中的画法

1.7　管件表示法

管道一般用弯头、三通、四通、管接头等管件连接,常用管件的图形符号如图 8-11 所示。

弯头　　　三通管　　　四通管　　　活接头　　盲板　　同心异径管接头

图 8-11　管件的表示法

1.8　管架表示法

管道常用各种型式的管架安装、固定在地面或建筑物上,图中一般用图形符号表示管架的类型和位置,如图 8-12 所示。

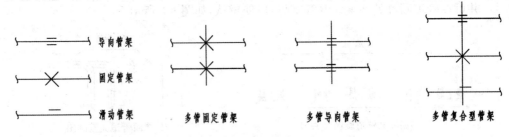

图 8-12 管架的表示法

2 管道布置图画法规定

管道布置图可以车间(装置)或工段为单元绘制,应以工艺施工流程图和设备布置图为依据。一般只绘制平面图和剖面图,并以平面图为主,其配置与设备布置图中的平面图一致,即按建筑标高平面分层绘制。如在同一张图纸上绘制几层平面图时,应从最底层起,按照由下至上或由左至右依次排列,并在各平面图下方分别注明"EL×××.×××";剖面图下方注明"A-A 剖面图"等,如图 8-1 空压站管道布置图(除尘器部分)所示。

2.1 管道布置图的比例与图幅

管道布置图常用 1∶50 或 1∶100 的比例,也可采用 1∶20 和 1∶25 的比例,视管道布置的复杂情况而定。一般采用 A0 幅面,比较简单的也可采用 A1 或 A2 幅面。

2.2 设备布置图的线型

由于设备布置图的表达重点是管道的布置情况,所以用粗实线(0.9~1.2 mm)表示主要物料管道,用中粗实线(0.6~0.7 mm)表示辅助物料管道,而厂房建筑、设备轮廓、管件、仪表、阀门等内容均用细线(0.15~0.3 mm)表示。

任务的设计与实施

管道布置图的画图步骤:

(1)按比例根据设备布置图,先画出建筑物图形。

(2)按比例画出设备简单外形、基础轮廓和特征管口。

(3)根据管道图示方法按流程顺序、管道布置原则画出主要工艺物料管道和辅助管道,在适当位置画箭头表示物料流向。

(4)按规定符号画出管道上的管件、阀门、仪表控制点等。

(5)标注图样

标注建筑物定位轴线编号及尺寸。

在平面图上标注厂房、设备和管道的定位尺寸。

在剖面图上标注厂房、设备和管道的标高。

标注设备位号和名称。

标注管道代号,包括各管段的物料名称、管道编号及规格。

标注各视图的名称。

(6)绘制方向标、填写标题栏、完成全图。

【例1】已知一管道的平面图如图 8-13(a)所示,试分析管道走向,并画出正立面图和左侧立面图(高度尺寸自定)。

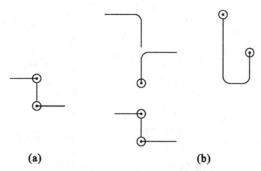

图 8-13　由平面图分析管道走向

分析:由平面图可知,该管道的空间走向为:自左向右→向下→向前→向上→向右。

根据上述分析,可画出该管道的正立面图和左侧立面图,如图 8-13(b)所示。

【例2】已知一段管道(装有阀门)的轴测图,如图 8-14(a)所示,试画出其平面图和正立面图。

分析:该段管道由两部分组成,其中一段的走向为:自下向上→向后→向左→向上→向后;另一段是向左的支管。管道上有四个截止阀,其中上部两个阀的手轮朝上(阀门与管道为法兰连接),中间一个阀的手轮朝右(阀门与管道为螺纹连接),下部一个阀的手轮朝前(阀门与管道为法兰连接)。管道的平面图和立面图如图 8-14(b)所示。

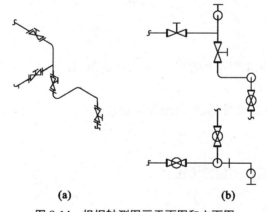

图 8-14　根据轴测图画平面图和立面图

任务的检查与考核

项目	评分标准	考核形式	分值	合计
设备图形	正确 20 分 1～3 处错误扣 5 分 4 处以上错误扣 10 分	自评(20%)		
		他评(40%)		
		教师评价(40%)		

(续表)

项目	评分标准	考核形式	分值	合计
管线图示	正确 30 分 1～4 处错误扣 10 分 5 处以上错误扣 15 分	自评（20%） 他评（40%） 教师评价（40%）		
仪表阀门符号	正确 20 分 1～4 处错误扣 5 分 5 处以上错误扣 10 分	自评（20%） 他评（40%） 教师评价（40%）		
标注	正确 20 分 1～4 处错误扣 5 分 5 处以上错误扣 10 分	自评（20%） 他评（40%） 教师评价（40%）		
图线清晰、布局合理、阀门箭头大小一致、标注准确、图面整洁	好 10 分 较好 5 分	自组评（50%） 教师评价（50%）		

任务 3　识读管道布置图

能力目标

　　1. 能识读不同的化工管道布置图，了解厂房建筑、设备的布置情况、定位尺寸、管口方位等。

　　2. 能看懂管道走向、编号、规格及配件等安装位置。

知识目标

　　了解化工设备布置图的阅读方法。

任务布置

　　阅读图 8-1 空压站管道布置图，回答问题。

【图例】图 8-1

　　看图填空：

　　1. 该图样是_____图。图中仅表示了与_____设备有关的管道布置情况，该系统共有_____个视图，一个是"_____剖面图"，另一个是"_____平面图"。

　　2. 图 8-1 并结合相关设备布置图可知，除尘器与南墙相距_____ mm，与西墙相距_____ mm，西墙外为_____（V0603）设备。

3. 从 EL100.000 平面图和 A—A 剖面图中可知,来自 E0602 ＿＿＿＿ 的管道 CA0604-57×3.5 到达除尘器 V0602A 左侧时分成两路:一路沿＿＿＿＿去另一台除尘器 V0602B;另一路(在标高为 EL102.000 处又分出一支管)＿＿＿＿ 至 EL101.5 处,经过 ＿＿＿＿阀门至标高为＿＿＿＿＿处向右拐弯,经异径接头后与除尘器＿＿＿＿的管口相接。

在 EL102.000 处分出支管转向＿＿＿＿至除尘器前后对称面时拐弯向＿＿＿＿,经过截止阀到达标高为 EL104.100 时,向＿＿＿＿拐,至除尘器 V0602A 顶端与其管口相连,并继续向＿＿＿＿,再向下拐弯至 EL ＿＿＿＿时,又拐弯向前与来自除尘器 V0602B 的管道＿＿＿＿相接,最后拐弯向＿＿＿＿,再向＿＿＿＿穿过墙去贮气管 V0603。

4. 除尘器底部的排污管至标高为＿＿＿＿＿时拐弯向前,经过＿＿＿＿阀再穿过南墙排入＿＿＿＿。

问题引导

1. 阅读管道布置图的目的和用途是什么？
2. 阅读管道布置图的方法步骤是什么？

知识准备

1　阅读化工管道布置图的目的和用途

管道布置图是在设备布置图上增加了管道布置的图样。阅读管道布置图的目的,是了解管道、管件、阀门、仪表控制点等在车间(装置)的具体布置情况,主要解决如何把管道和设备连接起来的问题。阅读管路布置图主要是要读懂管路布置平面图和剖面图。

1.1　通过对管路布置平面图的识读,应了解和掌握如下内容:
(1)所表达的厂房建筑各层楼面或平台的平面布置及定位尺寸;
(2)设备的平面布置、定位尺寸及设备的编号和名称;
(3)管路的平面布置、定位尺寸、编号、规格和介质流向等;
(4)管件、管架、阀门及仪表控制点等的种类及平面位置。

1.2　通过对管路布置剖面图的识读,应了解和掌握如下内容:
(1)所表达的厂房建筑各层楼面或平台的立面结构及标高;
(2)设备的立面布置情况、标高及设备的编号和名称;
(3)管路的立面布置情况、标高以及编号、规格、介质流向等;
(4)管件、阀门以及仪表控制点的立面布置和高度位置。

2　阅读管道布置图的方法和步骤

(1)概括了解　了解视图数量、名称和配置情况;
(2)了解厂房建筑物、设备的布置情况、定位尺寸、管口方位等;
(3)分析管道走向、编号、规格及配件等的安装位置。

任务的设计与实施

图 1-7 为醋酐残液蒸馏管道布置图。

由于管路布置图是根据带控制点工艺流程图、设备布置图设计绘制的,因此阅读管路布置图之前应首先读懂相应的带控制点工艺流程图和设备布置图。对于醋酐残液蒸馏岗位,已阅读过了带控制点工艺流程图和设备布置图下面介绍其管路布置图(图 1-7)的读图方法和步骤。

1　概括了解

从图 1-7 可知,该管路布置图包括一个平面图、两个剖面图。在平面图和 1—1 剖面图上画出了厂房、设备和管路的平、立面布置情况;从平面图中 2—2 的剖切位置看出,2—2 剖面图是表示蒸馏釜与冷凝器之间的管路走向。

2　详细分析

按流程顺序(参见带控制点工艺流程图)、管段号、对照管路布置平、立面图的投影关系,联系起来进行分析,搞清图中各路管路规格、走向及管件、阀门等情况。

对照平面图和 2—2 剖面图可知:PW1101-57 醋酸残液管路从标高 8.4 m 由南向北拐弯向下进入蒸馏釜,另有水管 CW1101-57 也由南向北拐弯向下并分为两路。一路向东、向下至标高 6.1 m 处拐弯向南与 PW1101-57 相交。另一路向西、向北、向下至标高 6.1 m 处,然后又向北、向上至标高 7.5 m 处,再转弯向西接冷凝器。水管与物料管在蒸馏釜、冷凝器的进口处都装有截止阀。

PW1103-57 是从冷凝器下部,分别至真空槽 A、B 间的管路,它自出口向下至标高6.3 m 处向西,先分出一路向南、向下进入真空受槽 A,原管路继续向西,然后向南、向下进入真空受槽 B,在两个入口管上都有截止阀。

VE1101-32 是真空受槽 A、B 与真空泵之间的连接管路,由真空受槽 A 顶部向上至标高 7.92 m 处,拐弯向西与真空受槽 B 上部来的管路汇合后继续向西、向南与真空泵出口相接。VE1101-32 在与真空受槽 A、B 相接的立管上都装有阀门和真空压力表。

VT1101-57 是与蒸馏釜、真空受槽 A、B 相连接的放空管,标高 7.83 m,在连接各设备的立管上都装有截止阀和真空压力表。

设备上的其他管路情况,也可以按上述方法依次进行分析直至全部识读清楚。

3　归纳总结

所有管路分析完毕后,进行综合归纳,从而建立起一个完整的空间概念。图 8-15 为醋酐残液蒸馏岗位的管路布置轴测图。

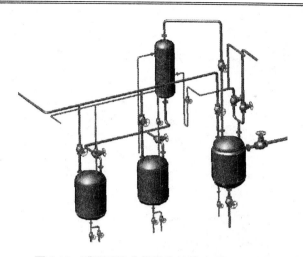

图 8-15 醋酐残液蒸馏岗位的管路布置轴测图

任务的检查与考核

项目	评分标准	考核形式	分值
完成填空	总分 100 分,根据空格数量平分每空格的分值	教师公布正确答案 自评与他评结合	

第三部分
化工识图与绘图
相关附表

一、螺纹

附表 1　　普通螺纹直径与螺距（摘自 GB/T196～197—1981）　　单位:mm

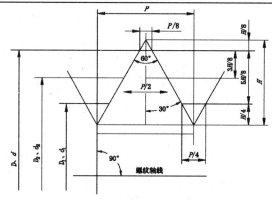

D——内螺纹大径

d——外螺纹大径

D_2——内螺纹中径

d_2——外螺纹中径

D_1——内螺纹小径

d_1——外螺纹小径

P——螺距

标记示例:

M10-6g(粗牙普通外螺纹、公称直径 $d=10$、右旋、中径及大径公差带均为 6g、中等旋和长度)

M10×1LH-6H(细牙普通内螺纹、公称直径 $D=10$、螺距 $P=1$、左旋、中径及小径公差带均为 6H、中等旋和长度)

公称直径 D,d			螺　距　P		粗牙螺纹
第一系列	第二系列	第三系列	粗牙	细牙	小径 D_1,d_1
4	—	—	0.7	0.5	3.242
5	—	—	0.8		4.134
6	—	—	1	0.75,(0.5)	4.917
—	—	7			5.917
8	—	—	1.25	1,0.75,(0.5)	6.647
10	—	—	1.5	1.25,1,0.75,(0.5)	8.376
12	—	—	1.75	1.5,1.25,1,(0.75),(0.5)	10.106
—	14	—	2		11.835
—	—	15		1.5,(1)	*13.376
16	—	—	2	1.5,1,(0.75),(0.5)	13.835
—	18	—			15.294
20	—	—	2.5	2,1.5,1,(0.75),(0.5)	17.294
—	22	—			19.294
24	—	—	3	2,1.5,1,(0.75)	20.752
—	—	25	—	2,1.5,(1)	*22.835
—	27	—		2,1.5,1,(0.75)	23.752
30	—	—	—	(3),2,1.5,1,(0.75)	26.211
—	33	—		(3),2,1.5,(1),(0.75)	29.211
—	—	35		1.5	*33.376
36	—	—		3,2,1.5(1)	31.670
—	39	—			34.670

注:1.优先选用第一系列,其次是第二系列,第三系列尽可能不用。

　　2.括号内尺寸尽可能不用。

　　3.M14×1.25 仅用于滚动轴承锁紧螺母。

　　4.带 * 号的为细牙参数,是对应于第一种细牙螺距的小径尺寸。

附表 2   **管螺纹**

用螺纹密封的管螺纹
（摘自 GB/T7306.1—2000）

非螺纹密封的管螺纹
（摘自 GB/T7307—2001）

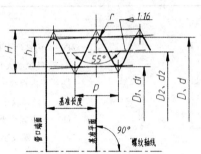
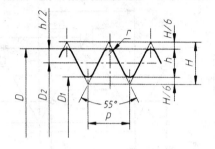

$H=0.960491P$ $h=0.640327P$ $r=0.137329P$

标记示例：

$R1/2$（尺寸代号 1/2，右旋圆锥外螺纹）

$R_C1/2$-LH（尺寸代号 1/2，左旋圆锥内螺纹）

$R_P1/2$（尺寸代号 1/2，右旋圆柱内螺纹）

标记示例：

$G1/2$-LH（尺寸代号 1/2，左旋内螺纹）

$G1/2A$（尺寸代号 1/2，A 级右旋外螺纹）

$G1/2B$-LH（尺寸代号 1/2，B 级左旋外螺纹）

尺寸代号	基准平面内的基本直径/mm			螺距 P/mm	牙高 H/mm	圆弧半径 R/mm	每（1英寸）25.4mm 内的牙数 n	有效螺纹长度/mm (GB/T7306)	基准的基本长度/mm (GB/T7306)
	大径 $d=D$ /mm	中径 $d_2=D_2$ /mm	小径 $d_1=D_1$ / mm						
1/16	7.723	7.142	6.561	0.907	0.581	0.125	28	6.5	4.0
1/8	9.728	9.147	8.566					6.5	4.0
1/4	13.157	12.301	11.445	1.337	0.856	0.184	19	9.7	6.0
3/8	16.662	15.806	14.950					10.1	6.4
1/2	20.955	19.793	18.631	1.814	1.162	0.249	14	13.2	8.2
3/4	26.441	25.279	24.117					14.5	9.5
1	33.249	31.770	30.291					16.8	10.4
1 1/4	41.910	40.431	38.952					19.1	12.7
1 1/2	47.803	46.324	44.845					19.1	12.7
2	59.614	58.135	56.656					23.4	15.9
2 1/2	75.184	73.705	72.226	2.309	1.479	0.317	11	26.7	17.5
3	87.884	86.405	84.926					29.8	20.6
4	113..30	111.551	110.072					35.8	25.4
5	138.430	136.951	135.472					40.1	28.6
6	163.830	162.351	160.872					40.1	28.6

二、常用的标准件

附表3　　　　　　　　　　六角头螺栓

六角头螺栓　C级(摘自GB/T5780—2000)

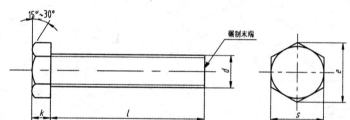

标记示例：

螺栓　GB/T 5780 M20×100(螺纹规格 d= M20、公称长度 l=100mm、性能等级为 4.8 级、不经表面处理、杆身半螺纹、产品等级为 C 级的六角头螺栓)

六角头螺栓　全螺纹　C级(摘自GB/T5781—2000)

标记示例：

螺栓　GB/T 5781　M21×80(螺纹规格 d= M12、公称长度 l=80mm、性能等级为 4.8 级、不经表面处理、全螺纹、产品等级为 C 级的六角头螺栓)

螺纹规格 d		M5	M6	M8	M10	M12	M16	M20	M24	M30	M36	M42	M48
b参考	l公称<125	16	18	22	26	30	38	40	54	66	78	—	—
	125<l公称≤200	—	—	28	32	36	44	52	60	72	84	96	108
	l公称>200	—	—	—	—	57	65	73	85	97	109	121
k公称		3.5	4.0	5.3	6.4	7.5	10	12.5	15	18.7	22.5	26	30
s_{max}		8	10	13	16	18	24	30	36	46	55	65	75
e_{max}		8.63	10.9	14.2	17.6	19.9	26.2	33.0	39.6	50.9	60.8	72.0	82.6
d_{smax}		5.48	6.48	8.58	10.6	12.7	16.7	20.8	24.8	30.8	37.0	45.0	49.0
l范围	GB/T5780	25~50	30~60	35~80	40~100	45~120	55~160	65~200	80~240	90~300	110~300	160~420	180~480
	GB/T5781	10~40	12~50	16~65	20~80	25~100	35~100	40~100	50~100	60~100	70~100	80~420	90~480
l公称		10,12,16,20~50(5 进位),(55),60,(65),70~160(10 进位),180,220~500(20 进位)											

注：1.括号内的规格尽可能不用。末端按 GB/T2—2001 规定。

2.螺纹公差：8g(GB/T5780)；6g(GB/T5781)；机械性能等级：d≤39 时，按 3.6、4.6、4.8 级；d>39 时，按协议。

附表 4　　　　　　　双头螺柱（摘自 GB/T897～900—1988）　　　　　单位：mm

$b_m=1d$(GB/T897)　　　$b_m=1.25d$(GB/T898)　　　$b_m=1.5d$(GB/T899)　　　$b_m=2d$(GB/T900)

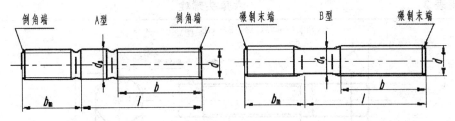

标记示例：b_m（旋入机体端长度）

螺柱 GB/T 900 M10×50（两端均为粗牙普通螺纹、$d=$M10、$l=50$、性能等级为 4.8 级、不经表面处理、B 型、$b_m=2d$ 的双头螺柱）

螺柱 GB/T 900 AM10-10×1×50（旋入机体一端为粗牙普通螺纹、旋螺母端为螺距 $P=1$ 的细牙普通螺纹、$d=$M10、$l=50$mm、性能登记为 4.8 级、不经表面处理、A 型、$b_m=2d$ 的双头螺柱）

螺纹规格(d)	b_m（旋入机体端长度）				$\dfrac{l（螺纹长度）}{b（螺旋母端长度）}$			
	GB/T897	GB/T898	GB/T899	GB/T900				
M4	—	—	6	8	$\dfrac{16\sim22}{8}$	$\dfrac{25\sim40}{14}$		
M5	5	6	8	10	$\dfrac{16\sim22}{10}$	$\dfrac{25\sim50}{16}$		
M6	6	8	10	12	$\dfrac{20\sim22}{12}$	$\dfrac{25\sim30}{14}$	$\dfrac{32\sim75}{18}$	
M8	8	10	12	16	$\dfrac{20\sim22}{12}$	$\dfrac{25\sim30}{16}$	$\dfrac{32\sim90}{22}$	
M10	10	12	15	20	$\dfrac{25\sim28}{14}$	$\dfrac{30\sim38}{16}$	$\dfrac{40\sim120}{26}$	$\dfrac{130}{32}$
M12	12	15	18	24	$\dfrac{25\sim28}{14}$	$\dfrac{30\sim38}{16}$	$\dfrac{40\sim120}{26}$	$\dfrac{130\sim180}{32}$
M16	16	20	24	32	$\dfrac{25\sim30}{16}$	$\dfrac{32\sim40}{20}$	$\dfrac{45\sim120}{30}$	$\dfrac{130\sim180}{36}$
M20	20	25	30	40	$\dfrac{30\sim38}{20}$	$\dfrac{40\sim55}{30}$	$\dfrac{60\sim120}{38}$	$\dfrac{130\sim200}{44}$
(M24)	24	30	36	48	$\dfrac{45\sim50}{30}$	$\dfrac{55\sim75}{45}$	$\dfrac{80\sim120}{54}$	$\dfrac{130\sim250}{60}$
(M30)	30	38	45	60	$\dfrac{60\sim65}{40}$	$\dfrac{70\sim90}{50}$	$\dfrac{95\sim120}{66}$	$\dfrac{130\sim200}{72}$　$\dfrac{210\sim250}{85}$
M36	36	45	54	72	$\dfrac{65\sim75}{45}$	$\dfrac{80\sim110}{60}$	$\dfrac{120}{78}$	$\dfrac{130\sim200}{84}$　$\dfrac{210\sim300}{97}$
l公称	12,(14),16,(18),20,(22),25,(28),30,(32),35,(38),40,45,50,55,60,(65),70,75,80,(85),90,(95),100～260(10 进位),280,300							

注：1. 尽可能不采用括号内的规格。末端按 GB/T2 规定。

　　2. $b_m=1d$，一般用于钢对钢；$b_m=(1.25\sim1.5)d$，一般用于钢对铸铁；$b_m=2d$，一般用于钢对铝合金。

附表 5 　　　　　　　　　　**六角螺母 C 级（摘自 GB/T41—2000）** 　　　　　单位:mm

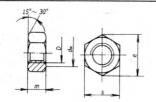

标记示例:

螺母　GB/T41　M12

（螺纹规格 D＝M12、性能等级为 5 级、不经表面处理、产品等级为 C 级的六角螺母）

螺纹规格 D	M4	M5	M6	M8	M10	M12	M16	M20	M24	M30	M36	M42	M48
s_{max}	7	8	10	13	16	18	24	30	36	46	55	65	75
e_{max}	—	8.63	10.9	14.2	17.6	19.9	26.2	33.0	39.6	50.9	60.8	72.0	82.6
m_{max}	—	5.6	6.1	7.9	9.5	12.2	15.9	18.7	22.3	26.4	31.5	34.9	38.9
d_{max}	—	6.9	8.7	11.5	14.5	16.5	22.0	27.7	33.2	42.7	51.1	60.6	69.4

附表 6 　　　　　　　　　　　　　　　　**垫圈** 　　　　　　　　　　　　　　单位:mm

平垫圈　A 级（摘自 GB/T97.1—2002）	平垫圈　　C 级（摘自 GB/T95—2002）
平垫圈　倒角型（摘自 GB/T97.2—2002）	标准型弹簧垫圈（摘自 GB/T93—1987）

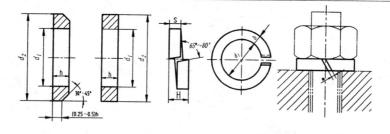

标记示例

垫圈　GB/T97.1 8（标准系列、规格 8 mm、性能等级为 140HV 级、不经表面处理、产品等级为 A 级的平垫圈）

垫圈　GB/T93　10（规格 10 mm、材料为 65Mn、表面氧化的标准型弹簧垫圈）

公称尺寸 d（螺纹规格）		4	5	6	8	10	12	14	16	20	24	30	36	42	48
GB/T97.1（A 级）	d_1	4.3	5.3	6.4	8.4	10.5	13.0	15	17	21	25	31	37	—	—
	d_2	9	10	12	16	20	24	28	30	37	44	56	66	—	—
	h	0.8	1	1.6	1.6	2	2.5	2.5	3	3	4	4	5	—	—
GB/T97.2（A 级）	d_1	—	5.3	6.4	8.4	10.5	13	15	17	21	25	31	37	—	—
	d_2	—	10	12	16	20	24	28	30	37	44	56	66	—	—
	h	—	1	1.6	1.6	2	2.5	2.5	3	3	4	4	5	—	—
GB/T95（C 级）	d_1	—	5.5	6.6	9	11	13.5	15.5	17.5	22	26	33	39	45	52
	d_2	—	10	12	16	20	24	28	30	37	44	56	66	78	92
	h	—	1	1.6	1.6	2	2.5	2.5	3	3	4	4	5	8	8
GB/T93	d_1	4.1	5.1	6.1	8.1	10.2	12.2	—	16.2	20.2	24.5	30.5	36.5	42.5	48.5
	$s=b$	1.1	1.3	1.6	2.1	2.6	3.1	—	4.1	5	6	7.5	9	10.5	12
	H	2.8	3.3	4	5.3	6.5	7.8	—	10.3	12.5	15	18.6	22.5	26.3	30

注:1. A 级适用于精装配系列,C 级适用于中等装配系列。

　　2. C 级垫圈没有 R_a3.2 和去毛刺的要求。

附表 7　平键及键槽各部分尺寸（摘自 GB/T1095～1096—2003）　单位：mm

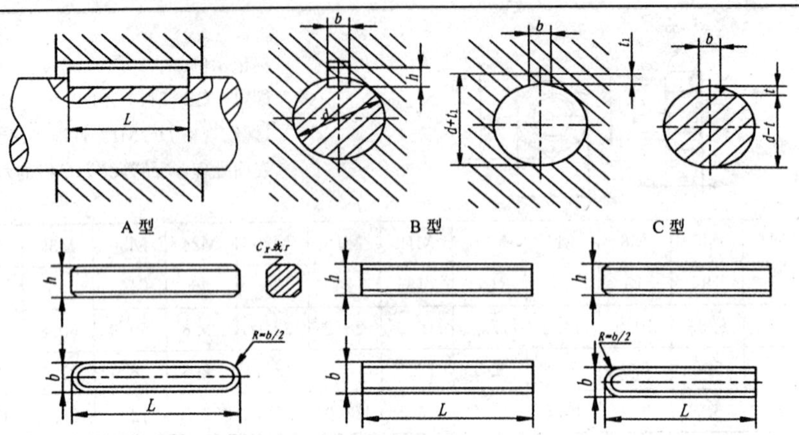

标记示例：

键　16×100　GB/T1096（圆头普通平键、b=16 mm、h=10 mm、L=100 mm）

键　B16×100　GB/T1096（平头普通平键、b=16 mm、h=10 mm、L=100 mm）

键　C16×100　GB/T1096（单圆头普通平键、b=16 mm、h=10 mm、L=100 mm）

轴	键		键槽											
			宽度 b						深度				半径 r	
公称直径 d	公称尺寸 $b×h$	长度 L	公称尺寸 b	极限偏差					轴 t		毂 t_1			
				较松键连接		一般键连接		较紧键连接						
				轴 H9	毂 D10	轴 N9	毂 JS9	轴和毂 P9	公称	偏差	公称	偏差	最大	最小
>10～12	4×4	8～45	4						2.5	+0.1	1.8		0.08	0.16
>12～17	5×5	10～56	5	+0.0300	+0.078 +0.030	0 −0.030	±0.015	−0.012 −0.042	3.0		2.3	0.10	0.16	0.25
>17～22	6×6	14～70	6						3.5		2.8			
>22～30	8×7	18～90	8	+0.0360	+0.098 +0.040	0 −0.036	±0.018	−0.015 −0.051	4.0		3.3		0.16	0.25
>30～38	10×8	22～110	10						5.0		3.3			
>38～44	12×8	28～140	12						5.0		3.3			
>44～50	14×9	36～160	14	+0.0430	+0.120 +0.050	0 −0.043	±0.022	−0.018 −0.061	5.5	+0.20	3.8		0.25	0.40
>50～58	16×10	45～180	16						6.0		4.3	0.20		
>58～65	18×11	50～200	18						7.0		4.4			
>65～75	20×12	56～220	20						7.5		4.9			
>75～85	22×14	63～250	22	+0.0520	+0.149 +0.065	0 −0.052	±0.026	−0.022 −0.074	9.0		5.4		0.40	0.60
>85～95	25×14	70～280	25						9.0		5.4			
>95～110	28×16	80～320	28						10		6.4			
$L_{系列}$	6～22（2 进位），25，28，32，36，40，45，50，56，63，70，80，90，100，110，125，140，180，200，220，250，280，320，360，400，450，500													

注：1.（$d-t$）和（$d+t_1$）两组组合尺寸的极限偏差按相应的 t 和 t_1 的极限偏差选取，但（$d-t$）极限偏差应取负号。

2. 键宽度 b 的极限偏差为 $h9$，键高度 h 的极限偏差为 $h11$，键长度 L 的极限偏差为 $h14$。

三、化工设备标准零部件

附表 8　　　　　　　　　　内压筒体壁厚(经验数据)

材料	工作压力/MPa	300	(350)	400	(450)	500	(550)	600	700	800	900	1000	(1100)	1200	1300	1400	(1500)	1600	(1700)	1800	(1900)	2000	(2100)	2200	(2300)	2400	2600	2800	3000
		公称直径 DN/mm — 筒体壁厚/mm																											
Q235-A Q235-A.F	≤0.3	3		3	3	3	3	3		4	4				5	5	5	5	6	6	6	6	6	6	6	6	8	8	8
	≤0.4								4			5	5	5															
	≤0.6			4	4	4						4.5	4.5		6	6	6	6	8	8	8	8	8	8	10	10	10	10	10
	≤1.0		4	4	4.5	4.5	5	6	6	6	6	8	8	8	8	10	10	10	10	12	12	12	12	14	14	14	16	16	16
	≤1.6	4.5	5	6	6	8	8	8	8	8	10	10	10	12	12	12	14	14	16	16	16	18	18	18	20	20	22	24	24
不锈钢	≤0.3	3	3	3	3	3	3	3	3	4	4	4	4	4	4	4	5	5	5	5	5	5	5	5	5	5/7	7	7	7
	≤0.4																												
	≤0.6															5	5	5	5	6	6	6	7	7	7	8	9	9	9
	≤1.0				4	4	4	4	5	5	5	6	6	6	7	7	8	8	9	9	10	10	12	12	12	12	14	14	16
	≤1.6	4	4	5	5	6	6	7	7	7	7	8	9	10	12	12	12	14	14	14	16	18	18	18	18	20	22	24	24

附表 9　　　　　　椭圆形封头(摘自 JB/T4737—1995)　　　　单位:mm

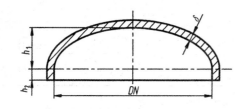
以内径为公称直径的封头

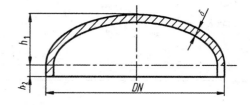
以外径为公称直径的封头

以内径为公称直径的封头

公称直径 DN	曲面高度 h_1	直边高度 h_2	厚度 δ	公称直径 DN	曲面高度 h_1	直边高度 h_2	厚度 δ
300	75	25	4~8	550	137	25	4~8
350	88					40	10~18
400	100	25	4~8			50	20~22
		40	10~16	600	150	25	4~8
450	112	25	4~8			40	10~18
		40	10~18			50	20~24
500	125	25	4~8	650	162	25	4~8
		40	10~18			40	10~18
		50	20			50	20~24
700	175	25	4~8	1600	400	25	6~8
		40	10~18			40	10~18
		50	20~24			50	20~42
750	188	25	4~8	1700	425	25	8
		40	10~18			40	10~18
		50	20~26			50	20~24

（续表）

公称直径 DN	曲面高度 h_1	直边高度 h_2	厚度 δ	公称直径 DN	直边高度 h_1	曲面高度 h_2	厚度 δ
800	200	25	4~8	1800	450	25	8
		40	10~18			40	10~18
		50	20~26			50	20~50
900	225	25	4~8	1900	475	25	8
		40	10~18			40	10~18
		50	20~28	2000	500	25	8
1000	250	25	4~8			40	10~18
		40	10~18			50	20~24
		50	20~30	2100	525	40	10~24
1100	275	25	6~8	2200	550	25	8~9
		40	10~18			40	10~18
		50	20~24			50	20~50
1200	300	25	6~8	2300	575	40	10~14
		40	10~18	2400	600	40	10~18
		50	20~34			50	20~50
1300	325	25	6~8	2500	625	40	12~18
		40	10~18			50	20~50
		50	20~24	2600	650	40	12~18
1400	350	25	6~8			50	20~50
		40	10~18	2800	700	40	12~18
		50	20~38			50	20~50
1500	375	25	6~8	3000	750	40	12~18
		40	10~18			50	20~46
		50	20~24	3200	800	40	14~18
						50	20~42

以外径为公称直径的封头

公称直径 DN	曲面高度 h_1	直边高度 h_2	厚度 δ	公称直径 DN	直边高度 h_1	曲面高度 h_2	厚度 δ
159	40	25	4~8	325	81	25	8
219	55					40	10~12
273	68	25	4~8	377	94	40	10~14
		40	10~12	426	106		

附表 10　　　　　　　　　**管路法兰及垫片**　　　　　　　单位:mm

凸面板式平焊钢制管法兰
（摘自 JB/T81—1994）

管路法兰用石棉橡胶垫片
（摘自 JB/T81—1994）

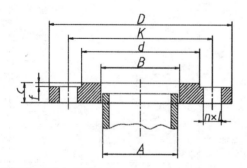

（续表）

管路法兰用石棉橡胶垫片/mm

0.25、0.6	垫片外径 D_0	38	43	53	63	76	86	96	116	132	152	182	207	262	317 / 372
1.0															327 / 377
1.6		46	51	61	71	82	92	107	127	142	162	192	217	272	330 / 385
垫片内径 d_1		14	18	25	32	38	45	57	76	89	108	133	159	219	273 / 325
垫片厚度 t		2													

凸面板式平焊钢制管法兰/mm

PN/MPa	公称通径 DN	10	15	20	25	32	40	50	65	80	100	120	150	200	250	300
直 径/mm																
0.25 / 0.6 / 1.0 / 1.6	管子外径 A	14	18	25	32	38	45	57	73	89	108	133	159	219	273	325
	法兰内径 B	15	19	26	33	39	46	59	75	91	110	135	161	222	276	328
	密封面厚度 f	2	2	2	2	2	3	3	3	3	3	3	3	3	3	4
0.25 / 0.6	法兰外径 D	75	80	90	100	120	130	140	160	190	210	240	265	320	375	440
	螺栓中心直径 K	50	55	65	75	90	100	110	130	150	170	200	225	280	335	395
	密封面直径 d	32	40	50	60	70	80	90	110	125	145	175	200	255	310	362
1.0 / 1.6	法兰外径 D	90	95	105	115	140	150	165	185	200	220	250	285	340	395	445
	螺栓中心直径 K	60	65	75	85	100	110	125	145	160	180	210	240	295	350	400
	密封面直径 d	40	45	55	65	78	85	100	120	135	155	185	210	265	320	368
厚 度/mm																
0.25	法兰厚度 C	10	10	12	12	12	12	12	14	14	14	14	16	18	22	22
0.6		12	12	14	14	16	16	16	16	18	18	20	20	22	24	24
1.0							18	18	20	20	22	24	24	24	26	28
1.6		14	14	16	18	18	20	22	24	24	26	28	28	30	32	32
螺 栓																
0.25、0.6	螺栓数量 n									4	4			8		
0.6		4	4	4	4	4	4	4	4	4	8	8	8	8	12	12
1.6										8	8			12		
0.25 / 0.6	螺栓孔直径 L	12	12	12	12	14	14	14	14	18	18	18	18	18	18	23
	螺栓规格	M10	M10	M10	M10	M12	M12	M12	M12	M16	M16	M16	M16	M16	M16	M20
1.0	螺栓孔直径 L	14	14	14	14	18	18	18	18	18	18	18	23	23	23	23
	螺栓规格	M12	M12	M12	M12	M16	M16	M16	M16	M16	M16	M16	M20	M20	M20	M20
1.6	螺栓孔直径 L	14	14	14	14	18	18	18	18	18	18	18	23	23	26	26
	螺栓规格	M12	M12	M12	M12	M16	M16	M16	M16	M16	M16	M16	M20	M20	M24	M24

附表 11　　　　　　　　　　设备法兰及垫片

甲型平焊法兰(平密封面)　　　　　　　非金属垫片
(摘自 JB/T4701—1992)　　　　　　　(摘自 JB/T4704—1992)

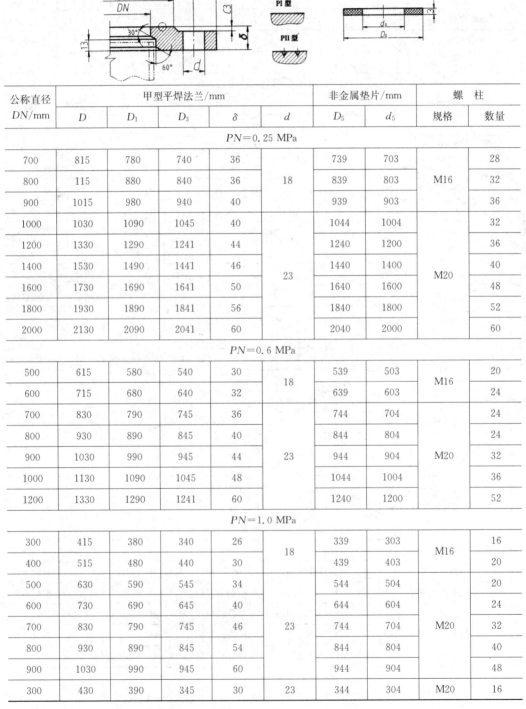

| 公称直径 | 甲型平焊法兰/mm | | | | | 非金属垫片/mm | | 螺　柱 | |
DN/mm	D	D₁	D₃	δ	d	D₅	d₅	规格	数量
				$PN=0.25$ MPa					
700	815	780	740	36		739	703		28
800	115	880	840	36	18	839	803	M16	32
900	1015	980	940	40		939	903		36
1000	1030	1090	1045	40		1044	1004		32
1200	1330	1290	1241	44		1240	1200		36
1400	1530	1490	1441	46		1440	1400		40
1600	1730	1690	1641	50	23	1640	1600	M20	48
1800	1930	1890	1841	56		1840	1800		52
2000	2130	2090	2041	60		2040	2000		60
				$PN=0.6$ MPa					
500	615	580	540	30	18	539	503	M16	20
600	715	680	640	32		639	603		24
700	830	790	745	36		744	704		24
800	930	890	845	40		844	804		24
900	1030	990	945	44	23	944	904	M20	32
1000	1130	1090	1045	48		1044	1004		36
1200	1330	1290	1241	60		1240	1200		52
				$PN=1.0$ MPa					
300	415	380	340	26	18	339	303	M16	16
400	515	480	440	30		439	403		20
500	630	590	545	34		544	504		20
600	730	690	645	40		644	604		24
700	830	790	745	46	23	744	704	M20	32
800	930	890	845	54		844	804		40
900	1030	990	945	60		944	904		48
300	430	390	345	30	23	344	304	M20	16

附表 12　　　　　　　　　　**人孔与手孔**

常压人孔(摘自 JB/T577—1979)　　　　　　　　　平盖手孔(摘自 JB/T588—1979)

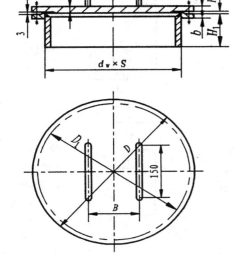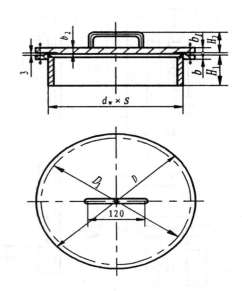

											螺栓	
公称压力/MPa	公称直径 DN/mm	$d_w \times S$ /mm	D /mm	D_1 /mm	b /mm	b_1 /mm	b_2 /mm	H_1 /mm	H_2 /mm	B /mm	数量	规格(mm)
								常　压　人　孔				
常压	(400)	426×6	515	480	14	10	12	150	90	250	16	M16×50
	450	480×6	570	535				160			20	
	500	530×6	620	585						300	24	
	600	630×6	720	685	16			180	92		24	
								平　盖　手　孔				
1.0	150	159×4.5	280	240	24	16	18	160	82	—	8	M20×65
	250	273×8	390	350	26	18	20	190	84	—	12	M20×70
1.6	150	159×6	280	240	28	18	20	170	84	—	8	M20×70
	250	273×8	405	355	32	24	26	200	90	—	12	M20×85

注:尽量不要采用带括号的公称直径。

附表 13　　　　　　　　**耳式支座**(摘自 JB/T4725—1992)　　　　　　单位:mm

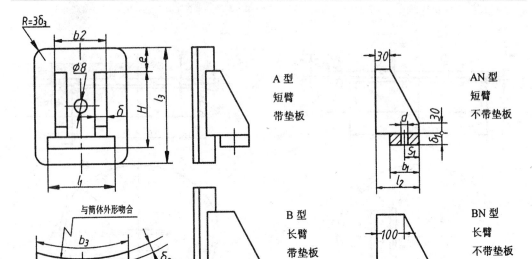

支座号			1	2	3	4	5	6	7	8
支座本体允许载荷 /kN			10	20	30	60	100	150	200	250
适用容器公称直径 DN			300~600	500~1000	700~1400	1000~2000	1300~2600	1500~3000	1700~3400	2000~4000
高度 H			125	160	200	250	320	400	480	600
底座	l_1		100	125	160	200	250	315	375	480
	b_1		60	80	105	140	180	230	280	360
	δ_1		6	8	10	14	16	20	22	26
	S_1		30	40	50	70	90	115	130	145
肋板	l_2	A、AN型	80	100	125	160	200	250	300	380
		B、BN型	160	180	205	290	330	380	430	510
	δ_2	A、AN型	4	5	6	8	10	12	14	16
		B、BN型	5	6	8	10	12	14	16	18
	b_2		80	100	125	160	200	250	300	380
垫板	l_3		160	200	250	315	400	500	600	720
	b_3		125	160	200	250	320	400	480	600
	δ_3		6	6	8	8	10	12	14	16
	e		20	24	30	40	48	60	70	72
地脚螺栓	d		24	24	30	30	30	36	36	36
	规格		M20	M20	M24	M24	M24	M30	M30	M30

附表 14　　　　　鞍式支座(摘自 JB/T4712.1—2007)　　　　单位:mm

(DN500~900 适用)

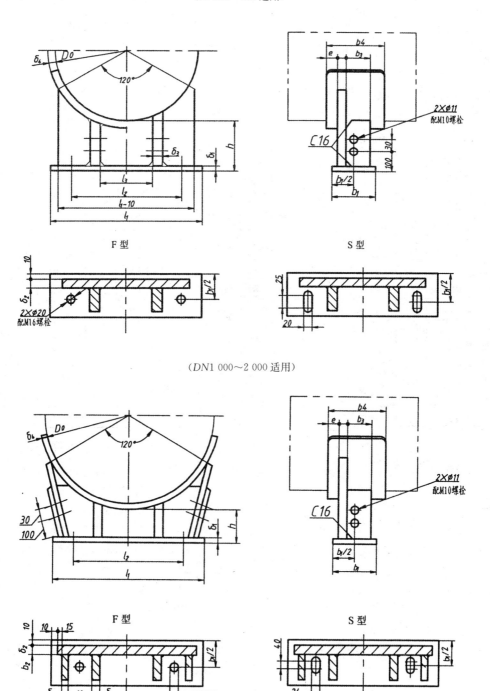

F 型　　　　　　　　　　　　　　　　　S 型

(DN1 000~2 000 适用)

F 型　　　　　　　　　　　　　　　　　S 型

（续表）

形式特征	公称直径 DN	鞍座高度 h	底板			腹板 δ_2	肋板				垫板				螺栓间距 l_2
			l_1	b_1	δ_1		l_3	b_2	b_3	δ_3	弧长	b_4	δ_4	e	
$DN500$ ~900 120° 包角重型带垫板	500		460				250				590				330
	550		510				275				650				360
	600		550			8	300			8	710				400
	650	200	590	150	10		325		120		770	200	6	36	430
	700		640				350				830				460
	800		720			10	400			12	940				530
	900		810				450				1060				590
DN 1 000 ~ 2 000 120° 包角重型带垫板或不带垫板	1000		760			8	170			8	1180				600
	1100		820				185				1290				660
	1200	200	880	170	12		200	140	180		1410	270	8		720
	1300		940			10	215			10	1520				780
	1400		1000				230				1640				840
	1500		1060			12	242				1760			40	900
	1600		1120	200			257	170	230		1870	320			960
	1700	250	1200		16		277			12	1990		10		1040
	1800		1280				296				2100				1120
	1900		1360	220		14	316	190	260		2220	350			1200
	2000		1420				331				2330				1260

附表 15	补强圈（摘自 JB/T4736—1995）	单位:mm

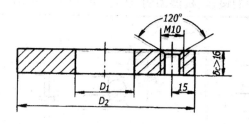
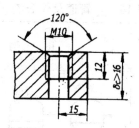

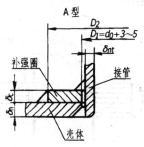
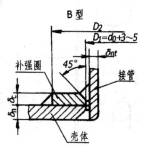
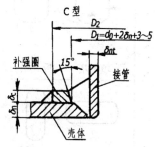

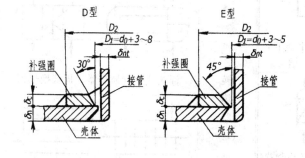

符号说明

D_1——补强圈内径

D_2——补强圈外径

d_0——接管外径

δ_c——补强圈厚度

δ_n——壳体开孔处名义厚度

δ_{nt}——接管名义厚度

接管公称直径 DN	50	65	80	100	125	150	175	200	225	250	300	350	400	450	500	600
外径 D_2	130	160	180	200	250	300	350	400	440	480	550	620	680	760	840	980
内径 D_1	按补强圈坡口类型确定															
厚度系列 δ_c	4,6,8,10,12,14,16,18,20,22,24,26,28															

四、化工工艺图的有关代号和图例

附表 16 管道及仪表流程图中的设备、机器图例(摘自 HG/T20519.31—1992)

设备类型及代号	图 例	设备类型及代号	图 例
塔 (T)	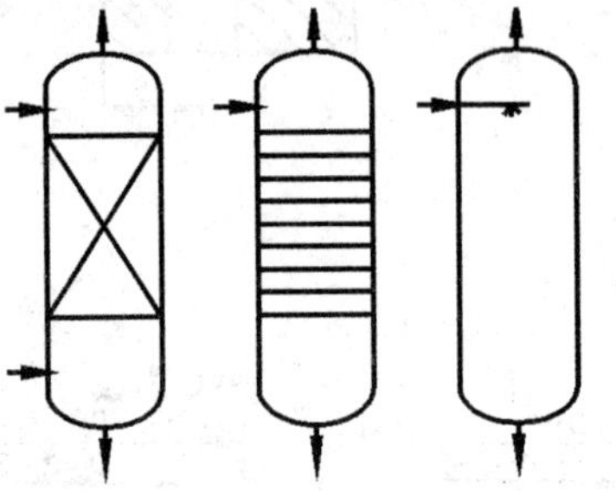 填料塔　　板式塔　　喷洒塔	泵 (P)	离心泵　　液下泵　　齿轮泵 螺杆泵　　往复泵　　喷射泵
容器 (V)	卧式容器　碟形封头容器　球罐 锥顶罐　平顶容器　(地下/半地下)池、坑、槽 旋风分离器　湿式电除尘器　固定床过滤器	换热器 (E)	固定管板式列管换热器　U型管式换热器 浮头式列管换热器　板式换热器 翅片管换热器　喷淋式冷却器
压缩机 (C)	鼓风机　卧式旋转压缩机　立式旋转压缩机 离心式压缩机　二段往复式压缩机(L型)		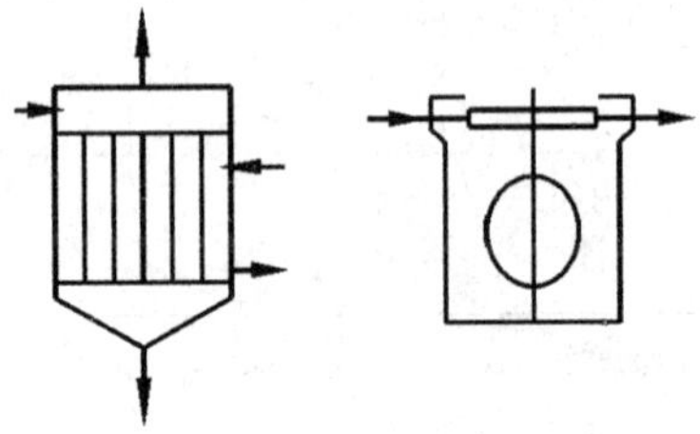 列管式(薄膜)蒸发器　逆风式空冷器

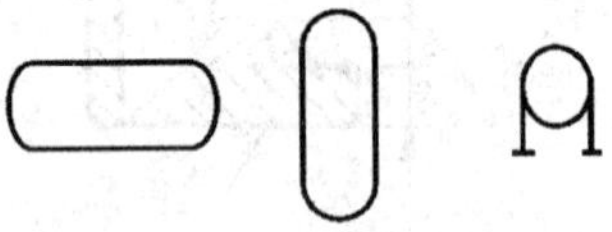

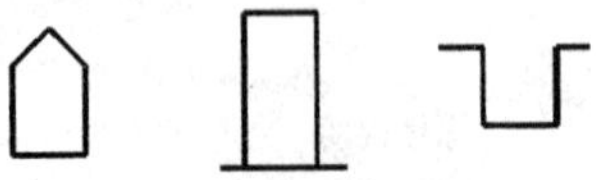

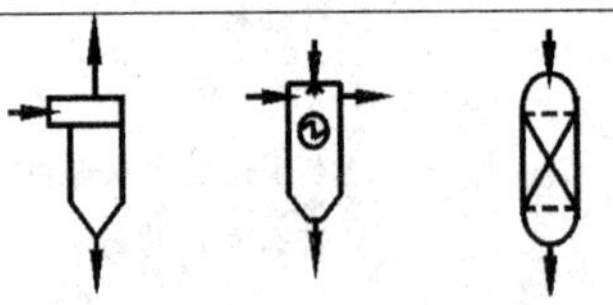

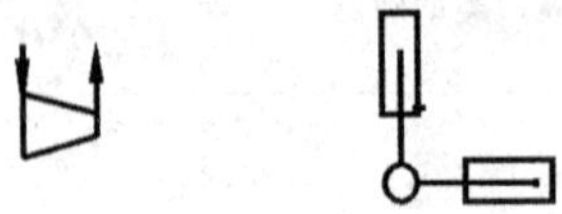

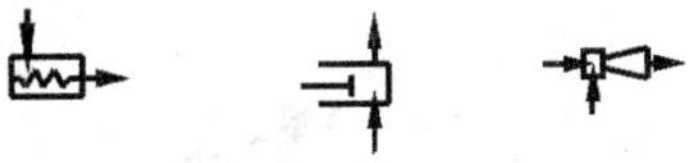

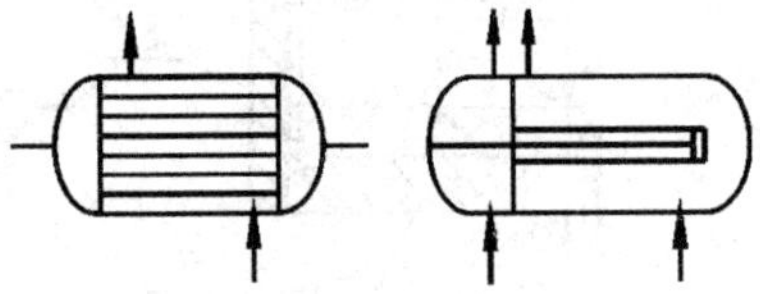

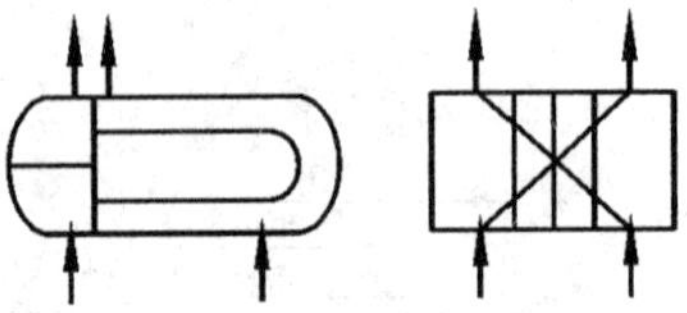

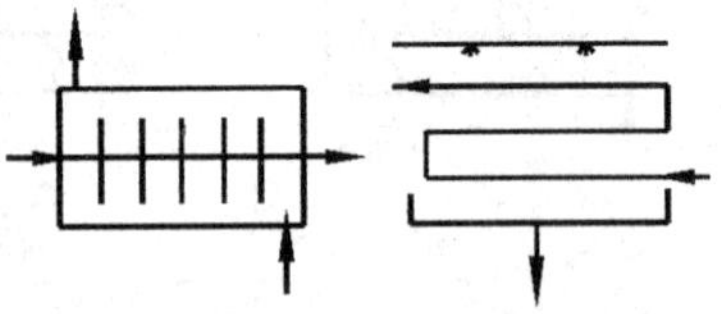

（续表）

设备类型及代号	图 例	设备类型及代号	图 例
反应器（R）	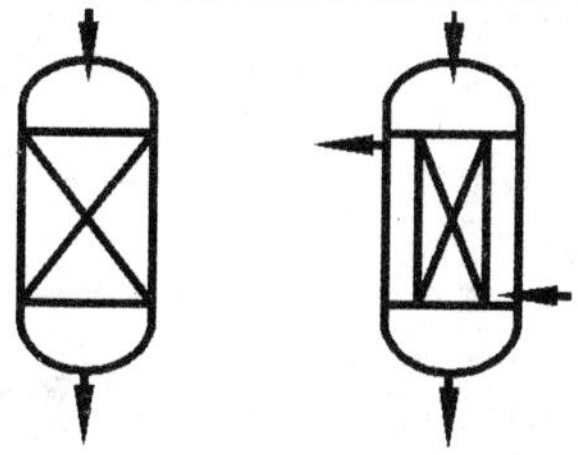 固定床式反应器　列管式反应器 反应釜（带搅拌夹套）　硫化床反应器	其他机械（M）	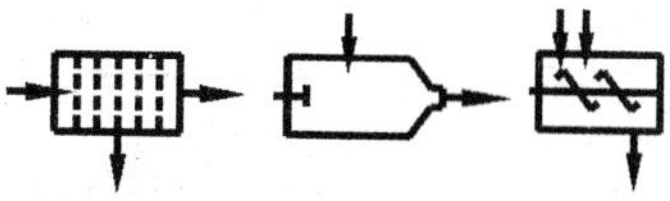 压滤机　挤压机　混合机
	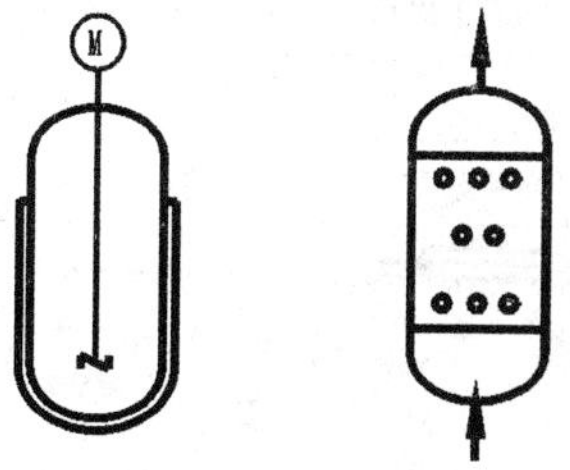	动力机（M、E、S、D）	Ⓜ Ⓔ Ⓢ Ⓓ 电动机　内燃机、燃气机　汽轮机　其他动力机 离心式膨胀机　活塞式膨胀机
工业炉	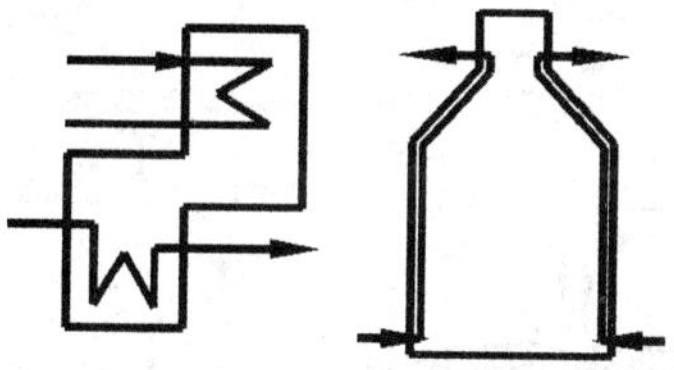 厢式炉　圆筒炉	火炬烟囱（S）	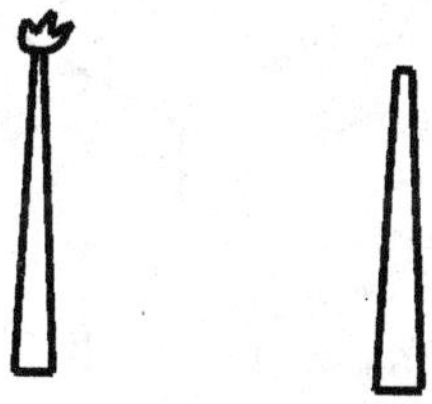 火炬　烟囱

附表 17　管道及仪表流程图中的管子、管件、阀门及管道附件图例

（摘自 HG/T20519.32—1992）

名称	图例	名称	图例
主要物料管道		电伴热管	
辅助物料及公用系统管道		柔性管	
原有管道		喷淋管	
可拆管道		放空管	↑　⌐
蒸汽伴热管		敞口漏斗	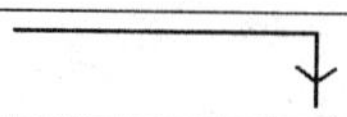
异径管		管道隔热层	

（续表）

名称	图例	名称	图例
闸阀		夹套管	
截止阀		旋塞阀	
球阀		隔膜阀	
翘片管		减压阀	
文氏管		节流阀	

附表 18　　　　管件与管路连接的表示法（摘自 HG/T20519.33—1992）

名称 ＼ 承接方式		螺纹或承插焊	对焊		法兰式	
			单线	双线	单线	双线
90°弯头	主观图					
	俯视图					
	轴测图					
三通图	主观图					
	俯视图					
	轴测图					
偏心异径管	主观图					
	俯视图					
	轴测图					

参考文献

1. 江会保. 化工制图[M]. 北京:机械工业出版社,2003

2. 董振珂. 化工制图[M]. 北京:化学工业出版社,2004

3. 胡建生. 工程制图[M]. 北京:化学工业出版社,2004

4. 周大军,揭嘉. 化工工艺制图[M]. 第 2 版. 北京:化学工业出版社,2005

5. 杨树才. 化工制图[M]. 第 2 版. 北京:化学工业出版社,2005

6. 赵少贞. 化工识图与制图[M]. 北京:化学工业出版社,2007

7. 莫章金,周跃生. AutoCAD2002 工程绘图与训练[M]. 北京:高等教育出版社,2003

8. 杨月英,张琳. AutoCAD2006 绘制机械图[M]. 北京:中国建材工业出版社,2006

9. 姜勇,程峻峰,郭英文. AutoCAD2007 基础教程[M]. 北京:人民邮电出版社,2007

10. 姜勇. AutoCAD 机械制图习题精解[M]. 北京:人民邮电出版社,2002

11. 张玉琴,张绍忠,张丽荣. AutoCAD 上级实验指导与实训[M]. 北京:机械工业出版社,2003